宽禁带半导体前沿丛书

金刚石半导体器件前沿技术

Diamond Semiconductor Device Advanced Technology

张金风　张景文　蔚　翠　刘金龙　著

西安电子科技大学出版社

内 容 简 介

本书以作者近年来的研究成果为基础，结合国际研究进展，系统地介绍了金刚石超宽禁带半导体器件的物理特性和实现方法，重点介绍了氢终端金刚石场效应管器件。全书共8章，内容包括绪论、金刚石的表面终端、氢终端金刚石场效应管的原理和优化、金刚石微波功率器件、基于各种介质的氢终端金刚石 MOSFET、金刚石高压二极管、石墨烯/金刚石复合器件及金刚石半导体器件的展望。

本书可供微电子、半导体器件和材料领域的研究生与科研人员阅读。

图书在版编目(CIP)数据

金刚石半导体器件前沿技术/张金风等著. —西安：西安电子科技大学出版社，2022.9

ISBN 978-7-5606-6486-6

Ⅰ.①金… Ⅱ.①张… Ⅲ.①金刚石—半导体器件—研究 Ⅳ.①TN304.1

中国版本图书馆 CIP 数据核字(2022)第 112626 号

策　　划 马乐惠
责任编辑 杨　薇
出版发行 西安电子科技大学出版社(西安市太白南路 2 号)
电　　话 (029)88202421 88201467 　邮　　编 710071
网　　址 www.xduph.com 　电子邮箱 xdupfxb001@163.com
经　　销 新华书店
印刷单位 陕西精工印务有限公司
版　　次 2022 年 9 月第 1 版 2022 年 9 月第 1 次印刷
开　　本 787 毫米×960 毫米 1/16 印张 14.5 彩插 2
字　　数 232 千字
定　　价 108.00 元
ISBN 978-7-5606-6486-6/TN

XDUP 6788001-1

“宽禁带半导体前沿丛书”编委会

“宽禁带半导体前沿丛书”出版说明

当今世界，半导体产业已成为主要发达国家和地区最为重视的支柱产业之一，也是世界各国竞相角逐的一个战略制高点。我国整个社会就半导体和集成电路产业的重要性已经达成共识，正以举国之力发展之。工信部出台的《国家集成电路产业发展推进纲要》等政策，鼓励半导体行业健康、快速地发展，力争实现“换道超车”。

在摩尔定律已接近物理极限的情况下，基于新材料、新结构、新器件的超越摩尔定律的研究成果为半导体产业提供了新的发展方向。以氮化镓、碳化硅等为代表的宽禁带半导体材料是继以硅、锗为代表的第一代和以砷化镓、磷化铟为代表的第二代半导体材料以后发展起来的第三代半导体材料，是制造固态光源、电力电子器件、微波射频器件等的首选材料，具备高频、高效、耐高压、耐高温、抗辐射能力强等优越性能，切合节能减排、智能制造、信息安全等国家重大战略需求，已成为全球半导体技术研究前沿和新的产业焦点，对产业发展影响巨大。

“宽禁带半导体前沿丛书”是针对我国半导体行业芯片研发生产仍滞后于发达国家而不断被“卡脖子”的情况规划编写的系列丛书。丛书致力于梳理宽禁带半导体基础前沿与核心科学技术问题，从材料的表征、机制、应用和器件的制备等多个方面，介绍宽禁带半导体领域的前沿理论知识、核心技术及最新研究进展。其中多个研究方向，如氮化物半导体紫外探测器、氮化物半导体太赫兹器件等均为国际研究热点；以碳化硅和Ⅲ族氮化物为代表的宽禁带半导体，是近年来国内外重点研究和发展的第三代半导体。

“宽禁带半导体前沿丛书”凝聚了国内20多位中青年微电子专家的智慧和汗水，是其探索性和应用性研究成果的结晶。丛书力求每一册尽量讲清一个专题，且做到通俗易懂、图文并茂、文献丰富。丛书的出版也会吸引更多的年轻人加入并投身于半导体研究和产业化事业，使他们能尽快进入这一领域进行创新性学习和研究，为加快我国半导体事业的发展做出自己的贡献。

“宽禁带半导体前沿丛书”的出版，既为半导体领域的学者提供了一个展示他们最新研究成果的机会，也为从事宽禁带半导体材料和器件研发的科技工作者在相关方向的研究提供了新思路、新方法，对提升“中国芯”的质量和加快半导体产业高质量发展将起到推动作用。

编委会

2020年12月

前言

金刚石是超宽禁带半导体的典型代表之一，在电学、光学、导热、传声、力学等多方面性质上表现优异。自从20世纪80年代化学气相沉积(CVD)法制备人造金刚石技术兴起之后，金刚石半导体的应用得到显著发展。然而，金刚石的体掺杂室温难以激活，体电导尤其是n型的可控性直到现在尚有很多问题未解决。因此，在电子器件方面，主流的器件是利用氢终端表面p型电导制备的场效应管。目前国际上对金刚石场效应管的微波功率特性和高压特性都有研究报道，且有关前者的一些最新特性纪录是我国研究人员报道的。

近年来，在我国掀起了金刚石半导体特性和应用的研究热潮。与晶体结构相似的硅相比，金刚石的超宽禁带和各种表面终端带来的奇特性质令其半导体应用的研究思路和制备工艺与传统半导体有很大的不同。然而，之前国内外关于金刚石的学术书籍多从材料特性角度介绍，而专门从器件角度介绍金刚石半导体的特性和应用的书籍非常少。因此，非常有必要出版一部专门介绍金刚石半导体器件的书籍。为了促进国内超宽禁带半导体研究的交流和发展，作者结合自己在金刚石半导体材料和器件方面近年来的研究经历和成果，尝试对金刚石半导体器件给出较系统的论述。

本书的作者来自西安电子科技大学、西安交通大学、中电科技集团第十三研究所、北京科技大学等单位，均是长期从事金刚石半导体材料和器件研究的一线研究人员。本书中，西安电子科技大学张金风教授主要撰写第1、3、5、8章内容并负责统稿，西安交通大学张景文副教授主要撰写第2章和第6章，中电科技集团第十三研究所蔚翠研究员主要撰写第4章，北京科技大学刘金龙副教授主要撰写第7章。本书主要基于作者及其研究团队的研究结果，对金刚石半导体器件给出了较系统的介绍。首先介绍了金刚石的各种表面终端，便于读者理解表面特性在器件中的应用，随后介绍了氢终端金刚石场效应管的原理和优化、金刚石微波功率器件、基于各种介质的氢终端金刚石 MOSFET、金刚石高压二极管、石墨烯/金刚石复合器件等内容，最后对金刚石器件未来的技术发展进行了展望。本书可供在相关领域从事科研和教学工作的人员参考。

在本书撰写期间，多位教师、博士研究生和硕士研究生提供了帮助。同时，作者与国内外多家科研院所和大专院校开展了长期的科研合作，本书也包含了大家共同的思想结晶。作者真诚感谢支持和帮助我们进步和发展的各位专家、同行和朋友，感谢共同奋斗的各位同事和同学。

感谢国家自然科学基金、国家重点研发计划以及国防科技与研究计划对超宽禁带半导体科技的大力支持。希望在金刚石半导体器件的科学研究、产品开发以及教学培训过程中，本书可以在学术参考和研究思路等方面对读者有所帮助，以此推动金刚石半导体材料和器件的进一步发展。

注：由于本书为黑白印刷，部分彩图无法呈现实际效果，读者可扫图旁二维码查看彩图。

作　者

2021 年 10 月

目　录

第 1 章

绪论

随着微电子行业的发展，半导体材料技术也得到了快速的发展。在第一代半导体材料硅(Si)和锗(Ge)、第二代半导体材料磷化铟(InP)和砷化镓(GaAs)、第三代半导体(宽禁带半导体)材料碳化硅(SiC)和氮化镓(GaN)相继发展起来之后，近年来，半导体技术的发展热点逐渐聚焦到氧化镓(Ga_2O_3)、金刚石(Diamond，C)、氮化铝(AlN)等超宽禁带半导体材料上。超宽禁带半导体材料具有更大的禁带宽度，与其他半导体材料相比，理论上在高温、高压、强辐射等极端环境的应用方面具有更大的优势。

金刚石被誉为“终极半导体”，是超宽禁带半导体材料的典型代表。金刚石具有禁带宽度大、载流子迁移率高、击穿场强高、热导率高、硬度大、化学稳定性好等一系列优异的性能(见表 1.1)，在高频大功率器件、电力电子器件、高温电子器件、辐射探测器、光电器件、微机电系统(Micro Electro Mechanical System，MEMS)、量子信息器件、生物传感器等领域具有巨大的应用潜力。

表 1.1　金刚石与其他半导体材料特性总结

材料	禁带宽度/eV	击穿场强/(MV/cm)	电子迁移率/[cm^2/(V·s)]	电子饱和速度($\times10^7$)/(cm/s)	相对介电常数	热导率/[W/(cm·K)]
AlN	6.2	12	1100	2.2	8.5	2.9
金刚石	5.47	>20	4500	1.5	5.7	22
Ga_2O_3	4.8～5.0	8	300	—	10	0.11/0.27
GaN	3.4	3.3	2000	2.5	8.9	1.3
SiC	3.3	3.0	950	2.0	9.7	4.9
GaAs	1.4	0.4	8500	2.0	12.9	0.43
Si	1.1	0.3	1500	1.0	11.7	1.5

金刚石属于碳的同素异形体，是一种原子晶体，其晶体结构为面心立方结构，空间群为 O_h^7 - Fd3m。图 1-1 所示为金刚石晶体结构示意图。金刚石的晶胞属于复式晶胞，由两个面心立方原胞沿体对角线方向移动 1/4 倍的体对角线长度套构而成。金刚石中碳原子的 2s、$2p_x$、$2p_y$、$2p_z$ 四个轨道形成四个 sp^3 杂化轨道。金刚石中碳原子的排列具有极高的对称性，其碳—碳(C—C)键具有键能大、键长短的特点；碳原子最外层的四个价电子全部参与成键，没有多余

的自由电子。正是这样的晶体结构和成键特点使金刚石具有超高硬度、超高熔点、化学性质稳定以及禁带宽度大、绝缘性好等特性。

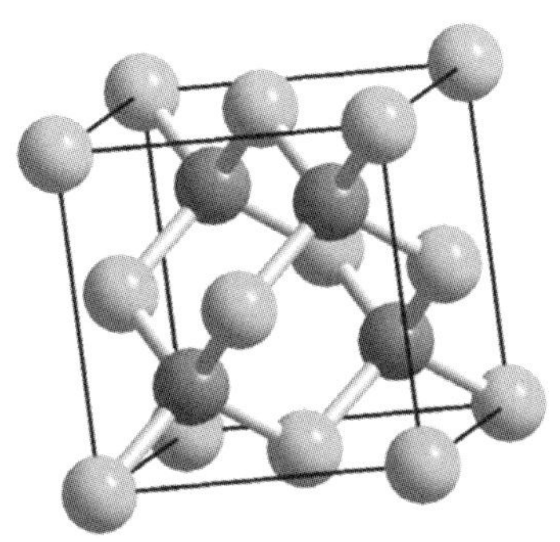

图1-1 金刚石晶体结构示意图

金刚石材料的人工制备方法主要有高压高温(High Pressure High Temperature, HPHT)法和化学气相沉积(Chemical Vapor Deposition, CVD)法两种。采用HPHT法制备的金刚石尺寸有限，最大尺寸约10 mm；而采用CVD法时，只要有合适的衬底，理论上可以制备出数英寸的金刚石外延薄膜。因此，CVD法更适合制备金刚石半导体晶圆。20世纪80年代，采用CVD法制备金刚石薄膜的技术取得了重大突破，随后金刚石p型和n型掺杂技术也逐渐取得进展，科学家们还发现了氢终端金刚石表面p型电导现象，促进了金刚石基器件及其相关机理的广泛深入研究。

采用掺杂技术实现有效的半导体电导调控，是实现金刚石材料在半导体领域应用的关键。目前，金刚石掺杂常用的p型掺杂剂是硼(B)，n型掺杂剂是磷(P)，但是两者的激活能都相当高(硼约为370 meV，磷约为570 meV)，导致室温下杂质在金刚石中的电离率很低(硼约为$10^{-3}\sim10^{-4}$数量级，磷约为$10^{-5}\sim10^{-6}$数量级)，难以实现有效的掺杂。这严重阻碍了金刚石在半导体电子器件中的应用。

氢终端金刚石是指表面主要形成碳—氢(C—H)键的金刚石。氢终端金刚石表面具有负电子亲和能，容易释放出电子而留下富集的空穴，造成金刚石表面的p型电导现象[1]。实验证明单晶金刚石表面的这种空穴富集层是二维空穴气(Two Dimensional Hole Gas, 2DHG)[2-3]，室温下空穴浓度约为$10^{12}\sim10^{14}$ cm^{-2}，迁移率约为数十到数百$cm^2/(V\cdot s)$。正是这层导电层使金刚石场效应管

(Field Effect Transistor，FET)的研究有了突破性的进展。目前氢终端金刚石FET已经实现了最大电流密度1.3 A/mm[4]、最大跨导430 mS/mm[5]的直流性能。金刚石微波功率FET研究方面，国内外报道的最优性能指标包括截止频率(f_T)70 GHz[6]和最大振荡频率(f_{max})120 GHz[7]，连续波输出功率密度3.8 W/mm@1 GHz[8]、1.5 W/mm@3.6 GHz[9]、1.04 W/mm@2 GHz[10]和1.26 W/mm@10 GHz[11]。金刚石高压FET器件方面，报道了2608 V的击穿电压和345 MW/cm^{2}的功率优值[12]。

图1-2给出了近年来公开报道的氢终端金刚石FET在1 GHz和2 GHz下的输出功率密度、功率增益和功率附加效率(PAE)的数据[8, 10, 13-19]。可以看到，金刚石FET的输出功率密度最高不超过4 W/mm，功率增益最高不超过20 dB，PAE最高不超过45%，这和目前主流的半导体微波功率器件GaN高电子迁移率晶体管(High Electron Mobility Transistor，HEMT)相比，还有很大差距。金刚石FET的功率放大能力受到较低增益的严重制约，因此为了提高

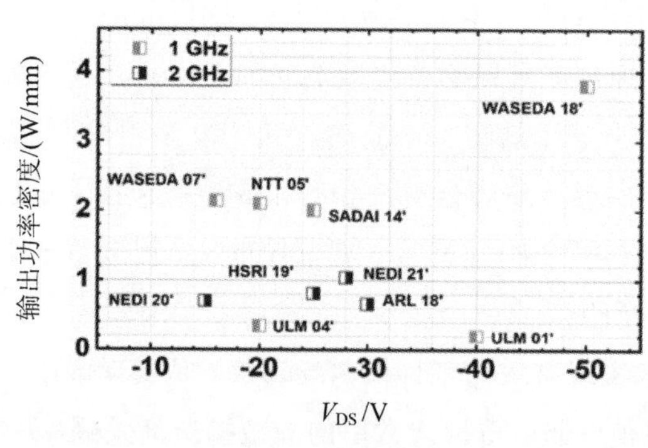

(a) 输出功率密度

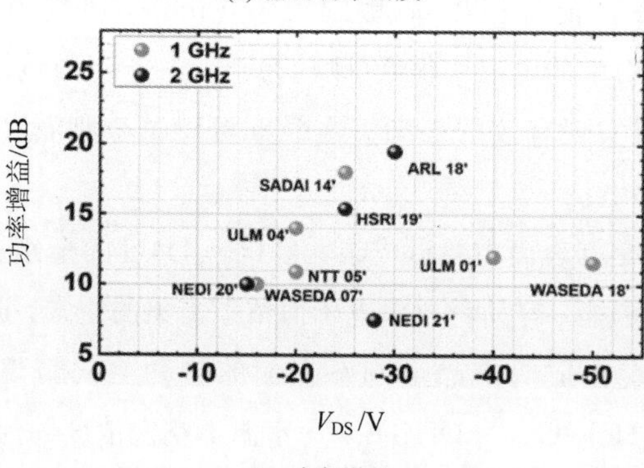

(b) 功率增益

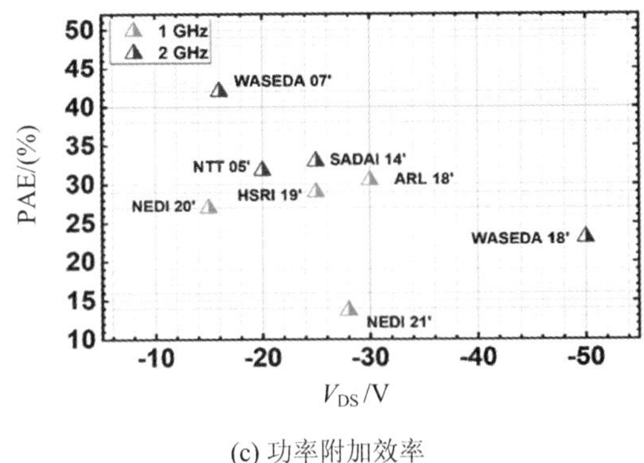

(c) 功率附加效率

图 1－2　氢终端金刚石 FET 特性[8, 10, 13-19]

增益，需要从更基础的层面上提高跨导或迁移率，同时保持高功率输出所必需的高的漏极电压摆幅。佐贺大学的 M. Kasu 课题组利用吸附 NO_2 的 Al_2O_3 钝化氢终端 FET 同时提高击穿电压和跨导，2020 年实现了关态击穿电压 618 V 和预期最大直流功率密度 12 W/mm[20]，2021 年这两个值则进一步上升为 2608 V 和 21.0 W/mm[13]。在提高迁移率方面，日本国立材料科学研究所(National Institute for Material Science，NIMS)的 Y. Takahide 课题组在氢终端金刚石表面引入氮化硼(BN)介质，显著提高了 2DHG 的迁移率：2018 年室温霍尔迁移率突破 300 cm^2/(V・s)，材料方阻降低到 3 kΩ/sq 以下[21]，2022 年室温霍尔迁移率进一步突破 680 cm^2/(V・s)，材料方阻降低到 1.4 kΩ/sq[22]。这些研究进展为氢终端金刚石器件微波功率特性的进一步突破铺平了道路。

金刚石高压二极管也是金刚石电子器件中较为重要的一个种类，目前主要有肖特基二极管(Schottky Barrier Diode，SBD)和基于 pn 结或 pin 结的二极管两种结构。由于金刚石体掺杂难以激活，而 p 型掺杂相对于 n 型掺杂更容易实现，SBD 一般是通过在基于 p 型金刚石衬底的 i 型金刚石层上制备肖特基金半接触而获得的。SBD 结构中电场的最大值出现在肖特基界面，肖特基电极若形成低质量金半界面或者电极边缘有尖端放电现象，就容易被提前击穿。因此，高性能 SBD 必须在高质量 i 型层的基础上做好表面钝化和肖特基电极接触。目前反向击穿电压达到 1 kV 以上的金刚石二极管主要是 SBD 结构[23-24]，其中基于锆金属肖特基接触的 SBD 的最大击穿电场达到 7.7 MV/cm，室温下的 Baliga 优值超过了 244 MW/cm^2[25]，这是一个里程碑式的突破。

基于pn结或pin结的二极管中，电场的最大值出现在pn结界面或者i型区，因此器件的耐压能力主要依靠高质量金刚石pn(pin)结的制备工艺。然而，金刚石体掺杂难以激活，且掺杂金刚石的结晶质量随着掺杂浓度的提高会出现退化，因此，对于pn结型金刚石二极管，一方面要提高掺杂浓度来提高二极管的正向导通能力，另一方面要抑制高掺杂浓度引入的晶体缺陷带来的漏电，以保持二极管的高耐压特性。从pn结型金刚石二极管的发展来看，这两者之间的折中优化点很难达到，目前主要的进展集中在提高二极管的正向导通电流方面。K. Oyama等人报道了p^+in^+结构二极管在35 V正向偏压下的电流密度可达到15 000 A/cm^2[26]，而器件的反向耐压能力则被牺牲。pn结二极管优于SBD的一点是雪崩可逆击穿能力强，M. Suzuki等人报道了室温击穿电压为920 V的pin管连续40次的可逆击穿特性以及击穿电压随温度而升高的特性[27]。

近年来，我国半导体学术界掀起了对超宽禁带半导体的研究热潮，关于金刚石电子器件的研究发展很快。截至目前，我国也取得了一些国际先进水平的研究成果[28-29]。在国家自然科学基金、国家重点研发计划、“十三五”预先研究项目等的支持下，我国金刚石微波功率FET和高压二极管器件的性能得以不断提高。随着基础研究的深入，我国金刚石半导体技术的发展速度将进一步加快。

参考文献

[1] MAKI T, SHIKAMA S, KOMORI M, et al. Hydrogenating effect of single-crystal diamond surface[J]. Japanese Journal of Applied Physics, 1992, 31(10A): L1446 - L1449.

[2] MORITZ V, HAUF, et al. Low dimensionality of the surface conductivity of diamond. Physical review B[J]. Condensed matter and materials physics, 2014, 89(11): 115426 - 1 - 115426 - 5.

[3] TAKAHIDE Y, OKAZAKI H, DEGUCHI K, et al. Quantum oscillations of the two-dimensional hole gas at atomically flat diamond surfaces[J]. Physical Review B, 2014, 89(23): 3473 - 3477.

[4] HIRAMA K, SATO H, HARADA Y, et al. Diamond field-effect transistors with 1.3 A/mm drain current density by Al_2O_3 passivation layer[J]. Japanese Journal of Applied Physics, 2012, 51(9): 090112.1 - 090112.5.

[5] KAWARADA H. High-current metal oxide semiconductor field-effect transistors on

H-terminated diamond surfaces and their high-frequency operation[J]. Japanese Journal of Applied Physics, 2012, 51(9): 090111-1-090111-6.

[6] YU X X, ZHOU J J, QI C J, et al. A high frequency hydrogen-terminated diamond MISFET with f_T/f_{max} of 70/80 GHz[J]. IEEE Electron Device Letters, 2018,39(9): 1373-1376.

[7] UEDA K, KASU M, YAMAUCHI Y, et al. Diamond FET using high-quality polycrystalline diamond with f_T of 45 GHz and f_{max} of 120 GHz[J]. IEEE Electron Device Letters, 2006, 27(7): 570-572.

[8] IMANISHI S, HORIKAWA K, NOBUTAKA O, et al. 3.8W/mm RF power density for ALD Al_2O_3-based two-dimensional hole gas diamond MOSFET operating at saturation velocity[J]. IEEE Electron Device Letters, 2019, 40(9): 279-282.

[9] KUDARA K, IMANISHI S, HIRAIWA A, et al. High output power density of 2DHG diamond MOSFETs with thick ALD-Al_2O_3[J]. IEEE Transactions on Electron Devices, 2021, 68(8): 3942-3949.

[10] YU X X, HU W X, ZHOU J J, et al. 1 W/mm output power density for H-terminated diamond MOSFETs with Al_2O_3/SiO_2 Bi-layer passivation at 2 GHz[J]. IEEE Journal of the Electron Devices Society, 2020,9: 160-164.

[11] YU X X, HU W X, ZHOU J J, et al. 1.26 W/mm output power density at 10 GHz for Si_3N_4 passivated H-terminated diamond MOSFETs[J]. IEEE Transactions Electron Devices, 2021, 68(10): 5068-5072.

[12] SAHA N, KIM S W, OISHI T, et al. 345 MW/cm^2 2608 V NO_2 p-type doped diamond MOSFETs with an Al_2O_3 Passivation overlayer on heteroepitaxial diamond[J]. IEEE Electron Device Letters, 2021, 42(6): 903-906.

[13] KASU M, UEDA K, YE H, et al. 2 W/mm output power density at 1 GHz for diamond FETs[J]. Electronics Letters. 2019, 44(22): 1249-1250.

[14] HIRAMA K, TAKAYANAGI K, YAMAUCHI S, et al. Microwave operation of diamond metal-insulator-semiconductor field-effect-transistors fabricated on single-crystal CVD substrate[J]. New Diamond Frontiers Carbon Technology, 2007, 17(4): 201-209.

[15] ALEKSOV A, DENISENKO A, SPITZBERG U, et al. RF performance of surface channel diamond FETs with sub-micron gate length[J]. Diamond and Related Materials, 2002, 11: 382-386.

[16] KASU M, OISHI T. Diamond RF power transistors: present status and challenges [C]// European Microwave Integrated Circuit Conference. IEEE, 2014: 146-148.

[17] YU X X, ZHOU J J, ZHANG S, et al. H-terminated diamond RF MOSFETs with

AlO_x/SiN_x Bi-layer passivation and selectively etched T-shaped gates[J]. Diamond and Related Materials, 2020, 110: 108160.

[18] IVANOV T G, WEIL J, SHAH P B, et al. Diamond RF transistor technology with f_T = 41 GHz and f_{max} = 44 GHz[C]. Proceedings of IEEE/MIT-S International Microwave Symposium Philadelphia, 2018: 1461 - 1463.

[19] YU C, ZHOU C J, GUO J C, et al. RF performance of hydrogenated single crystal diamond MOSFETs[C]. Proceedings of 2019 IEEE International Conference on Electron Devices and Solid-State Circuits, Xi'an, China, 2019.

[20] SAHA N, OISHI T, KIM S, et al. 145 MW/cm^2 heteroepitaxial diamond MOSFETs with NO_2 p-type doping and an Al_2O_3 Passivation layer[J]. IEEE Electron Device Letters, 2020, 41(7): 1066 - 1069.

[21] SASAMA Y, KOMATSU K, MORIYAMA S, et al. High-mobility diamond field effect transistor with a monocrystalline h-BN gate dielectric[J]. APL Materials, 2018, 6(11): 111105.1 - 111105.8.

[22] SASAMA Y, KAGEURA T, IMURA M, et al. High-mobility p-channel wide bandgap transistors based on hydrogen-terminated diamond/hexagonal boron nitride heterostructures[J]. Nature Electronics, 2022, 5(1): 37 - 44.

[23] BUTLER J E, GEIS M W, KROHN K E ,et al. Exceptionally high voltage Schottky diamond diodes and low boron doping[J]. Semiconductor Science & Technology, 2003, 18(3): S67 - S71.

[24] TWITCHEN D J, WHITEHEAD A J. High-voltage single-crystal diamond diodes [J]. IEEE Transactions on Electron Devices, 2004, 51(5): 826 - 828.

[25] TRAORE A, MURET P, FIORI A, et al. Zr/oxidized diamond interface for high power Schottky diodes[J]. Applied Physics Letters, 2014, 104(5): 052105.1 - 052105.4.

[26] OYAMA K, RI S G, KATO H, et al. High performance of diamond $p^+ - i - n^+$ junction diode fabricated using heavily doped p+ and n+ layers[J]. Applied Physics Letters, 2009, 94(15): 152109. 1 - 152109. 2.

[27] SUZUKI M, SAKAI T, MAKINO T, et al. Electrical characterization of diamond pin diodes for high voltage applications[J]. Physica Status Solidi A, 2013, 210(10): 2035 - 2039.

[28] ZHOU C J, WANG J J, GUO J C, et al. Radiofrequency performance of hydrogenated diamond MOSFETs with alumina[J]. Applied Physics Letters, 2019, 114(6): 063501.1 - 1063501.5.

[29] REN Z Y, ZHANG J F, ZHANG J C, et al. Diamond field effect transistors with MoO_3 gate dielectric[J]. IEEE Electron Device Letters, 2017: 786 - 789.

第 2 章

金刚石的表面终端

理想的晶体在三维空间呈周期性排列并且无限延伸，实际的晶体由于表面的存在使得晶格的周期性被中断，导致晶体表面的原子状态不同于晶体内部。实际中通常会以重构或者弛豫的方式来降低晶体表面的表面能。清洁的金刚石表面只能通过劈裂金刚石并在高真空下退火，或者直接在高真空下退火而去除表面吸附原子的方式来获得[1-3]。现实中应用到的金刚石表面通常会吸附其他原子或基团，如氢、氧、氟、氮、氯等原子或者氨基、羟基、羧基等基团，进而形成相应的金刚石表面终端。

金刚石的表面终端会显著地影响到表面性质，如电子亲和能、功函数、表面导电性等，表 2-1 对氢终端、氧终端、氮终端和氟终端金刚石的部分参数进行了比较[4-7]。CVD 生长的金刚石的初始表面通常为氢终端表面；氢终端金刚石通过特定的表面处理，如气体腐蚀、溶液腐蚀和等离子体刻蚀等，能够破坏原有的金刚石表面结构并形成新的表面终端。本章主要介绍氢终端、氧终端、氟终端和氮终端的金刚石(001)表面的性质和研究工作。

表 2-1　氢终端、氧终端、氮终端和氟终端金刚石的参数比较[4-7]

	电子亲和能/eV	功函数/eV	表面导电性
氢终端金刚石	−1.3	4.9	p 型电导
氧终端金刚石	1.7	6.3	无
氮终端金刚石	2.4	—	无
氟终端金刚石	2.56	7.24	无

2.1　氢终端金刚石表面

氢终端金刚石表面一般通过两种方法制备：用微波等离子体化学气相沉积(Microwave Plasma Chemical Vapor Deposition，MPCVD)技术外延一层金刚石薄膜，以及用氢等离子体处理金刚石表面。氢终端金刚石表面的研究开始的较早，S. H. Yang 等人在 1993 年利用第一性原理计算出了氢终端金刚石表面会发生(2×1)重构，并具有(2×1)：1H 和(2×1)：2H 两种结构形式[8]。图 2-1 给出了金刚石(001)面重构示意图：图(a)为清洁而不含氢的金刚石表

面形成碳碳双键的二聚体，即(001)-2×1 结构的氢终端金刚石表面；图(b)为(001)-2×1∶H 单个碳原子结合单个氢原子结构的氢终端金刚石表面；图(c)为(001)-2×1∶2H 单个碳原子结合两个氢原子结构的氢终端金刚石表面。

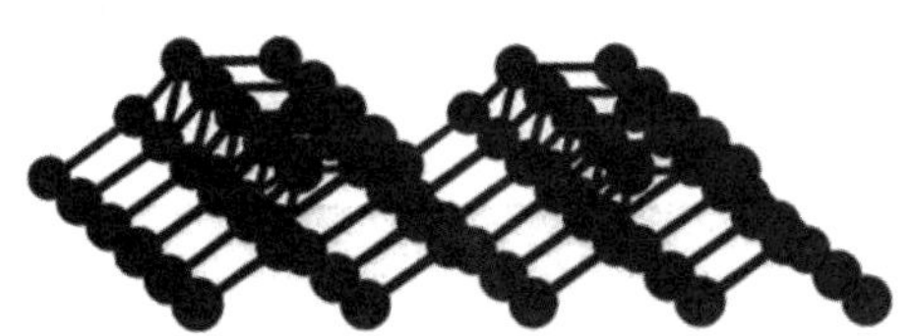

(a) (001)-2×1结构的氢终端金刚石表面

(b) (001)-2×1∶H结构的氢终端金刚石表面

(c) (001)-2×1∶2H结构的氢终端金刚石表面

图 2-1　金刚石(001)面的重构示意图

与此同时，R. E. Thomas 等人利用低能电子衍射(Low-energy Electron Diffraction，LEED)和程序升温脱附的方法确认了氢终端金刚石表面具有(2×1)重构，T. Aizawa 等人利用高分辨电子能量损失谱(High Resolution Electron Energy Loss Spectroscopy，HREELS)证实了氢终端金刚石表面具有 C—H 键振动模式[9-10]。R. Graupner 等人在 1998 年利用高分辨光电子能谱检测出氢终端金刚石表面除了具有 C—H 键终端层，还会在表面处理过程中吸附碳氢化合物[11]。F. Maier 等人在 2001 年利用 X 射线光电子能谱(X-ray Photoelectron Spectroscopy，XPS)和紫外光电子能谱(Ultraviolet Photoelectron Spectroscopy，UPS)得出了氢终端金刚石表面的电子亲和能为－1.3 eV[12]。K. Bobrov 等人在 2003 年利用扫描隧道显微镜(Scanning Tunneling Microscope，STM)直接观测到了氢终端金刚石表面(2×1)结构[13]。S. Kono 等人在 2010 年利用 XPS 等多种手段得出氢终端金刚石由表面向深处具有向下弯曲的能带结构[14]。

M. I. Landstrass 和 K. V. Ravi 于 1989 年首次发现了氢终端金刚石表面具有导电性，并可在表层形成高密度的二维空穴气[15]。化学气相沉积法生长得到的氢终端金刚石在高真空下进行原位测试时，金刚石表面并不会出现导电现

象，必须将其暴露于空气中后方才逐渐出现表面导电现象，并且在数十小时后表面电导率达到最大值。氢终端金刚石的表面电导率会受到表面吸附物的影响，当其表面吸附氮气、氧气、二氧化碳和水蒸气等气体时电导率的变化不明显，而当其表面吸附硝酸、氯化氢等蒸气时电导率有明显的提升[16-18]。氢终端金刚石表面吸附臭氧和二氧化氮后，其空穴面密度分别可以达到 $7.5\times10^{13}\ cm^{-2}$ 和 $2.3\times10^{14}\ cm^{-2}$[19-20]。

氢终端金刚石因其独特的表面导电性在电子器件领域有着很大的应用潜力，H. Kawarada 等人在 1994 年首次研制出了金刚石表面导电沟道 FET[21]。K. Ueda 等人在 2006 年研发出了漏极电流密度达 670 mA/mm、截止频率为 45 GHz、最大振荡频率为 120 GHz 的金刚石 FET[22]。然而，氢终端金刚石表面的导电性在空气中会缓慢退化，并且在温度升至 250℃以上后表面导电性消失。目前，氢终端表面电导的研发逐渐聚焦于新型的表面固态覆盖层。M. Tordjman 等人在 2017 年将 WO_3 和 ReO_3 层沉积到氢终端金刚石表面，获得了 $2.5\times10^{14}\ cm^{-2}$ 的表面空穴密度，以及在 450℃时较为稳定的表面电导[23]。氢终端金刚石表面电导的形成机理目前仍未完全探索清楚，已提出的转移掺杂模型等详见 3.1 节。

2.2 氧终端金刚石表面

尽管在金刚石的各种终端表面中，氢终端表面因其独特的表面导电性和负电子亲和能而被广泛地研究和应用。然而，在制作某些器件时需要去除掉表面电导而实现表面绝缘的目标，目前通常的做法是将其处理为氧终端表面。氧终端金刚石表面可以用化学湿法腐蚀[24]、氧等离子体刻蚀[25-26]、紫外线(Ultraviolet，UV)臭氧处理[27]和空气热氧化[28-29]等表面处理方法实现，这几种方法根据适用条件的不同而各有利弊。

化学湿法腐蚀制备氧终端金刚石表面的一般条件为，硫酸和硝酸按照 1∶1 的比例混合，金刚石表面浸入溶液中，并在 250℃下加热处理 1 小时。化学湿法腐蚀的优点是制备氧终端的同时，可以去除掉金刚石表面的石墨相及附着的污染物，缺点是难以有选择性地进行局部氧化。

氧等离子体刻蚀制备氧终端金刚石表面的优点为制备速度快，并且容易通

过掩膜的方式进行选择性氧化，缺点为等离子体刻蚀金刚石表面容易引入表面损伤。

UV 臭氧处理法制备氧终端金刚石表面用到的 UV 光源的波长一般为 172 nm，UV 的波长对处理时间有着显著的影响，波长较长时需要的处理时间将明显增长。UV 可以将氧气转变为臭氧，因而处理时通入空气或者氧气即可。UV 臭氧处理法不会损伤金刚石表面并且容易通过掩膜的方式进行选择性氧化。

空气热氧化法制备氧终端金刚石表面的温度一般在 250℃以上，该方法对设备的要求低，然而所需的处理时间长，一般较少采用这种方法。

图 2-2 给出了不同处理方式获得的氧终端金刚石表面的氧含量，可见对于 CVD 金刚石(100)面使用不同的处理方法，最终所达到的饱和氧含量基本相同[30]。然而，各种处理方法达到表面氧含量饱和所需要的时间却大不相同：氧等离子体刻蚀的处理速度最快，约 1 分钟就可使金刚石表面的氧含量达到

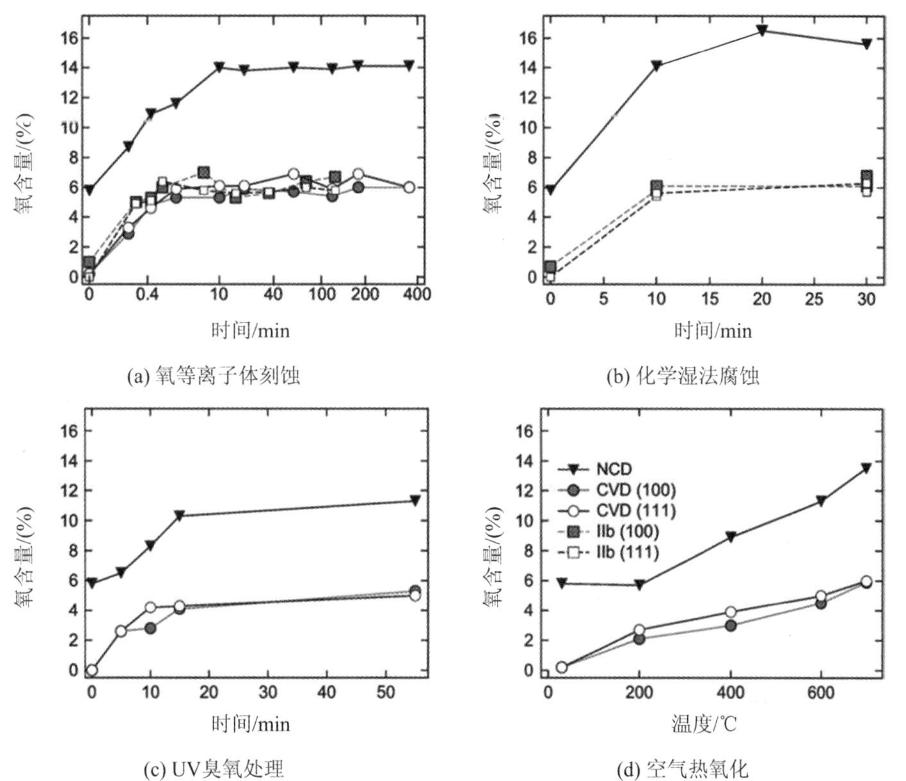

图 2-2　不同处理方法获得的氧终端金刚石表面的氧含量[30]

饱和，而化学湿法腐蚀和 UV 臭氧处理需 10 分钟可使表面氧含量达到最大值，而空气热氧化处理则需要几个小时。

氧终端金刚石表面的原子结构比较复杂。2000 年，P. E. Pehrsson 等人在真空腔内对金刚石表面进行氧化处理和原位测试，LEED 和 HREELS 等测试结果表明氧终端金刚石表面具有(1×1)结构，且表面有环醚(C—O—C)、羰基(C ═O)和羟基(C—OH)多种基团同时存在[31]。K. P. Loh 等人在 2002 年也用实验证明了氧终端金刚石表面具有(1×1)结构，而且氧化过程会引入表面态[32]。R. Long 等人在 2007 年利用第一性原理计算出氧终端金刚石表面的羟基结构要比环醚结构和羰基结构更加稳定[33]。F. Klauser 等人在 2010 年利用 XPS 研究了氧等离子体处理的金刚石表面，发现其表面的碳原子呈现出不同的氧化价态，并且部分碳原子以 sp^2 形式的 C—C 键存在[30]。C. G. Baldwin 等人在 2014 年利用 XPS 研究了化学湿法腐蚀处理的氧终端金刚石表面，结果证明其表面存在碳氧单键、碳氧双键以及 sp^2 形式的 C—C 键[24]。A. Stacey 等人在 2018 年结合近边 X 射线吸收精细结构谱(Near Edge X-ray Absorption Fine Structure Spectrum，NEXAFS)和密度泛函理论说明了氧终端金刚石表面 sp^2 形式的 C—C 键可能造成了表面缺陷，并且造成费米能级钉扎现象[34]。

HREELS 可以获取表面化学键的振动信息，其基本原理是通过向样品表面发射一束低能量电子来获得反射后的电子能谱，入射电子在与样品表面接触的过程中会发生能量损耗，并且损耗的能量值与样品表面分子振动相关，获得的电子能量损失谱可以反映样品表面化学键的信息[35-36]。图 2－3 给出了多晶金刚石表面经过不同氧化处理后的 HREELS 结果，其横坐标为反射后损失的电子能量，纵坐标为相对强度，(a)、(b)、(c)和(d)分别展示了氧等离子体刻蚀、化学湿法腐蚀、UV 臭氧处理得到的氧终端金刚石表面和初始的氢终端金刚石表面的谱形[37]。

初始的氢终端金刚石表面只包含了碳和氢两种原子，其表面化学键的振动形式相对比较简单，如图 2－3(d)所示。初始氢终端金刚石表面的 HREELS 主要包含了四部分特征区域：位于 155 meV 附近的 C—C 键拉升振动和 C—H 键扭曲振动，位于 300 meV 附近的金刚石一阶光学声子，位于 362 meV 附近的 C—H 键拉升振动，以及位于 450 meV 附近的金刚石二阶光学声子。金刚石光学声子峰通常与金刚石表面的质量相关，较强的金刚石一阶与二阶光学声子峰

意味着较高的表面质量，或者说较少的表面缺陷。此外，在 178 meV 处出现了 C ═C、C ═CH_2 振动峰，在 376 meV 处出现了 C ═CH_x 振动峰，以及在 393 meV 出现了 C≡CH 振动峰，这些峰出现的原因是多晶金刚石晶界处的碳原子并未形成金刚石结构，而是形成非晶结构的碳氢混合物。

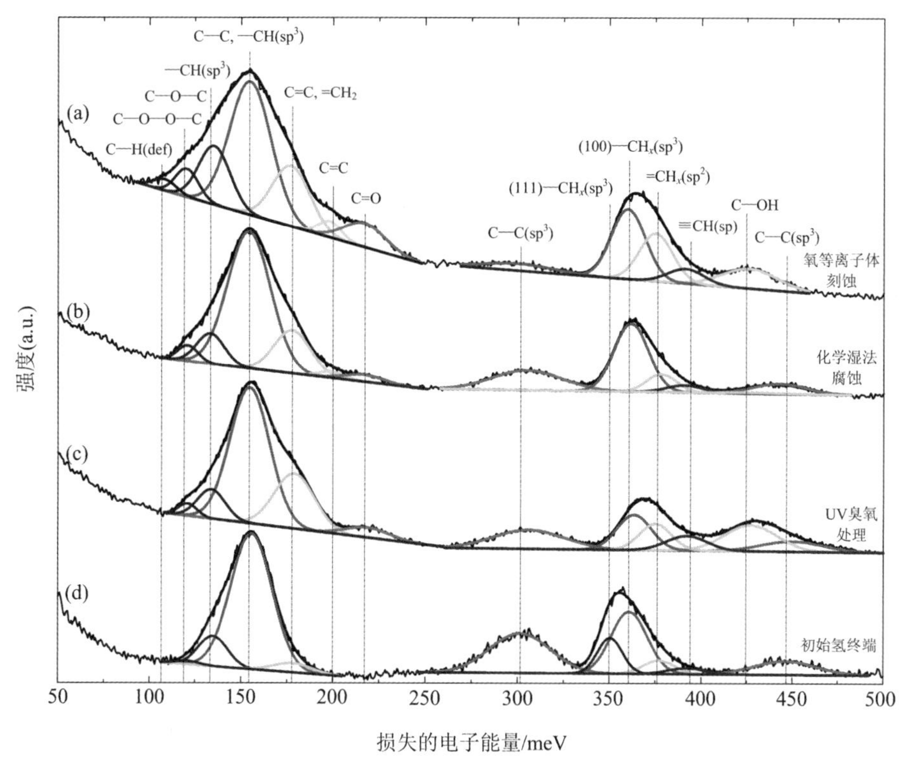

图 2－3　多晶金刚石表面经过不同氧化处理后的 HREELS 结果

将图 2－3(d)的氢终端金刚石样品表面进行 UV 臭氧处理，得到的氧终端表面的 HREELS 结果如图 2－3(c)。该图和图 2－3(d)的主要区别有：首先，在 118 meV、218 meV、425 meV 附近分别出现了新的谱峰，其分别对应于 C—O—C、C ═O、C—OH 的振动，说明经过 UV 臭氧处理后，氧原子通过与碳原子形成化学键而吸附到金刚石表面；其次，在 178 meV、376 meV、393 meV 附近的 C ═C 与 C ═CH_2、C ═CH_x、C≡CH 振动峰强度显著增强，说明 UV 臭氧处理的过程中会引起金刚石表面碳原子的重构；最后，300 meV、

450 meV处的金刚石一阶、二阶光学声子峰显著减弱，说明表面碳原子重构的过程中形成了大量的缺陷。

完成测试后将UV臭氧处理过的样品重新氢化，获得与图2-3(d)样品相似的初始氢终端金刚石表面，再对其进行化学腐蚀处理，得到的氧终端表面的HREELS结果如图2-3(b)。该图和图2-3(c)的谱峰包含的振动模式种类十分相似，主要在谱峰强度上有所区别，说明两种氧化过程都是通过表面碳原子重构的方式嵌入氧原子，同时形成了大量的缺陷。另外，化学腐蚀处理的金刚石表面的含氧谱峰(C—O—C、C═O、C—OH)强度低于UV臭氧处理的金刚石表面，说明化学腐蚀处理的金刚石表面氧原子覆盖率较低。

而后，再次将化学腐蚀处理过的样品重新氢化，重新获得与图2-3(d)样品相似的初始氢终端金刚石表面，再对其进行氧等离子体处理，得到的氧终端表面的HREELS结果如图2-3(a)。该图与图2-3(b)、(c)相比较，除C—C(sp^3)和C—H(sp^3)两种振动模式以外的所有谱峰的强度均明显增强，说明氧等离子体处理和UV臭氧处理以及化学腐蚀两种方式相比，可以增强金刚石表面的碳原子重构程度，或者说氧等离子体对金刚石表面的破坏性更强。

氧终端金刚石表面具有良好的绝缘性，并且由于其容易与金属形成肖特基接触，因而适宜于制造金刚石肖特基二极管，而利用不同氧化处理方式获得的氧终端金刚石表面会影响到肖特基二极管的性能。W. Ebert等人在1997年利用氧等离子体处理方法获得氧终端金刚石表面，并在其上溅射金薄膜制作肖特基电极，获得了漏电流密度小于10^{-7} A/cm^{2}的金刚石肖特基二极管[38]。T. Teraji等人在2007年利用化学腐蚀方法获得氧终端金刚石表面，在其上沉积铝薄膜制作肖特基电极，研制了击穿场强达1.46 MV/cm的金刚石肖特基二极管[39]。随后，T. Teraji等人在2009年利用UV臭氧处理获得氧终端金刚石表面，并沉积金薄膜制作肖特基电极，所制备的金刚石肖特基二极管可以承受1000 V的反向电压，并且漏电流小于30 pA[40]。

2.3 氟终端金刚石表面

氟终端金刚石表面具有非常好的疏水性及化学稳定性，这种表面在化学传

感器及生物传感器方面已经有所应用。氟终端金刚石表面的制备方法通常有气体腐蚀法和等离子体处理法。气体腐蚀法是将金刚石表面暴露于含氟气体如 F_2、HF、XeF_2 等气体[41-43]中使其被腐蚀，等离子体刻蚀法通常使用 CF_4、CHF_3、C_4F_8 等气体形成的等离子体处理金刚石表面[44-45]。F_2 和 HF 对人体有毒害作用，而 CF_4 和 CHF_3 是较常用的刻蚀气体，因而等离子体刻蚀法在应用上更为方便。

氟终端金刚石表面的氟原子通常以碳氟单键的形式结合，由于碳氟键的键能要高于碳氧键和碳氢键的键能，因而氟终端表面具有非常好的化学稳定性。图 2-4 给出了初始的氟终端金刚石表面，以及将氟终端金刚石置于硫酸和硝酸的混合酸中并加热处理 1 小时后的 XPS 全谱。从图中可以观察到，处理后的氟终端表面的 F 1s 谱峰仅有略微下降；经计算，热酸处理后的氟元素损耗量低于 10%。这一点证明，氟终端表面的确具有非常好的化学稳定性。

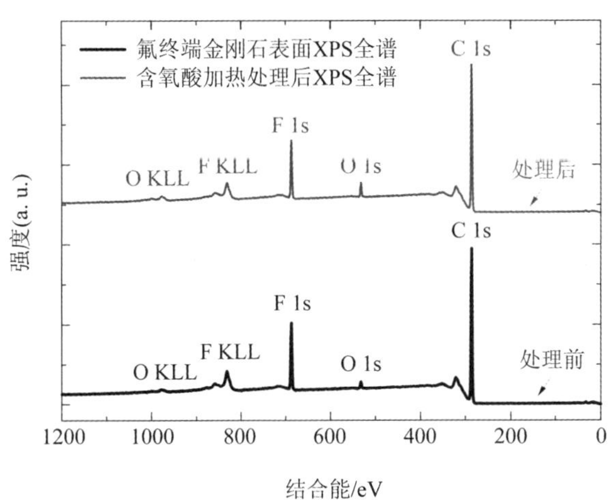

图 2-4　含氧酸加热处理氟终端金刚石表面前后的 XPS 全谱

在初始的氟终端金刚石表面的 XPS 全谱上，可以观察到在 686 eV 附近出现了很强的 F 1s 谱峰，并且在 859 eV 附近出现了较强的氟俄歇电子峰。(在 2.4 节公式(2-2)中替换相应的参数并计算，可得氟终端金刚石表面的氟原子覆盖层为 1.6 ML，额外多出的氟原子覆盖层来源于等离子体处理使表面形成的碳氟聚合物。)图 2-5 给出了氟终端金刚石表面 C 1s 谱测试曲线和拟合曲线，经过分峰拟合后可知测试曲线由五个谱峰叠加而成，分别为 sp^3 峰、C—F 峰、$CF_Ⅰ$ 峰、$CF_Ⅱ$ 峰和 C_x 峰。其中，$CF_Ⅰ$ 和 $CF_Ⅱ$ 谱峰就是来自两类碳氟聚合物[46-47]。

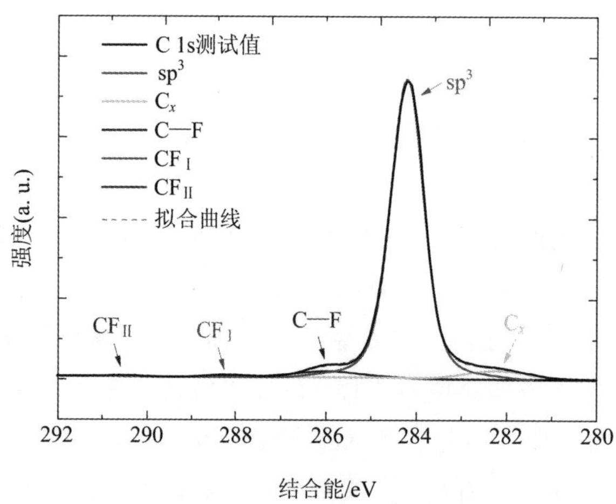

图 2-5 氟终端表面 C 1s 谱

氟终端金刚石表面容易与金属形成较高的肖特基势垒，因此适用于制备肖特基二极管，目前基于氟终端金刚石表面的肖特基二极管已经取得了一定的研究进展[48]。金半接触的肖特基势垒高度可以用 XPS 测量。在半导体表面沉积一层若干纳米的金属膜，随后对表面进行 XPS 测试可以同时获得金属和半导体的电子能级信息，从而计算出势垒高度的数值，如图 2-6 所示。

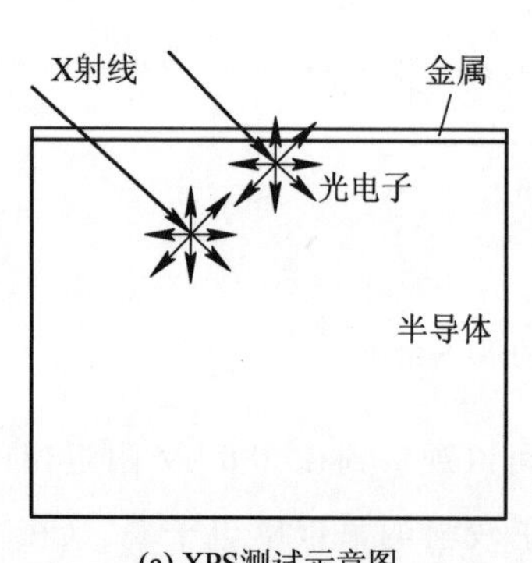

(a) XPS测试示意图

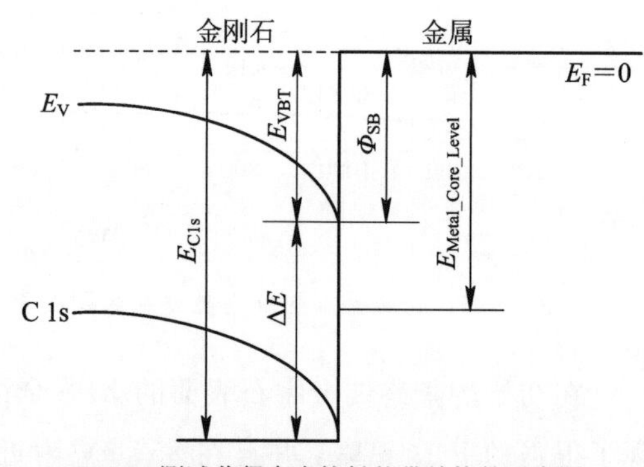

(b) XPS测试获得金半接触能带结构的示意图

图 2-6 通过 XPS 测试计算势垒高度的示意图

金属和金刚石表面形成接触后其界面处的能带结构图如图 2-6(b)所示，其势垒高度与金刚石价带顶与费米能级的差值 E_{VBT} 相等。然而，金刚石表面附近价带顶的电子非常少，导致关于 E_{VBT} 的信号极其微弱，此外，金属在结合能

等于 E_{VBT} 处的电子态密度极大，从而使得金刚石和金属形成接触后，金刚石表面价带顶的信号被金属电子的信号彻底淹没，无法直接通过 XPS 测试得到 E_{VBT} 的数值。

然而，金刚石芯层能级 $E_{C\ 1s}$ 和 E_{VBT} 的差值 ΔE 为固定值，且 ΔE 只与金刚石本身的特性相关。虽然金刚石衬底的价带顶 E_{VBT} 的信号非常弱，然而通过长时间的 XPS 累积测试仍然可以获得较为精确的 E_{VBT} 数值；同时，C 1s 谱峰的信号非常强，其结合能 $E_{C\ 1s}$ 很容易获得，这样就容易得到金刚石衬底的 ΔE 数值。由于 ΔE 为固定值，金刚石与金属形成接触时根据图 2-6(b)可得势垒高度为

$$\Phi_{BH} = E_{C\ 1s} - \Delta E \tag{2-1}$$

当金刚石上覆盖的金属层非常薄时，C 1s 谱峰的强度仍然非常大，因此，可以通过测试 C 1s 的结合能，再根据 2.4 节的公式(2-3)直接计算出肖特基势垒的高度。需要特别指出的是，XPS 测试产生的荷电效应作用于整体样品之上，通过计算金属的结合能偏移量再对整个光电子能谱进行平移，可以消除荷电效应的影响。

图 2-7 给出了氟终端金刚石表面沉积 2 nm 金膜后测试的 XPS 全谱，图谱包含较多的谱峰，其全部来源于碳、氧、氟和金等四种元素。碳元素的谱峰

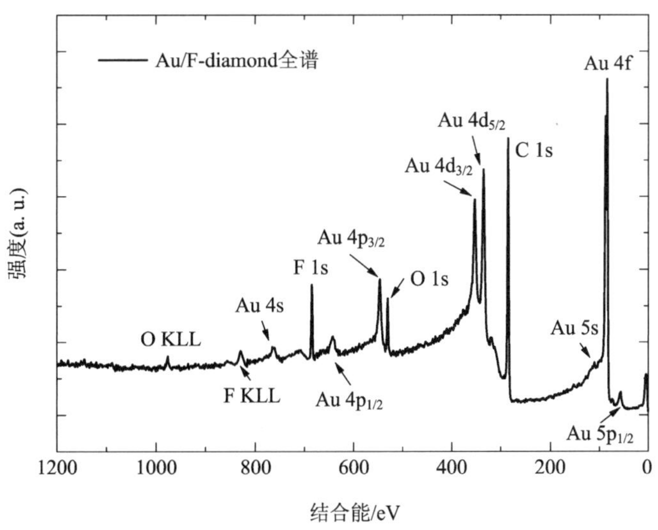

图 2-7　氟终端金刚石表面沉积 2 nm 金膜后测试的 XPS 全谱

是位于 284 eV 的 C 1s 峰，氧元素的谱峰是分别位于 532 eV 和 984 eV 的 O 1s 峰和 O KLL 峰，氟元素的谱峰是分别位于 685 eV 和 859 eV 的 F 1s 峰和 F KLL 峰，金元素的谱峰是分别位于 71 eV、84 eV、110 eV、332 eV、350 eV、542 eV、640 eV 和 758 eV 的 Au $5p_{1/2}$、Au 4f、Au 5s、Au $4d_{5/2}$、Au $4d_{3/2}$、Au $4p_{3/2}$、Au $4p_{1/2}$ 和 Au 4s 等谱峰。

通过测试标准的金样品的 XPS 谱获得 Au $4f_{7/2}$ 的结合能，其值约 83.96 eV；随后测试蒸镀 2 nm 厚金膜的氟终端金刚石样品，获得 Au $4f_{7/2}$ 的结合能。金刚石样品和标准的金样品的 Au $4f_{7/2}$ 的结合能的偏差即为荷电效应和光伏效应的作用下产生的偏移，将其补偿至金刚石芯层能级 E_{C1s}，就可以利用公式(2-1)计算出，金与氟终端金刚石表面接触的肖特基势垒高度为 2.26 eV。

2.4 氮终端金刚石表面

氮掺杂金刚石中的一个碳空位及邻近的一个碳原子被氮原子取代后可以形成氮空位(NV)色心[49]。NV 色心具有非常稳定的光学跃迁，有较长的相干时间，可以通过光学的办法初始化并读出量子态，可以用微波来快速准确地操控自旋态，基态的波函数局域化显著，因此氮掺杂金刚石是很好的量子信息、量子计算和量子度量学等量子技术的物理平台。同时，金刚石的禁带宽度很大并且有很好的透光率，色心发出的光可以不被吸收而自由逸出。目前，金刚石的量子应用领域已经取得了里程碑式的进展，利用金刚石纳米柱阵列的方式可极大地提高 NV 色心的发光效率，其质量因子可以达到约 4000[50]。

金刚石表面终端会对浅层的 NV 色心的电荷态产生重要影响。当金刚石表面为氢终端时，会诱导 NV^- 电荷态转变为电中性的 NV^0 电荷态，而电中性的 NV^0 实际应用价值较低，需要尽量避免其生成。氧终端和氮终端金刚石表面均具有正的电子亲和能，对表面浅层的 NV^- 电荷态几乎不会产生影响。此外，氮终端金刚石表面可以将一部分 NV^0 转化为 NV^-，并且氮终端表面对于 NV^- 电荷态的改善效果优于氧终端表面[51]。因此，氮终端表面在金刚石 NV 色心的研究中有着重要的应用价值。

金刚石的表层碳与常见的含氮物质之间极难发生反应，因此通常采用氮等

离子体刻蚀的方法制备氮终端金刚石表面。图 2－8(a)给出了氢终端、氧终端和氟终端金刚石表面的 XPS 结果，图 2－8(b)给出了图(a)三种表面终端的金刚石样品经过氮等离子体处理后获得的氮终端金刚石表面的 XPS 结果[52]。通过计算 N 1s 和 C 1s 的谱峰面积比，可以详细比较几种氮终端金刚石表面的氮元素含量，基于氢终端、氧终端和氟终端表面获得的氮终端金刚石表面的 N 1s/C 1s 强度比分别为 0.298、0.302 和 0.303，说明通过氮等离子体处理可以在这些表面上形成氮元素的沉积，并且氮终端金刚石表面的氮元素含量几乎一样，而与氮等离子体处理前的初始表面没有关系。

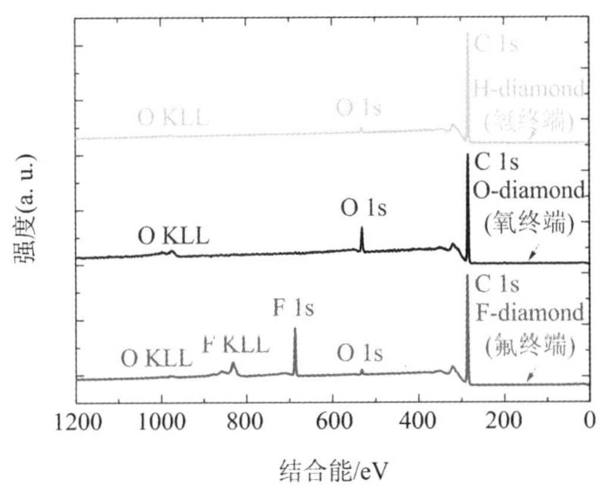

(a) 氢终端、氧终端和氟终端金刚石表面

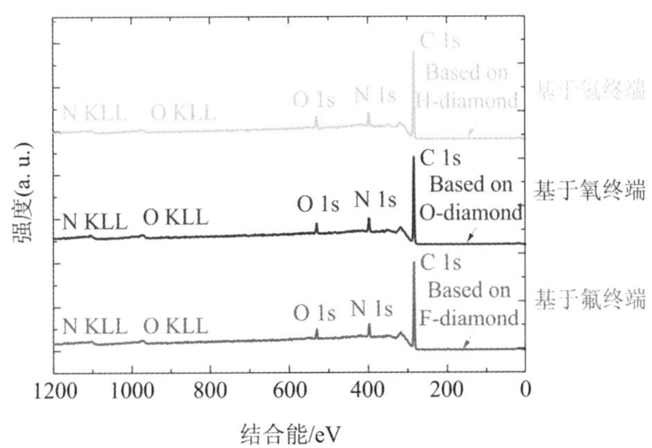

(b) 三种表面终端的金刚石样品经过氮等离子体处理后得到的氮终端表面

图 2－8 不同终端金刚石表面的 XPS 结果

利用 XPS 谱峰强度的对比可以推算出表面终端原子的覆盖层数，对于氮终端金刚石表面，N 1s 与 C 1s 的信号强度比值为

$$\frac{I_{\mathrm{N1s}}}{I_{\mathrm{C1s}}}=\frac{\sigma_{\mathrm{N1s}}}{\sigma_{\mathrm{C1s}}}\cdot\frac{T_{\mathrm{N1s}}}{T_{\mathrm{C1s}}}\cdot\frac{\lambda_{\mathrm{N1s}}}{\lambda_{\mathrm{C1s}}}\cdot\left[1-\exp\left(\frac{-d}{\lambda_{\mathrm{N1s}}\cos\theta}\right)\right] \tag{2-2}$$

式中：σ 为光电截面；T 为设备传输函数；λ 为非弹性碰撞平均自由程；d 为表面氟原子层厚度；θ 为 X 射线入射角度。其中，C 1s 和 N 1s 的光电截面分别为 0.013 和 0.024 Mb，Mb 为截面单位，1 Mb$=10^6$ b，1 b$=10^{-24}$ cm^{-2}。设备传输函数通常可以表示为测试通能与光电子动能的比值，即

$$T_{\mathrm{N1s}}=\frac{E_{\mathrm{PE}}}{E_{\mathrm{K,\ N1s}}},\qquad T_{\mathrm{C1s}}=\frac{E_{\mathrm{PE}}}{E_{\mathrm{K,\ C1s}}} \tag{2-3}$$

式中：E_{PE}为测试通能；$E_{\mathrm{K,\ N1s}}$为氮原子的光电子动能；$E_{\mathrm{K,\ C1s}}$为碳原子的光电子动能。传输比 T_{C1s}和 T_{N1s}分别为 0.082 和 0.093，λ_{C1s}和 λ_{N1s}分别为 2.4 和 2.2 nm。因此，可计算出表面氮原子覆盖率为 0.9 分子层(Molecular Layer，ML)。可见，氮等离子体处理获得的氮终端金刚石表面具有较高的氮原子覆盖率，然而并没有实现完全覆盖。

图 2－9 给出了氮终端金刚石表面 C 1s 谱的测试曲线和拟合曲线。经过分峰拟合后，测试曲线可视为三个谱峰叠加形成的包络，分别为 sp^{3}峰、C—N 峰和 C$_x$峰。峰值强度最大的是金刚石的 sp^{3}峰，其结合能为 284.24 eV。C—N 峰

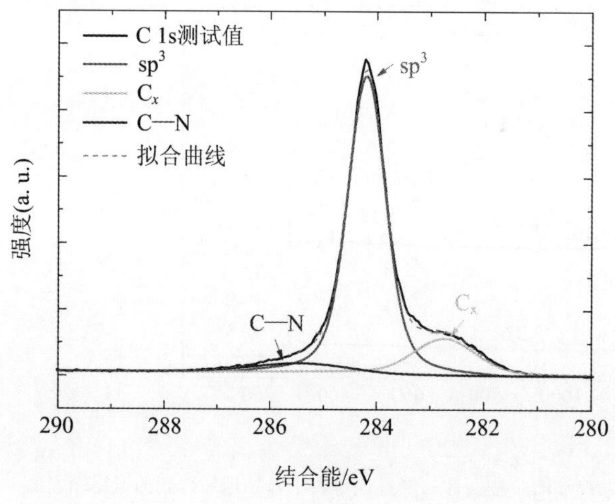

图 2－9　氮终端表面 C 1s 谱的测试曲线和拟合曲线

的结合能为 285.46 eV，其与 sp^3 峰的峰位的差值为 1.22 eV，源于氮终端表面形成的 C—N 键。C_x 峰的结合能为 282.77 eV，其与 sp^3 峰的峰位的差值为 −1.47 eV；由于此数值低于 sp^2 峰的化学位移，此峰可能源于在等离子体处理形成氮终端过程中表面重构形成的复杂的 C_x 键。

图 2－10 给出了氮终端金刚石表面 N 1s 谱的测试曲线和拟合曲线。分峰拟合显示测试曲线由两个谱峰叠加形成。这两个谱峰分别源于 C—N 键和 C ═N 键，强度比值约为 4∶1。C—N 键的谱峰的结合能位置在 398.11 eV 处，C ═N 键的谱峰的结合能位置在 396.63 eV 处，两者之间的差值为 1.48 eV。再回到 C 1s 谱(图 2－9)，其中 C ═N 键的谱峰信号强度将更小，此外 C—N 键和 C ═N 键在 C 1s 谱上的化学位移可能较为接近，因而在 C 1s 谱上只拟合出了 C—N 峰而未拟合出 C ═N 峰。

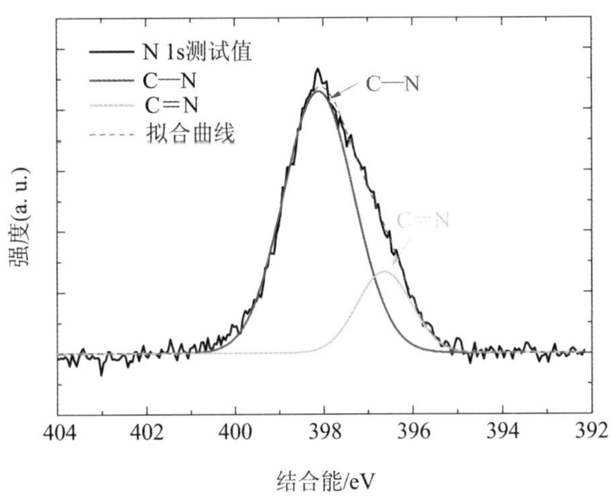

图 2－10　氮终端表面 N 1s 谱的测试曲线和拟合曲线

HREELS 测试结果表明，氮终端金刚石表面的氮元素主要以 C—NH_2 和 C ═NH 两种形式存在，并且 C—NH_2 的谱峰强度相对更高一些。样品在真空中 700℃退火后，C—NH_2 的振动峰消失；样品在真空中 1000℃退火后，C ═NH 的振动峰仍然存在，说明 C ═NH 的热稳定性要明显优于 C—NH_2[53-54]。此外，氮终端金刚石表面的一阶、二阶光学声子峰比氢终端金刚石表面有了明显减弱，说明氮等离子体处理过程中会在金刚石表面引入大量的缺陷。

参 考 文 献

[1] KAWARADA H. Hydrogen-terminated diamond surfaces and interfaces [J]. Surface Science Reports, 1996, 26: 205 - 259.

[2] HIMPSEL F J, EASTMAN D E, HEIMANN P, et al. Surface-states on reconstructed diamond (111) [J]. Physical Review B, 1981, 24: 7270 - 7274.

[3] 孙亚飞. 场发射扫描电子显微镜阴极制备工艺研究[D]. 上海：上海师范大学，2013.

[4] REZEK B, SAUERER C, NEBEL C E, et al. Fermi level on hydrogen terminated diamond surfaces [J]. Applied Physics Letters, 2003, 82: 2266 - 2268.

[5] MAIER F, RISTEIN J, LEY L. Electron affinity of plasma-hydrogenated and chemically oxidized diamond (100) surfaces [J]. Physical Review B, 2001, 64: 165411.

[6] RIETWYK K J, WONG S L, CAO L, et al. Work function and electron affinity of the fluorine-terminated (100) diamond surface [J]. Applied Physics Letters, 2013, 102: 091604.

[7] CHOU J P, RETZKER A, GALI A. Nitrogen-terminated diamond (111) surface for room-temperature quantum sensing and simulation [J]. Nano letters, 2017, 17: 2294 - 2298.

[8] YANG S H, DRABOLD D A, ADAMS J B. Ab-initio study of diamond C(100) surfaces [J]. Physical Review B, 1993 48: 5261 - 5264.

[9] THOMAS R E, RUDDER R A, MARKUNAS R J. Thermal desorption from hydrogenated and oxygenated diamond (100) surfaces [J]. Journal of Vacuum Science & Technology A, 1992, 10: 2451 - 2457.

[10] AIZAWA T, ANDO T, KAMO M, et al. High-resolution electron-energy-loss spectroscopic study of epitaxially grown diamond (111) and (100) surfaces [J]. Physical Review B, 1993, 48: 18348 - 18351.

[11] GRAUPNER R, MAIER F, RISTEIN J, et al. High-resolution surface-sensitive C 1s core-level spectra of clean and hydrogen-terminated diamond (100) and (111) surfaces [J]. Physical Review B, 1998, 57: 12397 - 12409.

[12] MAIER F, RISTEIN J, LEY L. Electron affinity of plasma-hydrogenated and chemically oxidized diamond(100) surfaces [J]. Physical Review B, 2001, 64: 165411.

[13] BOBROV K, MAYNE A, COMTET G, et al. Atomic-scale visualization and surface

electronic structure of the hydrogenated diamond surface [J]. Physical Review B, 2003, 68: 195416.

[14] KONO S, SAITO T, KANG S H, et al. Band diagram for chemical vapor deposition diamond surface conductive layer: presence of downward band bending due to shallow acceptors [J]. Surface Science, 2010, 604: 1148 - 1165.

[15] LANDSTRASS M I, RAVI K V. Hydrogen passivation of electrically active defects in diamond [J]. Applied Physics Letters, 1989, 55: 1391 - 1393.

[16] GI R S, TASHIRO K, TANAKA S, et al. Hall effect measurements of surface conductive layer on undoped diamond films in NO_2 and NH_3 atmospheres [J]. Japanese Journal of Applied Physics Part 1-Regular Papers Brief Communications & Review Papers, 1999, 38: 3492 - 3496.

[17] GI R S, MIZUMASA T, AKIBA Y, et al. Formation mechanism of p-type surface conductive layer on deposited diamond films [J]. Japanese Journal of Applied Physics Part 1-Regular Papers Short Notes & Review Papers, 1995, 34: 5550 - 5555.

[18] GI R S, ISHIKAWA T, TANAKA S, et al. Possibility of realizing a gas sensor using surface conductive layer on diamond films [J]. Japanese Journal of Applied Physics Part 1-Regular Papers Brief Communications & Review Papers, 1997, 36: 2057 - 2060.

[19] KUBOVIC M, KASU M. Improvement of hydrogen-terminated diamond field effect transistors in nitrogen dioxide atmosphere [J]. Applied Physics Express, 2009, 2: 086502.

[20] KUBOVIC M, KASU M. Enhancement and stabilization of hole concentration of hydrogen-terminated diamond surface using ozone adsorbates [J]. Japanese Journal of Applied Physics, 2010, 49: 110208.

[21] KAWARADA H, AOKI M, ITO B. Enhancement mode metal-semiconductor field effect transistors using homoepitaxial diamonds [J]. Applied Physics Letters, 1994, 65: 1563 - 1565.

[22] UEDA K, KASU M, YAMAUCHI Y, et al. Diamond FET using high-quality polycrystalline diamond with f_T of 45 GHz and f_{max} of 120 GHz [J]. IEEE Electron Device Letters, 2006, 27: 570 - 572.

[23] TORDJMAN M, WEINFELD K, KALISH R. Boosting surface charge-transfer doping efficiency and robustness of diamond with WO_3 and ReO_3 [J]. Applied Physics Letters, 2017, 111: 111601.

[24] BALDWIN C G, DOWNES J E, MCMAHON C J, et al. Nanostructuring and oxidation of diamond by two-photon ultraviolet surface excitation: an xps and nexafs study [J]. Physical Review B, 2014, 89: 195422.

[25] WILSON J I B, WALTON J S, BEAMSON G. Analysis of chemical vapour deposited diamond films by X-ray photoelectron spectroscopy [J]. Journal of Electron Spectroscopy and Related Phenomena, 2001, 121: 183 - 201.

[26] LOH K P, XIE X N, YANG S W, et al. Oxygen adsorption on (111)-oriented diamond: a study with ultraviolet photoelectron spectroscopy, temperature-programmed desorption, and periodic density functional theory [J]. Journal of Physical Chemistry B, 2002, 106: 5230 - 5240.

[27] RIEDEL M, RISTEIN J, LEY L. The impact of ozone on the surface conductivity of single crystal diamond [J]. Diamond and Related Materials, 2004, 13: 746 - 750.

[28] FERRO S, DAL COLLE M, DE BATTISTI A. Chemical surface characterization of electrochemically and thermally oxidized boron-doped diamond film electrodes [J]. Carbon, 2005, 43: 1191 - 1203.

[29] NAKAMURA J, ITO T. Oxidization process of CVD diamond (100): H 2×1 surfaces [J]. Applied Surface Science, 2005, 244: 301 - 304.

[30] KLAUSER F, GHODBANE S, BOUKHERROUB R, et al. Comparison of different oxidation techniqueson single-crystal and nanocrystalline diamond surfaces [J]. Diamond and Related Materials, 2010, 19: 474 - 478.

[31] PEHRSSON P E, MERCER T W. Oxidation of the hydrogenated diamond (100) surface[J]. Surface Science, 2000, 460: 49 - 66.

[32] LOH K P, XIE X N, LIM Y H. Surface oxygenation studies on (100)-oriented diamond using an atom beam source and local anodic oxidation [J]. Surface Science, 2002, 505: 93 - 114.

[33] LONG R, DAI Y, YU L. Structural and electronic properties of oxygen-adsorbed diamond (100) surface[J]. Journal of Physical Chemistry C, 2007, 111: 855 - 859.

[34] STACEY A, DONTECHUK N, CHOU J P, et al. Evidence for primal sp^2 defects at the diamond surface: Candidates for electron trapping and noise sources [J]. Advanced Materials Interfaces, 2018, 6: 1801449.

[35] MICHAELSON S, LIFSHITZ Y, HOFFMAN A. High resolution electron energy loss spectroscopy of hydrogenated polycrystalline diamond: assignment of peaks through

modifications induced by isotopic exchange [J]. Diamond and Related Materials, 2007, 16: 855 - 860.

[36] SHPILMAN Z, GOUZMAN I, GROSSMAN E, et al. Oxidation of diamond films by atomic oxygen: high resolution electron energy loss spectroscopy studies [J]. Journal of Applied Physics, 2007, 102: 114914.

[37] LI F N, AKHVLEDIANI R, KUNTUMALLA M K, et al. Oxygen bonding configurations and defects on differently oxidized diamond surfaces studied by high resolution electron energy loss spectroscopy and X-ray photoelectron spectroscopy measurements [J]. Applied Surface Science, 2019, 465: 313 - 319.

[38] EBERT W, VESCAN A, GLUCHE P, et al. High-voltage Schottky diode on epitaxial diamond layer [J]. Diamond and Related Materials, 1997, 6: 329 - 332.

[39] TERAJI T, KOIZUMI S, KOIDE Y, et al. Electric field breakdown of lateral Schottky diodes of diamond [J]. Japanese Journal of Applied Physics, 2007, 46: L196 - L198.

[40] TERAJI T, GAEINO Y, KOIDE Y, et al. Low-leakage p-type diamond Schottky diodes prepared using vacuum ultraviolet light/ozone treatment [J]. Journal of Applied Physics, 2009, 105: 126109.

[41] WANG Y H, HUANG H, ZANG J B, et al. Electrochemical behavior of fluorinated and aminated nanodiamond [J]. International Journal of Electrochemical Science, 2012, 7: 6807 - 6815.

[42] KEALEY C P, KLAPOTKE T M, MCCOMB D W, et al. Fluorination of polycrystalline diamondfilms and powders: an investigation using ftir spectroscopy, SEM, energy-filtered tem, XPS and fluorine-18 radiotracer methods [J]. Journal of Materials Chemistry, 2001, 11: 879 - 886.

[43] FOORD J S, SINGH N K, JACKMAN R B, et al. Reactions of xenon difluoride and atomic hydrogen at chemical vapour deposited diamond surfaces [J]. Surface Science, 2001, 488: 335 - 345.

[44] KONDO T, ITO H, et al. Characterization and electrochemical properties of CF_4 plasma-treated boron-doped diamond surfaces [J]. Diamond and Related Materials, 2008, 17: 48 - 54.

[45] SCHVARTZMAN M, WINF S J. Plasma fluorination of diamond-like carbon surfaces: mechanism and application to nanoimprint lithography [J]. Nanotechnology, 2009, 20: 145306.

[46] DENISENKO A, ROMANYUK A, PIETZKA C, et al. Electronic surface barrier properties of fluorine-terminated boron-doped diamond in electrolytes [J]. Surface Science, 2011, 605: 632 - 637.

[47] WIDMANN C J, GIESE C, WOLFER M, et al. F-and Cl-terminations of (100) oriented single crystalline diamond [J]. Physica Status Solidi A-Applications and Materials Science, 2014, 211: 2328 - 2332.

[48] ZHAO D, LIU Z C, WANG J, et al. Fabrication of dual-termination Schottky barrier diode by using oxygen-/fluorine-terminated diamond [J]. Applied Surface Science, 2018, 457: 411 - 416.

[49] CHILDRESS L, DUTT M V G, TAYLOR J M, et al. Coherent dynamics of coupled electron and nuclear spin qubits in diamond [J]. Science, 2006, 314: 281 - 285.

[50] BABINEC T M, HAUSMANN B J M, KHAN M, et al. A diamond nanowire single-photon source [J]. Nature Nanotechnology, 2010, 5: 195 - 199.

[51] KAGEURA T, KATO K, YAMANO H, et al. Effect of a radical exposure nitridation surface on the charge stability of shallow nitrogen-vacancy centers in diamond [J]. Applied Physics Express, 2017, 10: 055503.

[52] LI F N, LI Y, FAN D Y, et al. Barrier heights of Au, Pt, Pd, Ir, Cu on nitrogen terminated (100) diamond determined by X-ray photoelectron spectroscopy [J]. Applied Surface Science, 2018, 45: 532 - 537.

[53] CHANDRAN M, SHASHA M, MICHAELSON S, et al. Incorporation of nitrogen into polycrystalline diamond surfaces by RF plasma nitridation process at different temperatures: Bonding configuration and thermal stabilty studies by in situ XPS and HREELS [J]. Physica Status Solidi A, 2015, 212: 2487 - 2495.

[54] KUNTUMALLA M K, ATTRASH M, LI F N, et al. Influence of RF(N_2) plasma conditions on the chemical interaction and stability of activated nitrogen with polycrystalline diamond surfaces: a XPS, TPD and HREELS study. Surface Science, 2019, 679: 37 - 49.

第3章

氢终端金刚石场效应管的原理和优化

3.1 氢终端金刚石表面导电沟道

要实现金刚石的半导体应用，按传统的半导体 FET 的制作思路，首先需要实现有效的 n 型和 p 型掺杂。目前金刚石的掺杂实现方法主要是通过在生长的过程中，向金刚石中掺杂磷来实现 n 型掺杂，掺杂硼来实现 p 型掺杂。但是由于硼和磷在金刚石中的激活能分别约为 0.37 eV 和 0.57 eV，室温下难以激活，这导致金刚石掺杂半导体的电阻太高，难以制备高性能的 FET 器件。虽然研究人员不断尝试各种掺杂剂以及共掺杂等新型掺杂方式，但目前仍没有能够满足实际应用需求的掺杂技术。幸运的是，氢等离子体处理过的金刚石表面，也就是第 2 章中介绍的氢终端金刚石表面，当其暴露在空气中以后，会出现一层 2DHG，利用这层表面 2DHG 作为导电沟道，可以制作 FET 器件。

3.1.1 氢终端金刚石表面导电沟道的形成机理

在 CVD 外延生长金刚石的过程中，氢等离子体的主要作用是刻蚀掉生长过程中金刚石中的石墨相，并参与形成等离子体中的 C—H 基团。但是金刚石生长完成后，金刚石表面上碳的悬挂键会与氢成键，形成氢终端金刚石表面，随后该表面上会出现一层 p 型导电层[1]。1989 年，M. Landstrass 和 K. V. Ravi 首先报道了未有意掺杂的金刚石具有低的电阻率，且在真空中退火后电阻率逐渐升高[2-3]。起初，研究人员认为这种现象对金刚石的电学应用具有破坏性。例如，金刚石生长时引入硼掺杂和没有引入硼掺杂的样品获得了同一数量级的方块电阻[4]。Shiomi 等人观察到未有意掺杂的同质外延金刚石薄膜的载流子浓度比硼掺杂金刚石的载流子浓度要高一个量级甚至更多，因此他们提出这是由于金刚石当中引入了氢，从而产生了新的受主能级[5]。大量的实验报道证明了氢终端金刚石表面 p 型电导的存在。1994 年，日本早稻田大学的 H. Kawarada 等人[6-7]第一次报道了基于氢终端金刚石制备的金属-半导体场效应晶体管(Metal-Semiconductor Field Effect Transistor，MESFET)器件。此后，基于氢

终端表面的金刚石电子器件得到了快速的发展。

在各种终端的金刚石表面当中，只有在氢终端金刚石表面可以观测到表面电导，并且该电导在金刚石表面脱氢或氧化后消失，因此可以认为金刚石的氢终端与空穴积累层直接相关。研究发现水汽中酸性物质的电离会产生 H_3O^{+1}[8]，它与金刚石薄膜中的氢反应，导致了金刚石薄膜中空穴的产生。而当在 p 型表面电导层中引入碱性物质 NaOH 或 NH_3时，p 型电导层很快消失。随后 L. Ley 等人[9]用实验证据表明，氢只是金刚石表面电导产生的必要条件，不能直接充当形成空穴积累层所需要的浅受主；氢终端金刚石表面暴露在空气中才是形成表面电导的关键因素，造成空穴积累层的受主是由金刚石表面在大气中的吸附物产生。因此，他们提出了“转移掺杂模型”。除了这种模型，学术界为了解释氢终端表面电导的产生机理还提出了一些别的模型，以下作一简单介绍。

转移掺杂模型认为，吸附物提供了电子转移的受主能级，从而导致金刚石表面附近形成了面密度高达 10^{13} cm^{-2}的空穴积累层。该机制有两个关键的因素：第一，金刚石表面为氢终端结构；第二，与空气接触的金刚石表面上会形成一个薄的水层，发生还原反应 $H_3O^+ + e^- \leftrightarrows H_2O + \frac{1}{2}H_2$。

吸附物在金刚石表面提供受主能级，具体地讲，是其能带中具有比金刚石的价带顶能量还要低的空能态。氢终端金刚石表面的电子亲和能为－1.3 eV，这是由于碳原子和氢原子电负性不同，导致 C—H 键电荷向电负性更高的碳原子方向移动，从而在金刚石表面产生 C—H 偶极层。所以，由金刚石禁带宽度 5.5 eV 和电子亲和能－1.3 eV，可得氢终端金刚石表面的价带顶到真空能级的距离为 4.2 eV(图 3-1)。吸附物在氢终端金刚石表面若要成为受主，其能带中应具有比金刚石的价带顶能量还要低的空能态。所以，吸附物的电子亲和能应高于 4.2 eV。但是，大气中常见物质分子的电子亲和能都低于 2.5 eV，即使是卤素原子吸附物的电子亲和能也低于 3.7 eV。因此，吸附物不能直接充当受主物质，或者说金刚石表面的电子不可能直接转移到空气吸附物中。转移掺杂模型[9]提出，一个可能的情况是氢终端金刚石暴露在空气中后，像大多数物体一样，其表面形成一层很薄的水层，这层水吸附层和吸附物一起充当了金刚石表面的受主层(图 3－2)。

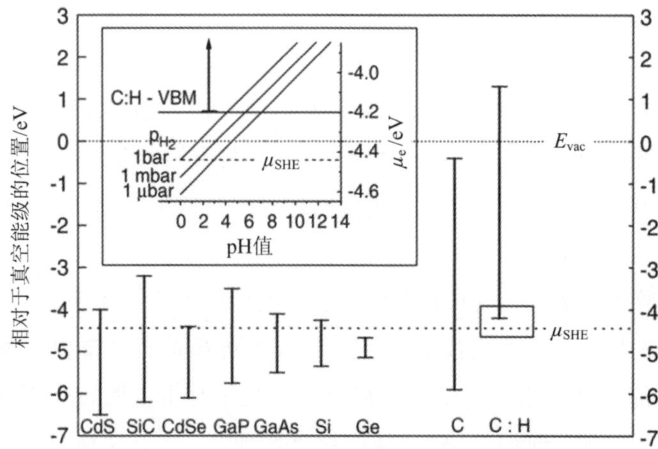

图 3-1 几种半导体材料和氢终端以及非氢终端的金刚石的带边能量相对于真空能级的位置[9]

因为氢终端金刚石表面的费米能级 E_F 与吸附层的化学势 μ_e 存在差异，所以吸附层中的 H_3O^+ 等离子颗粒发生还原反应 $H_3O^+ + e^- \leftrightarrows H_2O + \frac{1}{2}H_2$。吸附

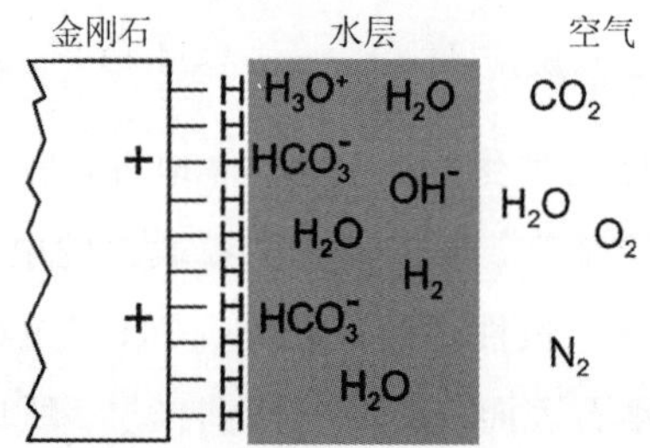

(a) 氢终端金刚石表面与空气中自发形成水层接触的示意图

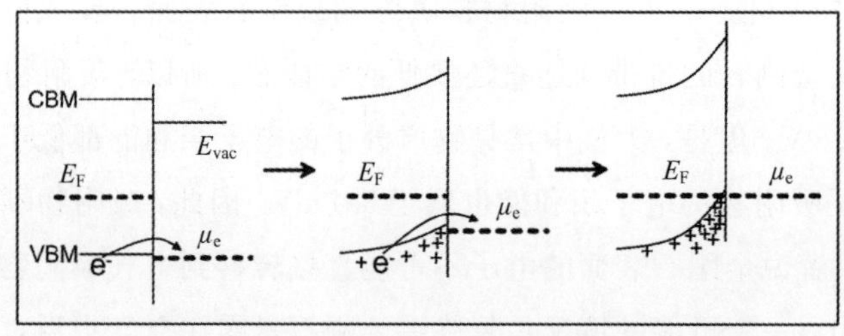

(b) 电子转移过程中金刚石与水层的界面上能带形状的演变

图 3-2 解释氢终端金刚石表面导电现象的转移掺杂模型[9]

层的化学势伴随该还原反应持续上升，金刚石表面的能带向上弯曲、电子不断地转移到吸附层中，留下不断积累的空穴，直到氢终端金刚石表面的费米能级与吸附层的化学势相等时，反应达到平衡，此时在氢终端金刚石表面就形成了稳定的 2DHG 导电层。

然而，事实上氢终端金刚石表面是一个疏水表面，因此转移掺杂模型中氢终端金刚石表面有吸附水层的说法受到诟病。但是转移掺杂模型在原理上很形象，若将吸附水层能够替换成别的有类似作用的吸附层则这个模型仍然很有说服力，因此目前“转移掺杂”的说法仍被广泛采用。

K. Hirama 等人对氢终端金刚石表面的空穴积累层的形成原理提出了“自发极化模型”[10]，认为 C—H 偶极子的形成，会在氢终端表面产生自发极化，如图 3-3 所示。带负电荷的被吸附物会被偶极子的表面电荷吸引到金刚石表面位置，从而在表面下感应出空穴以满足电中性条件。

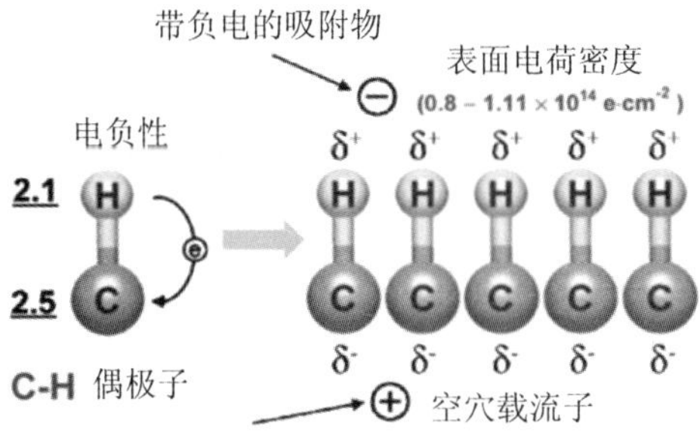

图 3-3　氢终端金刚石表面的空穴积累层的形成原理——自发极化模型(C—H 偶极子是必不可少的，由 C—H 偶极子密度导致的表面有效电荷密度数量级为 $1\times10^{14}\ cm^{-2}$，它为表面带负电荷的被吸附物提供了位置[10])

研究人员针对氢终端金刚石表面 p 型电导率在氧化气体(如 NO_2)和还原气体(如 NH_3)中出现的变化，还提出了电荷转移模型，该模型基于以下原理。当被吸附气体分子与半导体表面反应时，由于气体分子与半导体表面的相互作用，会发生电子的转移[11]。具体来说，当气体分子的电子亲和能(χ)大于 p 型半导体的功函数(ϕ)时，电子会从半导体表面转移至气体分子，在半导体表面附近的价带内留下空穴，从而增加半导体的表面电导率，同时被吸附的气体分子带负电。另一方面，当气体分子的电离势(I)小于 p 型半导体的功函数(ϕ)时，电子会从气体分子转移到半导体表面，令半导体表面附近的价带中的空穴

消失，从而降低半导体的表面电导率，同时被吸附的气体分子带正电。如图 3-4 和 3-5 所示，吸附 NO_2 和 NH_3 的物理过程分别满足上述两种情况。吸附 NO_2 会在表面电导层中产生空穴，吸附 NH_3 则会导致空穴的消失。M. Kasu 等人通过实验验证了即使空气中仅含有极少量的 NO_2（$\sim 5\times10^{-9}$），也会增大氢终端金刚石表面的空穴浓度；以及除了 NO_2 以外，NO、O_3 和 SO_2 等气体也可以增大氢终端金刚石表面的空穴浓度[12-15]。

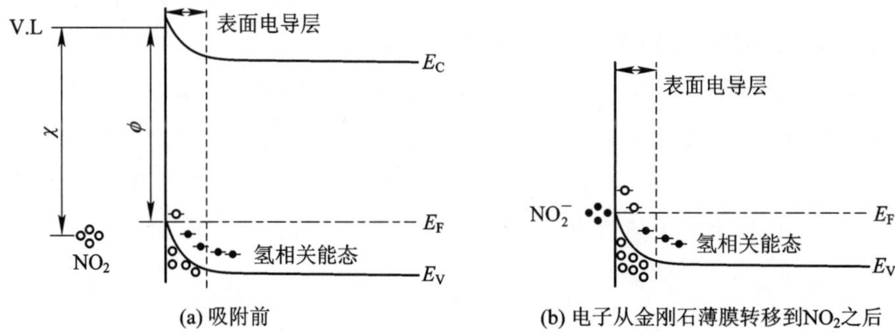

(a) 吸附前　　(b) 电子从金刚石薄膜转移到NO_2之后

图 3-4　吸附 NO_2 ($\chi>\phi$)导致氢终端金刚石表面电导层中空穴产生的示意图[11]

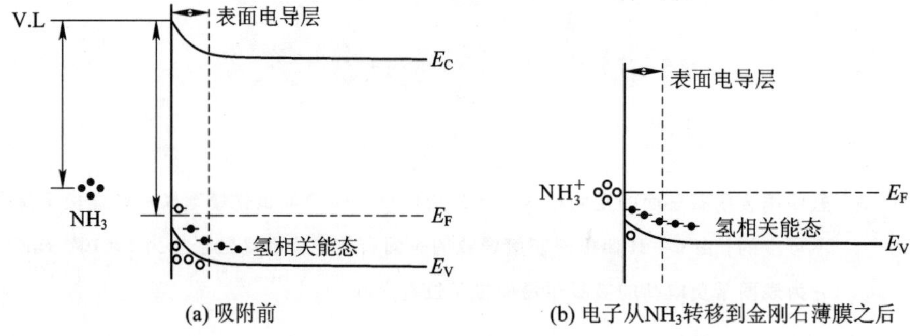

(a) 吸附前　　(b) 电子从NH_3转移到金刚石薄膜之后

图 3-5　吸附 NH_3 ($I<\phi$)导致氢终端金刚石表面电导层中空穴消失的示意图[11]

一些高电子亲和能的固态氧化物也可用作氢终端金刚石表面的电子受主材料($\chi>4.2$ eV)，如 MoO_3[16]，V_2O_5[17]，Nb_2O_5[18] 和 WO_3[19]。它们的最低未占据分子轨道低于氢终端金刚石的价带顶，能够以“固态转移掺杂”形式增加氢终端金刚石表面的空穴面密度。基于该结构的金刚石器件与空气吸附物引起的表面转移掺杂相比，具有更高的热稳定性。

总而言之，金刚石氢终端表面空穴的产生机制仍有争议，导电机理还有待

深入探讨。但是可以肯定，氢终端金刚石表面存在某种形式的电荷转移，并且使金刚石表面上方形成薄层负电荷，表面下方则产生 2DHG。

3.1.2　氢终端金刚石表面 p 型电导特性

多年来的研究显示，在室温下，空气中的或沉积了介质的氢终端金刚石表面的 2DHG 的空穴面密度通常是在 $10^{12}\sim10^{13}\ cm^{-2}$ 数量级，霍尔迁移率是几十到两百 $cm^2/(V\cdot s)$，方块电阻通常是几到几十 kΩ/sq。迁移率随着载流子浓度升高或者温度升高而降低。金刚石表面的晶向[20]以及 NO_2、O_3 等特殊气体的存在对氢终端金刚石表面 p 型电导率有明显的影响[21]（见图 3-6）。M. Kasu 等发现，室温下在(110)、(111)、(100)氢终端表面以 $20\ 000\times10^{-6}$ 的 NO_2 饱和吸附，获得各晶向表面上最大的空穴浓度依次为 $1.717\times10^{14}\ cm^{-2}$、$1.512\times10^{14}\ cm^{-2}$ 和 $0.981\times10^{14}\ cm^{-2}$，这种最大空穴浓度随晶面变化的趋势与各晶面的 C—H 键浓度（依次为 $2.22\times10^{15}\ cm^{-2}$，$1.82\times10^{15}\ cm^{-2}$，$1.58\times10^{15}\ cm^{-2}$）正相关，但并不成正比[21]。并且，在(111)面上可获得氢终端金刚石目前最低的室温方块电阻 719.3 Ω/sq，对应的空穴霍尔面密度是 $1.456\times10^{14}\ cm^{-2}$，霍尔迁移率是 59.6 $cm^2/(V\cdot s)$。

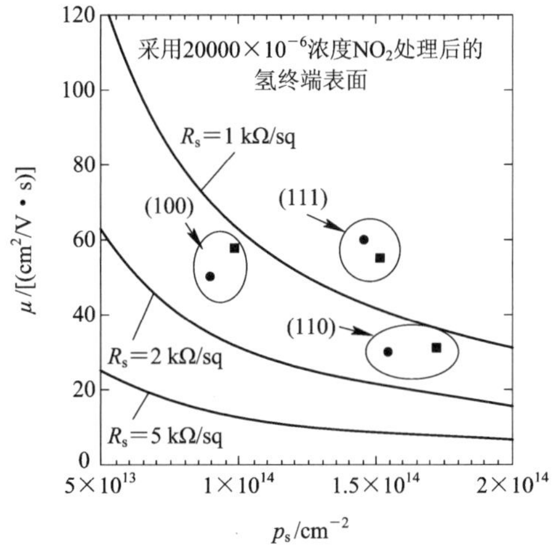

图 3-6　室温下氢终端金刚石表面吸附 NO_2 气体后获得的电导特性（p_s 为空穴霍尔面密度，μ 为霍尔迁移率）[21]

氢终端金刚石表面 p 型导电层之所以不只是空穴的聚集，而被称为 2DHG，是有实验支持的。V. Hauf 等在(100)单晶金刚石上制备了面内栅控

FET，通过低温(8K)特性表征，观察到了零维多量子岛的充电能和尺寸随栅压的变化，这一点直接证明了氢终端金刚石表面空穴电导的二维性质[22]。T. Yamaguchi 等人在原子级平滑的(111)氢终端单晶金刚石表面，利用离子液体的场效应调控高密度表面空穴，观察到仅对垂直于金刚石表面的磁场分量有依赖关系的 Shubnikov-de Haas 磁阻振荡，这证明了该空穴体系具有二维费米面，这是 2DHG 的典型特性[23]。

随着氢终端金刚石表面电导的理论和实验研究进展，近年来科研人员在提高 2DHG 迁移率的研究方面取得了重大突破。2018 年 T. Yamaguchi 课题组用剥离的六方氮化硼(Hexagonal Boron Nitride，h-BN)薄层单晶作为栅介质在(111)氢终端金刚石上制备出具有霍尔条形状的 FET 器件，在载流子浓度高于 5×10^{12} cm^{-2}的较高浓度范围获得了高于 300 cm^2/(V·s)的室温霍尔迁移率[24]，并认为这一结果和 h-BN 薄层带电杂质极少且解理表面非常平坦、没有悬挂键的特点有关。2021 年，这种采用 h-BN 栅介质的氢终端金刚石 FET 结构的霍尔迁移率已突破 680 cm^2/(V·s)，相应的方块电阻为 1.4 kΩ/sq[25](见图 3－7)。

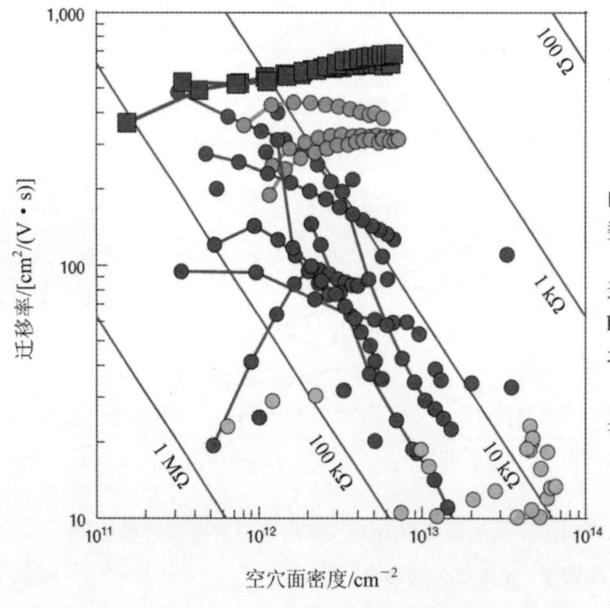

图 3－7　氢终端金刚石表面 2DHG 的室温迁移率随空穴面密度的变化[25]
(其中方块符号的迁移率数据达到 680 cm^2/(V·s))

目前固态微波功率器件的主流材料结构是氮化物异质结，跟氮化物异质结中的二维电子气电导相比，氢终端金刚石的 2DHG 电导在载流子浓度上并没有大的差异，短板主要是迁移率低。如果金刚石 2DHG 的迁移率还能够进一步提高，将从根本上推动金刚石 FET 的研究进展。

3.1.3　氢终端金刚石表面空穴的输运特性

半导体中载流子的输运特性在低电场下的关键参数是迁移率，在强电场下的关键参数是饱和速度。对半导体器件中所涉及的电场范围下的载流子输运特性，需要用载流子速度随电场变化的函数关系即速场关系进行全面的描述。氢终端金刚石表面 2DHG 的空穴迁移率远低于体空穴的迁移率，这个现象和氮化物材料中二维电子气的电子迁移率远高于体电子迁移率的现象完全不同。然而，学术界对氢终端金刚石中 2DHG 的迁移率一直没有理论上的定量分析，直到 2018 年李姚和张金风等首次给出了该迁移率随空穴面密度和温度变化的特性的定量理论解释[26]。该工作给出了限制氢终端金刚石表面的 2DHG 迁移率的关键散射机制，推动了提高 2DHG 迁移率的实验研究进展。这里对该工作做一个较详细的介绍。

半导体中载流子的迁移率可以表示为

$$\mu = e\tau / m_c^* \tag{3-1}$$

其中 e 是基本电荷电量，m_c^* 是载流子的电导质量，τ 是动量弛豫时间。就氢终端金刚石表面的 2DHG 而言，其迁移率的特殊性体现在 m_c^* 和 τ 这两个参数上。

鉴于金刚石与 β-SiC 的相似性[27]，例如均为间接带隙半导体，以及具有类硅能带[28]且沿 Δ 轴有多个能量极值，在迁移率计算中，空穴有效质量的处理可以简化为用单个各向同性的等价能谷来代替重空穴能带和轻空穴能带[29]，从而根据应用的不同引入两种有效质量，即态密度质量 m_d^* 和电导质量 m_c^*。m_d^* 用来描述各个散射机制，而 m_c^* 用来计算迁移率，两种有效质量可分别表示为[30-32]

$$m_d^* = (m_{lh}^{*\,3/2} + m_{hh}^{*\,3/2} + m_{so}^{*\,3/2})^{2/3} \tag{3-2}$$

$$m_c^* = (m_{lh}^{*\,3/2} + m_{hh}^{*\,3/2} + m_{so}^{*\,3/2}) / (m_{lh}^{*\,1/2} + m_{hh}^{*\,1/2} + m_{so}^{*\,1/2}) \tag{3-3}$$

其中 m_{lh}^*、m_{hh}^* 和 m_{so}^* 分别表示轻空穴质量、重空穴质量和自旋轨道空穴质量。

将 2DHG 的量子化方向，即金刚石和吸附层之间界面的垂直方向，定义为 z 方向。C. E. Nebel 等人通过联立求解薛定谔方程和泊松方程求解了氢终端金刚石表面态密度的分布，发现金刚石表面存在 2D 态密度(Density Of State, DOS)且只有轻空穴、重空穴和自旋分裂空穴的前三个子带被空穴占据[33-34]。因此，在 2DHG 迁移率的理论分析中可以采用一阶近似、三角形势阱和 Airy 函数假设[35]。基于以上结论，可以假设 2DHG 的波函数分布服从 Fang-Howard 变分波函数的描述[36]。根据 2DHG 输运的物理图景，对 2DHG 迁移率的分析考虑了四种散射机制的影响[37]，包括表面杂质(SI)散射、声学声子(AC)散射、极性光学声子(NOP)散射和表面/界面粗糙度(SFR/IFR)散射。各种散射机制对应的动量弛豫时间 τ 可以描述如下。

1) 表面杂质(Surface Impurity, SI)散射

尽管氢终端金刚石表面电导的来源仍有争议，但归根结底都是和金刚石表面负的表面电荷密切相关。这里并不探究这层负的表面电荷的本质和来源，而是将其视为带负电的一层表面杂质。氢终端金刚石通常未有意引入体掺杂，因此从电中性角度，可以假设表面杂质的面密度与空穴的面密度相同。从载流子输运的角度来看，表面杂质和 2DHG 之间的库仑作用会导致 SI 散射。如图 3-8 所示，表面杂质位于金刚石表面上方一个 C—H 键的高度。假定表面杂质层厚度为 0.2 nm[20] 且均匀分布在金刚石表面，此时杂质到金刚石表面的距离可以近似为 C—H 键的长度与表面杂质层厚度一半的总和(1.10 Å[38])。假设带负电的表面杂质的面密度为 $n_{\text{imp}}^{(2D)}$，可以得到 SI 散射的散射率为[39]：

$$\frac{1}{\tau}=n_{\text{imp}}^{(2D)}\ \frac{m_{d}^{*}}{2\pi\hbar^{3}k_{F}^{3}}\left(\frac{e^{2}}{2\varepsilon_{0}\varepsilon_{s}}\right)^{2}\int_{0}^{2k_{F}}\frac{\exp(-2q|d|)}{[q+q_{TF}G(q)]^{2}}\left(\frac{b}{b+q}\right)^{6}\frac{q^{2}\,dq}{\sqrt{1-(q/2k_{F})^{2}}}\tag{3-4}$$

$$q_{TF}=m_{d}^{*}e^{2}/(2\pi\varepsilon_{0}\varepsilon_{S}\hbar^{2})\tag{3-5}$$

$$G(q)=1/8\{2[b/(b+q)]^{3}+3[b/(b+q)]^{2}+3[b/(b+q)]\}\tag{3-6}$$

$$b=[33\pi m_{d}^{*}e^{2}p_{s2D}/(2\hbar^{2}\varepsilon_{0}\varepsilon_{s})]^{\frac{1}{3}}\tag{3-7}$$

$$q=2k_{F}\sin(\theta/2),\ \theta\in(0,\pi)\tag{3-8}$$

其中 d 是负表面电荷距金刚石表面的距离，e 是基本电荷电量，ε_0 表示真空介

电常数，ε_s表示静态介电常数。物理量 q_{TF}表示 Thomas-Fermi 屏蔽波矢，$G(q)$是形式因子[39]，b 是变分参数[40]，k_F表示费米波矢，q 表示 2D 波矢，p_{s2D}是 2DHG 面密度。

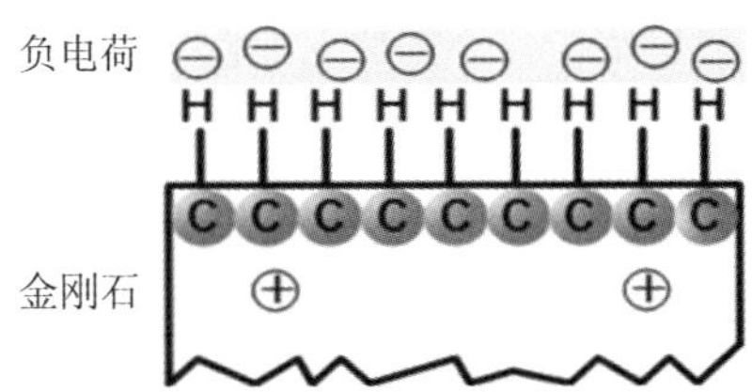

图 3-8　与空气接触的氢终端金刚石表面结构

2）声学(Acoustic，AC)声子散射

作为晶格振动的量子，声子可以对载流子形成本征散射，且根据晶格振动模式的不同，声子通常可以分为声学声子和光学声子。文献[36]中给出了声学声子限制的弛豫时间表达式：

$$\frac{1}{\tau}=\frac{3m_d^* bk_B TD_{AC}^2}{16\rho u_l^2 \hbar^3} \tag{3-9}$$

其中 k_B是玻尔兹曼常数，T 为热力学温度，D_{AC}是声学形变势。参数 ρ 是晶体质量密度，u_l 表示纵向声学声子的速度。

3）非极性光学声子(Non-polar Optical Phonon，NOP)散射

作为 IV 族半导体的典型散射机制，NOP 散射可以是带内或带间散射[41]。对 2D 空穴，NOP 散射的矩阵元通常是基于弹性随机碰撞近似，用费米黄金定则根据形变离子(deformable-ion)模型推导得到的[42-44]，其散射率可以表示为

$$\frac{1}{\tau}=\int_{-\infty}^{\infty}|I|^2\mathrm{d}q_z\cdot\frac{m_d^* D_{NOP}^2}{4\pi\rho\hbar^2\omega_0}\left[N(\omega_0)+\frac{1}{2}\pm\frac{1}{2}\right]u(E(k)\mp\hbar\omega_0) \tag{3-10}$$

$$|I|=\int_V\psi_k^*\cdot\exp(iq\cdot r)\psi_k\mathrm{d}V \tag{3-11}$$

$$N(\omega_0)=1/\{\exp[\hbar\omega_0/(k_BT)]-1\} \tag{3-12}$$

其中$|I|$是重叠积分，$N(\omega_0)$表示声子占据数，$\hbar\omega_0$是声子能量，ω_0是光学声

子模的频率，通常取为一个与声子波矢无关的常量。式(3-10)中上面的加号表示载流子发射声子，下面的减号表示载流子吸收声子。阶跃函数 $u(x)$ 满足 $u(x\geqslant 0)=1$ 和 $u(x<0)=0$。这里引入一个有效耦合常数 D_{nop} 来概括所有可能初态和终态的带内和带间散射。实际上，通过与实验结果对比，不能将带内和带间散射区分开，所以用 D_{nop} 来表示两种散射共同的耦合常数，D_{nop} 通常是一个可调参数[28, 30-31, 45-46]。

4) 表面/界面粗糙度(Surface Roughness/Interface Roughness, SFR/ IFR)散射

Nebel 等人[33-34, 47]基于与温度有关的 2DHG 迁移率特性研究了 2D-DOS 的性质，认为 2D-DOS 的变形部分是由表面粗糙度导致的无序引起的。Kawarada[20]和 Williams 等人[48]也将具有氢终端表面的金刚石 FET 中低的迁移率归因于表面粗糙度散射和库仑散射。Rezek 等人[49]认为，表面粗糙度是实验上氢终端金刚石中 2D 输运现象缺失的潜在原因。考虑 2DHG 屏蔽作用的 SFR 的散射率推导为[50]

$$\frac{1}{\tau}=\frac{\Delta^2 L^2 e^4 m_d^*}{2\,(\varepsilon_0\varepsilon_s)^2\,\hbar^3}\left(\frac{p_{s2D}}{2}\right)^2\int_0^1\frac{u^4\exp(-k_F^2L^2u^2)}{[u+G(q)q_{TF}/(2k_F)]^2\sqrt{1-u^2}}\mathrm{d}u \tag{3-13}$$

其中 Δ 和 L 是描述表面或界面粗糙度的参数，Δ 是均方根粗糙度，L 是相关长度；$u=q/(2k_F)$ 是无量纲量，其中 $q=2k_F\sin(\theta/2)$，$\theta\in(0,\pi)$。变量 θ 表示初态波矢和终态波矢间的夹角。当 2DHG 出现在金刚石和其他半导体或介质界面时，IFR 散射的影响也可根据式(3-13)计算。

最终，总的动量弛豫时间可以通过 Mathiessen 定律得到：

$$\frac{1}{\tau}=\sum_{i=1}^{n}\frac{1}{\tau_i} \tag{3-14}$$

其中 τ_i 表示第 i 种散射机制对应的动量弛豫时间。

通过分析氢终端金刚石表面的四种散射机制，最终可以得出氢终端表面金刚石 2DHG 输运过程中所需的总的动量弛豫时间。再结合之前引入的电导质量 m_c^*，代入式(3-1)可求得氢终端金刚石表面的空穴载流子迁移率，从而分析其输运特性。计算所用参数如表 3-1 所示[31]。作为表征表面粗糙度的关键参数，均方根粗糙高度 Δ 设定为 1.2 nm[10]，相关长度 L 通过理论计算与实验

结果对比得出[50-51]。声学形变势 D_{AC} 的大小参照理论计算结果[52]和实验拟合结果[31]，取为 8 eV。这样，在理论计算中仅剩余相关长度 L 和非极性光学声子的有效耦合常数 D_{NOP} 需要确定。

表 3-1 氢终端金刚石中 2DHG 迁移率计算所用参数[31]

参量	数值
m_{hh}^*/kg	$0.588m_0$
m_{lh}^*/kg	$0.303m_0$
m_{so}^*/kg	$0.394m_0$
ε_s	5.7
ρ/(kg/m^3)	3515
$\hbar\omega_0$/meV	165
u_l/(m/s)	17536

注：m_0 为电子静止质量(9.108×10^{-31} kg)

为了确定这两个参数，将 2DHG 迁移率计算结果与文献[53]中 Al_2O_3 钝化的氢终端金刚石表面的霍尔迁移率随温度变化特性的实验数据做了对比。对于氢终端金刚石，只有在被表面介质或固态受主材料保护的条件下，2DHG 迁移率与温度的关系才有意义。因为氢吸附金刚石表面自然形成的吸附层即使在中等温度(小于 150℃)下也是热不稳定的，所以需要在氢终端金刚石表面淀积各种介质(如 Al_2O_3)或固态表面受主(如 MoO_3 和 V_2O_5)[17, 54-55]来保证表面带负电杂质和 2DHG 的密度在升高的温度下不出现明显减小。霍尔系数取为 1[31]。图 3-9 给出了各个散射机制所限制的迁移率与温度的关系的计算结果，计算中考虑了内插图显示的文献[53]中空穴面密度随温度的微小波动。可以得到，当 D_{nop} 和 L 取值为 $D_{nop}=1.2\times10^{10}$ eV/cm 和 $L=2$ nm 时，实验和理论数据符合得最好。

文献报道的金刚石中 D_{nop} 的值约为 8×10^8 eV/cm 到 $(1.2\pm0.2)\times10^{12}$ eV/cm[28, 31-32, 56-58]，这也从侧面验证了 D_{nop} 取值和迁移率计算结果的合理性。若不同温度下固定空穴面密度为 1.8×10^{13} cm^{-2}，迁移率随温度的变化见图 3-10。

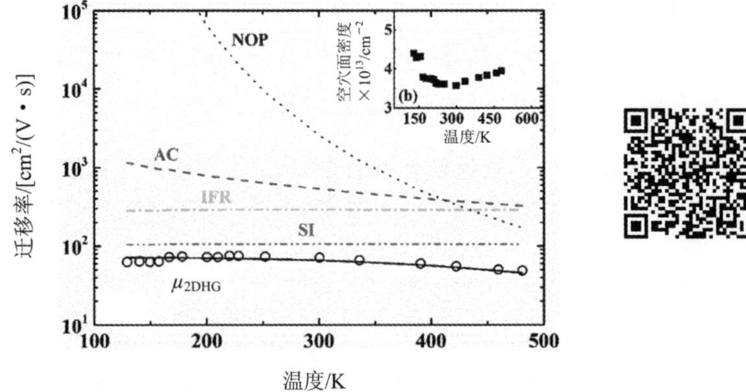

图 3-9　计算获得的迁移率与温度的关系

图 3-9 和图 3-10 中，AC 表示声学声子散射(虚线)，NOP 表示非极性光学声子散射(点线)，IFR 表示界面粗糙度散射(点画线)，SI 表示表面杂质散射(双点画线)，μ_{2DHG}表示包括四种散射机制的 2DHG 总的迁移率(实线)。圆圈表示文献[53]中 Al_2O_3转移掺杂氢终端金刚石的霍尔迁移率数据，内插图中是相应空穴面密度与温度的关系。

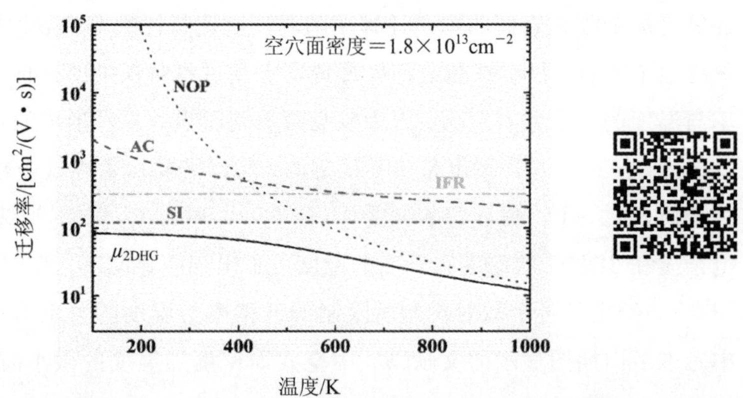

图 3-10　空穴面密度为 1.8×10^{13} cm^{-2}时，计算得到的迁移率与温度的关系

以上计算结果显示，SI 散射的散射强度与温度无关。由于缺乏详细的物理理解和定量建模，我们没有考虑带电表面受主与金刚石表面的距离(d)随温度的可能变化。给定表面的 IFR 散射只由 2DHG 面密度和分布决定，因此也不随温度变化。声子是固体中晶格振动的量子，晶格振动越剧烈，声子数目越多，晶

格散射机制就越重要。由于金刚石中光学声子能量较高，达到 165 meV，且空穴与光学声子间的耦合系数也较大，为 1.2×10^{10} eV/cm，因此即使在较高温度下，光学声子数也很少，因此氢终端金刚石结构由非极性光学声子散射机制所限制的迁移率相对较高。

2DHG 迁移率也是空穴面密度的函数。用拟合得到的 D_{NOP} 和 L 结果计算出了迁移率与空穴面密度的关系(见图 3－11)，并与氢终端金刚石的实验结果[10, 18, 20, 33, 48]进行了对比。此时上图中的 IFR 散射相应地变为 SFR 散射。由于各个报道中应用的氢终端参数或工艺不同，数据分散在一个广泛的范围内[34]。但计算结果和实验数据都表现出了迁移率随空穴面密度增加而下降的总体趋势。

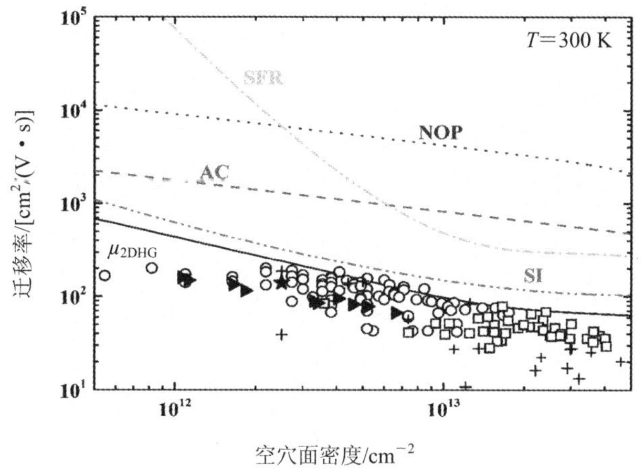

图 3－11　室温下迁移率与空穴面密度的关系(其中分散的各种符号表示文献中报道的实验数据，空心圆来自文献[10]，空心方形来自文献[20]，实心右三角形来自文献[18]，实心星形来自文献[33]，加号来自文献[48])

根据对氢终端金刚石表面的 2DHG 迁移率随温度和空穴密度变化的关系的定量分析，可知在表面杂质散射、声学声子散射、非极性光学声子散射和表面/界面粗糙度散射机制当中，表面杂质散射在相对较大的温度和空穴密度范围内都是主导性的散射机制，严重制约了 2DHG 迁移率的大小。当温度升高到 560 K 以上时，晶格振动变得剧烈，决定 2DHG 迁移率的主导性散射机制变成非极性光学声子散射。

3.2 氢终端金刚石场效应管的工作原理

利用氢终端金刚石表面的 2DHG 作为沟道，可制备 p 沟道增强型和耗尽型 FET。增强型 FET 主要利用在栅介质中引入正电荷来排斥金刚石表面空穴或制备栅时令栅下金刚石表面吸附物减少、2DHG 退化等原理形成增强型特性，但其他的器件特性和耗尽型 FET 一致。本书主要介绍耗尽型 FET。

3.2.1 栅极结构和特性

氢终端金刚石 FET 的栅极结构从工艺制备的角度讲，主要有金属-绝缘层-半导体（Metal-Insulator-Semiconductor，MIS）和金属-半导体（MEtal-Semiconductor，MES）结构，其栅金属最常见的是铝。然而，从 MES 栅特性的实验报道来看，MES 栅常常可将栅电压正偏到较高的 3～5 V(这里指绝对值，对 p 沟道器件而言，实际值是－3～－5 V)还不会出现明显的栅泄漏电流。根据金属铝在氢终端金刚石表面形成的肖特基势垒高度(约为 0.59～1.0 eV)来分析，这么高的正向耐压是不合理的。从 MES 栅界面研究的角度看，有相当多的实验证据证明，在氢终端金刚石上直接淀积铝金属的 MES 栅工艺实际上是在铝栅和金刚石之间的界面上引入了一个几纳米厚的界面层，栅极也表现出了 MIS 栅特性，这很可能是因为铝容易氧化，因而在铝/氢终端金刚石界面上引入了氧化铝介质层。

鉴于以上情况，对氢终端金刚石 FET 的讨论仅限于 MISFET(见图 3-12)。其中 E_C、E_V和 E_F分别代表金刚石的导带、价带和费米能级。E_{FM}是栅金属的费米能级，q 是基本电荷电量，φ_b是金刚石的内建电势。当没有外加电信号激励时，在金刚石与表面吸附物之间转移掺杂的作用下，氢终端金刚石表面能带向上弯曲，产生空穴积累。平衡状态下，理想的 MIS 结构中，E_F与 E_{FM}相等。当栅金属上施加负电压(正偏)时，金刚石的表面费米能级会被抬高，此时电子将从金刚石体内转移到介质层，金刚石表面的空穴密度将增加，直到金刚石体内和表面的费米能级重新达到稳定分布。当栅金属上施加正电压(反偏)时，金刚石表面空穴密度降低，当空穴完全耗尽，金刚石一侧的能带变平，栅压达到

平带电压(Flat-Band Voltage, V_{FB})。

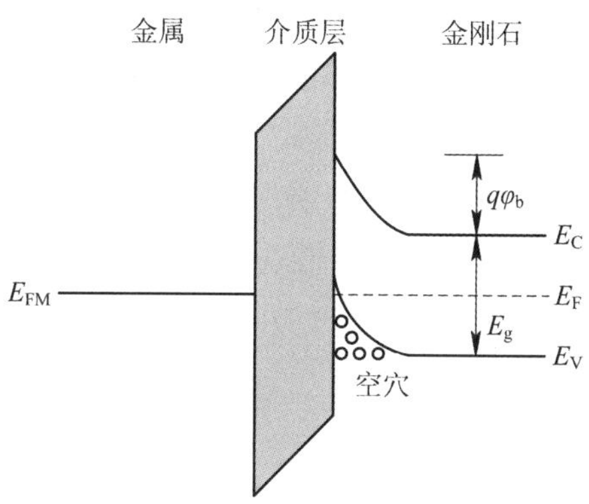

图 3-12　氢终端金刚石 MIS 结构的能带图

氢终端金刚石上可用的 MIS 栅介质有很多种，实验报道过小信号频率特性的主要有 Al_2O_3、CaF_2、AlN 以及固态受主掺杂介质 MoO_3[59-61]和 V_2O_5 等。理想情况下，加在栅极的电压一部分降落在半导体上，一部分降落在介质层上。当忽略陷阱电荷、介质层电荷以及量子效应的时候，氢终端金刚石的 MIS 结构电容可以简单地看作是介质层电容和半导体电容并联的结果。介质的单位面积电容 C_{ox} 可以表示为 $(\varepsilon_r\varepsilon_0)/t_{ox}$，其中 ε_r 是介质的介电常数，ε_0 是真空介电常数，t_{ox} 是介质厚度。半导体电容 C_s 描述的是氢终端金刚石表面上积累的电荷随电势的变化情况，可以表示为 $dQ_s/d\varphi_s$。当处于积累区时，金刚石表面积累电荷随栅压变化较快，此时的 MIS 电容可近似为栅介质层电容。图 3-13(a)展示了栅介质采用 AlN/Al_2O_3 的氢终端金刚石 FET 的栅电容在 1 kHz 到 1 MHz范围内的几个频率下，栅压从 1 V 扫到 −5 V，再从 −5V 扫到 1 V 过程中的变化情况[62]。在同样的栅压下，随着频率的增加，电容减小，这种现象叫电容的频率分散(Frequency Dispersion)，且外加栅压越负，这种不同频率下的电容分散现象越明显。频率越高，栅压越负，栅电流就越大，氢终端金刚石 MISFET 的栅源及栅漏间串联电阻的分压就越大，MIS 电容上真正分到的电压就越小，这是强正偏栅压(实际值为负)下 $C-V$ 曲线出现频率分散的一个重要原因。在阈值电压附近，2DHG 密度不高，栅介质中的可动离子或者界面陷阱的影响会比较明显，这是阈值电压附近 $C-V$ 特性出现频率分散的主要原因。可动离子或者界面陷阱不仅会带来电容的频率分散，还会造成同样的频率

下，正扫和反扫的电容出现回滞。

通常在简化分析金刚石 MISFET 器件特性时，将栅介质看作理想绝缘体。事实上，即使器件工作在直流偏置下，栅极也有电流流过，特别是当纵向电场或温度较高时，栅极电流将增大。为了让器件正常工作，要求栅极电流必须足够低，因此研究金刚石 FET 器件栅介质漏电情况具有重要意义。金刚石 MISFET 器件中常见的栅介质漏电情况包括欧姆特性，热电子发射模型，Fowler-Nordheim(F-N)隧穿模型，以及热场发射(Thermal Field Emission，TFE)模型等[63]。如图 3-13(b)中 MIS 二极管 2 和 3 的曲线所示，栅压在从 1 V

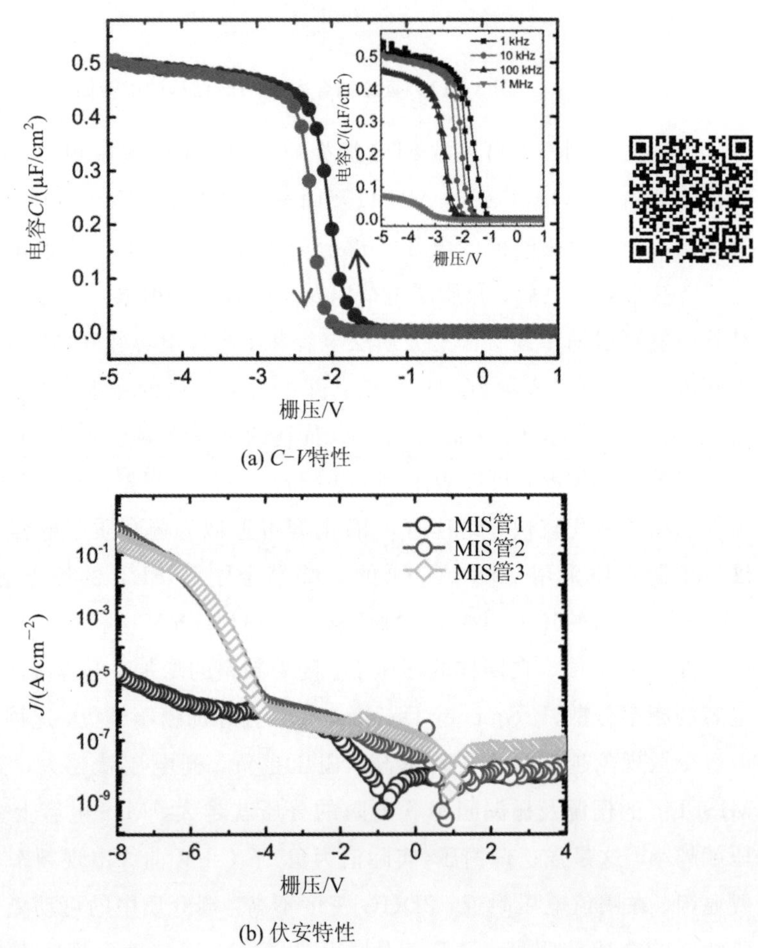

(a) C-V特性

(b) 伏安特性

图 3-13　Al/AlN/Al_2O_3/氢终端金刚石 MISFET 栅源二极管的电特性[62]

到−4 V 的范围内，栅电流随栅压的变化关系可以用 TFE 模型描述[63]：

$$J_{TFE}=J_s\exp\left[qV/(nk_BT)\right]\left[1-\exp\left(-qV/k_BT\right)\right] \tag{3-15}$$

其中 J_s 是饱和电流，n 为理想因子，V 为栅压。栅压变化到−5 V 之后，栅电流增加的更快，此时漏电情况可以用 F-N（Fowler-Nordheim）隧穿机制描述[64]：

$$J_{FN}\propto V^2\exp(-b/V) \tag{3-16}$$

其中，b 是拟合参数。当栅压比−6 V 更负时，电流随着栅压增加而线性变化，漏电转变为欧姆特性。

3.2.2　器件结构与工作原理

基于氢终端金刚石的 MIS 栅通过栅电压（栅电场）可以控制金刚石表面导电层所形成的沟道中的空穴的积累与耗尽。在 MIS 栅的左右两端制备欧姆接触电极，通常称为源极和漏极，在源极和漏极之间施加横向电压，可以改变沿着沟道方向的电场，从而控制沟道空穴的漂移速度。这就实现了氢终端金刚石 MISFET 器件（见图 3－14）。

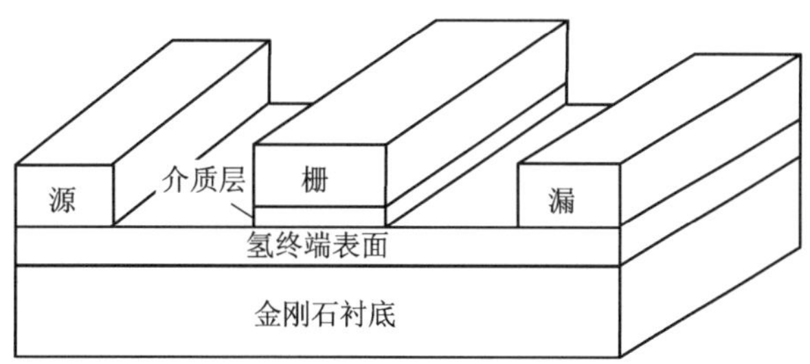

图 3－14　氢终端金刚石 MISFET 器件剖面结构示意图

常见的氢终端金刚石 MISFET 是 p 沟道耗尽型器件，阈值电压（Threshold Voltage，V_{TH}）为正值。栅源电压（Gate-Source Voltage，V_{GS}）从 V_{TH} 向负压方向扫描，器件开启。当施加的漏极电压（Drain-Source Voltage，V_{DS}）较小时，漏极电流（Drain Current，I_D）随着 V_{DS} 的增加近似线性增大。在 V_{DS} 趋于零时，器件的 V_{DS} 增加促使 I_D 增大的能力可用导通电阻（On-Resistance，R_{on}）来衡量：

$$R_{on}=\left.\frac{dV_{DS}}{dI_D}\right|_{V_{DS}\to 0} \tag{3-17}$$

导通电阻越小，说明 V_{DS}对 I_D的控制能力越强。然而 I_D随着 V_{DS}线性增大的趋势是有限的，当 V_{DS}较大时，栅极下方各处电势差异较大，且这些区域与栅极之间的电压差也各不相同，导致栅下沟道中的空穴分布不均匀。当 V_{DS}增加到某一临界值时，栅下沟道中靠近漏极端的位置将出现空穴浓度近似为零的情况，即沟道夹断，此后 V_{DS}继续增大时，I_D不再增加。这一临界电压值叫做饱和电压(Saturation Drain Voltage，V_{Dsat})，在器件的输出特性($I_D \sim V_{DS}$)中 V_{DS}增大到 V_{Dsat}之前的部分为线性区，达到和超过 V_{Dsat}之后进入饱和区。没有源漏串联电阻的理想情况下，器件饱和区的漏极电流(Saturation Drain Current，I_{Dsat})可以表示为

$$I_{Dsat}=\frac{W_G \mu_p C_{ox}}{2L_G}(V_{GS}-V_{TH})^2 \tag{3-18}$$

其中，L_G和 W_G分别是器件的栅长和栅宽，μ_p是空穴的迁移率，C_{ox}是介质层单位面积电容。根据式(3-19)可以求出饱和区跨导 g_m，g_m可用于评估栅极对输出电流的控制能力：

$$g_m=\frac{\partial I_{Dsat}}{\partial V_{GS}}=\frac{W_G \mu_p C_{ox}}{L_G}(V_{GS}-V_{TH}) \tag{3-19}$$

金刚石 FET 的漏极电流以及跨导是器件结构参数、空穴迁移率和阈值电压的函数，通过优化器件结构和工艺参数等可以有效提高器件特性。

以上介绍了器件的直流特性主要参数。在交流应用中，可以把晶体管等效为一个输入电阻无限大的放大器，如图 3-15 给出了共源接法的等效电路。在电路中，R_{in}是输入电阻。一般情况下，栅漏电都非常小，所以共源 MOSFET 有着极大的 R_{in}。R_G是栅极电阻，它与栅介质上方的栅接触材料和厚度有关。C_{GS}和 C_{GD}共同组成了栅电容。R_{DS}是输出电阻，理想情况下，器件进入饱和区后，I_D不随 V_{DS}变化，也就是输出电阻无限大。但是在器件工作时，因为沟道调制效应的影响，即使器件处于饱和区，V_{DS}的变化还是会令 I_D有所变化，导致输出电阻变成一个有限值。C_{DS}是源漏之间的电容。R_S和 R_D分别是源串联电阻(包括源极接触电阻和栅源之间的串联电阻)和漏串联电阻。在饱和区，R_D对交流漏极电流 i_D的影响非常小，而 R_S会产生分压，导致实际作用在栅极和沟道之间的交流电压 v_{GC}要比交流栅源电压 v_{GS}小。理想情况下，交流小信号跨导不随频

率变化，可认为交流跨导和直流跨导相等。因此，从图中可以看到 $i_D = g_m^* v_{GC}$，其中 g_m^* 是本征跨导(即没有 R_S 和 R_D 的理想器件的跨导)，而 v_{GS} 可以表示为 $v_{GS} = v_{GC} + (g_m^* v_{GC})R_S = (1 + g_m^* R_S)v_{GC}$，这样 i_D 和 v_{GS} 的关系可以写为

$$i_D = \frac{g_m^*}{1 + g_m^* R_S} v_{GS} = g_m \cdot v_{GS} \tag{3-20}$$

通常把 g_m 叫做外跨导，也是能够从器件的直流 $I-V$ 特性里直接提取出的跨导。在 R_S 的作用下，g_m 要低于 g_m^*。从式(3-20)可以看到 R_S 降低了器件的增益。特别是当跨导较大的时候，R_S 的影响更加明显。

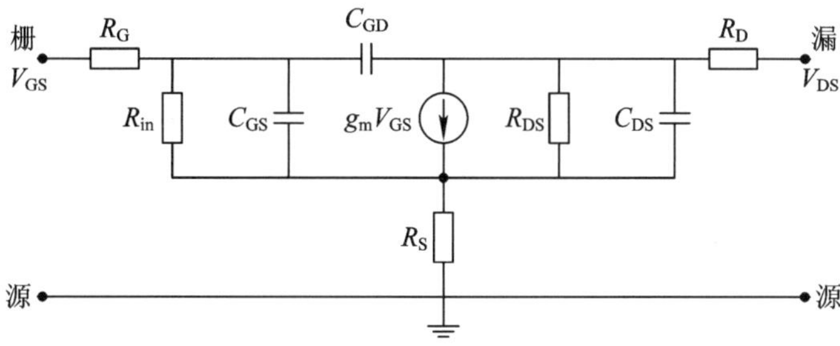

图 3-15　氢终端金刚石 MISFET 在共源接法下的等效电路

跨导体现了一个晶体管在工作过程中的开启速度，跨导越大，器件的开启速度越大，因此其对器件的频率特性有着非常大的影响。当器件的电流增益随着频率的增加而减小到 1 时，该频率被称为截止频率。在源漏串联电阻可忽略的理想长沟道器件中，截止频率可以表示为

$$f_T = \frac{g_m}{2\pi C_G} = \frac{\mu_p (V_{GS} - V_{TH})}{2\pi {L_G}^2} \tag{3-21}$$

而在短沟道极限下，该式则变为

$$f_T = \frac{v_{eff}}{2\pi L_g} \tag{3-22}$$

式中 v_{eff} 为器件的有效载流子速度，在强电场下可近似为载流子饱和速度 v_{sat}。

另一个重要的频率参数是最大振荡频率 f_{max}，它是器件功率增益随着频率的增加而减小到 1 时的频率值。其与截止频率的关系可以近似表示为

$$f_{max} = \sqrt{\frac{f_T}{8\pi R_G C_{GD}}} \tag{3-23}$$

3.3 氢终端金刚石场效应管特性的仿真研究

从氢终端金刚石 FET 的文献报道来看，器件特性的仿真研究比实验研究要少得多，这使得器件机理分析不够深入。近年来，氢终端金刚石的室温霍尔迁移率有快速的大幅提升，这一点预期将显著提升其 FET 器件的输出电流、跨导和微波特性，这也需要从器件仿真的角度进行预测。同时，氢终端金刚石 FET 的结构优化也需要器件仿真这一理论计算工具。因此，需要对相关的工作做一简介。

3.3.1 金刚石场效应管的仿真模型设置

以氢终端金刚石 MISFET 器件结构为例进行说明。为了仿真氢终端金刚石表面上吸附物转移掺杂、金刚石能带弯曲导致的空穴积累现象，金刚石表面要设置薄层负电荷，密度可取为和预期的 2DHG 面密度一致。金刚石 FET 为 p 沟道半导体器件，其栅极功函数 ϕ_m 的计算公式如下：

$$\phi_m = E_g + \chi - \phi_{BH} \tag{3-24}$$

其中，E_g 为金刚石的禁带宽度，χ 为金刚石的电子亲和能，ϕ_{BH} 为金属在氢终端金刚石表面的肖特基势垒高度。χ 和器件的 ϕ_m 的设置要使器件栅极的 ϕ_{BH} 符合实测结果。器件源极和漏极设置为欧姆接触，同时根据实际器件的工艺和测量结果，在源极和漏极上设置欧姆接触电阻。

对于 2DHG 的仿真，严格要求的话，需要考虑量子效应。然而，一旦考虑量子效应，二维载流子气就要考虑载流子在多个子(能)带上的分布。实验表征结果显示，二维载流子气的不同子带具有不同的有效质量和迁移率，但是二维载流子气的速场关系很难对各子带分别表征。因此，即使是商业化的器件仿真软件，量子化载流子体系的输运特性的仿真也是非常困难的问题。即使对二维载流子气的各个子带采取统一的输运特性来简化处理，仅是电荷分布上考虑量子效应，实际仿真过程中也会让计算时间显著增加且计算结果很难收敛。这样的话，开展量子化效应仿真去严格反映量子效应与无量子效应仿真的区别，代

价大而意义不大。所以，本书中涉及的氢终端金刚石 MISFET 器件仿真都没有考虑电荷量子效应。

在输运特性方面，可采用硅的载流子速场关系模型，根据氢终端金刚石材料和器件的实测数据设置低场迁移率和饱和速度的大小，以漂移-扩散模型计算。对于 MISFET 而言，以平行场相关迁移率模型来模拟载流子在器件源极和漏极之间沟道中的载流子输运特性，在有必要的情况下可加入纵向场相关迁移率模型用于模拟表面沟道中纵向电场对沟道中载流子运动的影响，改善 g_m 与 V_{GS} 的关系曲线的形状。

3.3.2　金刚石器件微波功率特性的仿真研究

这里以崔傲等人的工作[65]，介绍氢终端金刚石 MISFET 的微波功率特性仿真研究。该研究工作的特点在于为了凸显金刚石 MISFET 微波功率性能的限制因素，以结构相似的 AlGaN/GaN HEMT 为参考，紧密结合了材料电学特性和器件性能的相关性，将氢终端金刚石 MISFET 器件与 AlGaN/GaN HEMT(本节中以下简称 GaN HEMT)在直流特性、交流小信号和大信号特性上做了系统的对比分析。

仿真采用的软件为 Silvaco ALTAS，器件结构如图 3－16 所示，定义 0.5 μm 的栅长是因为这个尺寸很有代表性。目前国际上报道的连续波功率密度最高的金刚石 MISFET 器件的栅长就是 0.5 μm，功率密度为 3.8 W/mm@1 GHz[66]。而 GaN HEMT 连续波功率密度最高的器件的栅长是 0.55 μm，功率密度为 41 W/mm@4 GHz[67]。仿真中两种器件采用了同样的横向和纵向器件结构(栅-沟道间距)，栅电极都采用了具有场板的 Γ 栅结构以提高电场均匀性。仿真中采用了平行场迁移率模型和 SRH 模型。金刚石 MISFET 的栅介质为 Al_2O_3，在金刚石/Al_2O_3 界面处设置了面密度为 1×10^{13} cm^{-2} 的负固定电荷来类比金刚石表面吸附电荷[68]。GaN HEMT 则是在 AlGaN/GaN 界面设置了面密度为 1×10^{13} cm^{-2} 的正固定电荷来类比极化电荷。器件的其他参数设置如表 3－2 所示。

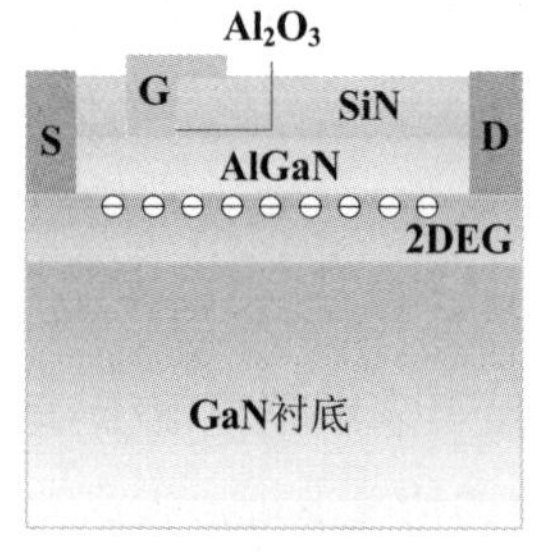

(a) GaN HEMT

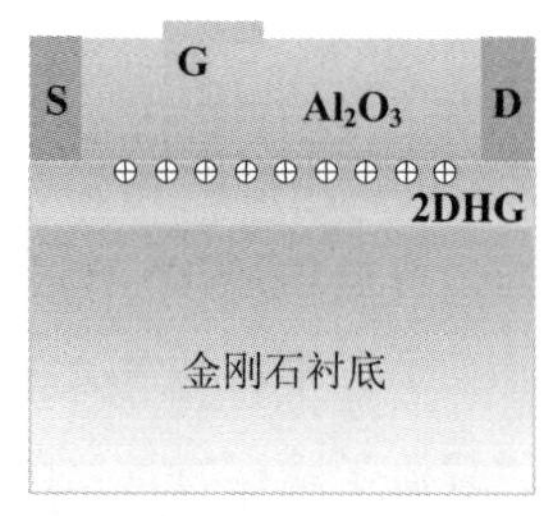

(b) 氢终端金刚石MISFET

图 3-16 仿真采用的器件结构

表 3-2 氢终端金刚石 MISFET 与 GaN HEMT 仿真参数设置

	氢终端金刚石 MISFET	GaN HEMT
栅长 $L_g/\mu m$	0.5	0.5
栅宽 $W/\mu m$	100	100
栅漏间距 $L_{gd}/\mu m$	3	3
栅源间距 $L_{gs}/\mu m$	0.5	0.5
Al_2O_3层厚度/nm	25[69]	5[70]
Al_2O_3层相对介电常数	9	9
禁带宽度/eV	5.47	3.42 (GaN)
金属对于半导体的肖特基势垒高度/eV	0.59[71]	1.07[72]
欧姆接触电阻 $R_C/\Omega \cdot mm$	5	0.5
空穴迁移率 $\mu_p/[cm^2/(V \cdot s)]$	90	50
电子迁移率 $\mu_n/[cm^2/(V \cdot s)]$	10	1200
空穴饱和速度 $v_{satp}/(cm/s)$	1×10^7	—
电子饱和速度 $v_{satn}/(cm/s)$	—	1.2×10^7

仿真得到的零偏置条件下两个器件的栅中心纵剖面能带图如图 3-17 所示。虽然没有考虑量子效应，但是金刚石器件表面的空穴积聚和 GaN HEMT 中 GaN 表面的高密度电子都得到了很好的复现。将传输线模型(Transmission Line Model，TLM)[73]测试结构等效为无栅的 FET 结构，计算了材料的方块电阻(Sheet Resistance，R_{sh})(图 3-18)。得到氢终端金刚石的 R_{sh} 为 7.31 kΩ/sq，GaN 异质结的 R_{sh} 为 0.55 kΩ/sq，均与实际材料参数相近。将 R_{sh} 和 μ_p 或 μ_n 代入式，

$$R_{sh}=\frac{1}{p_{s2D}e\mu_p} \tag{3-25}$$

或

$$R_{sh}=\frac{1}{n_{s2D}e\mu_n} \tag{3-26}$$

可以计算出氢终端金刚石的 2DHG 面密度为 0.946×10^{13} cm^{-2}，GaN 异质结的 2DEG 浓度为 0.949×10^{13} cm^{-2}，也都很接近各自所设置的界面固定电荷密度 1×10^{13} cm^{-2}。因此，两种材料的方块电阻差异主要是由迁移率的不同造成的。两种器件的欧姆接触电阻设置值来源于文献报道的典型实验值，差异也有 10 倍以上。也就是说，金刚石器件和 GaN 器件相比，前者的 R_c 和 R_{sh} 均达到后者的 10 倍大甚至更多。

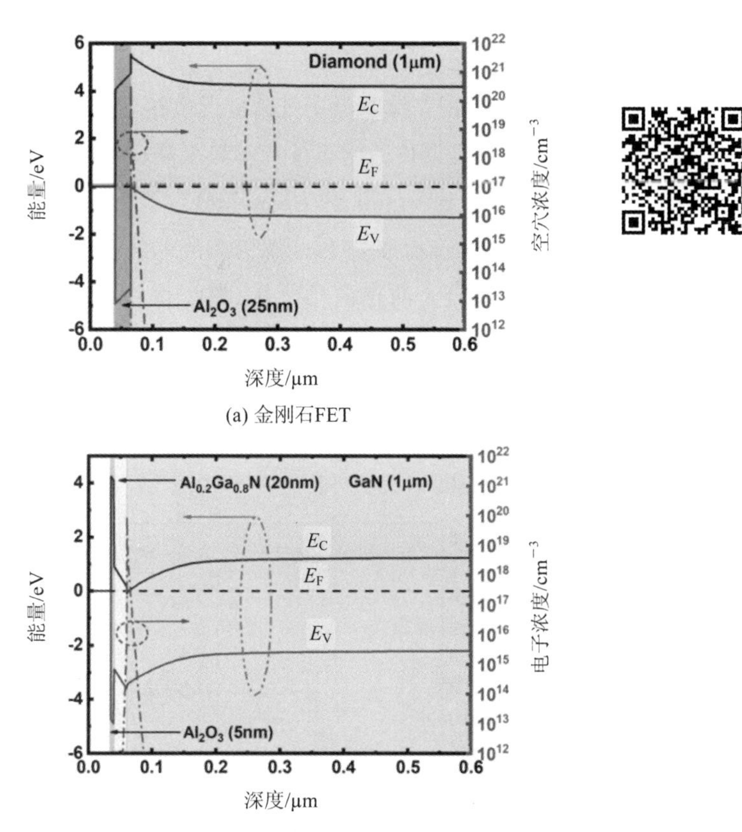

图 3-17　仿真得到的零偏置条件下两个器件的栅中心纵剖面的能带和载流子浓度分布图

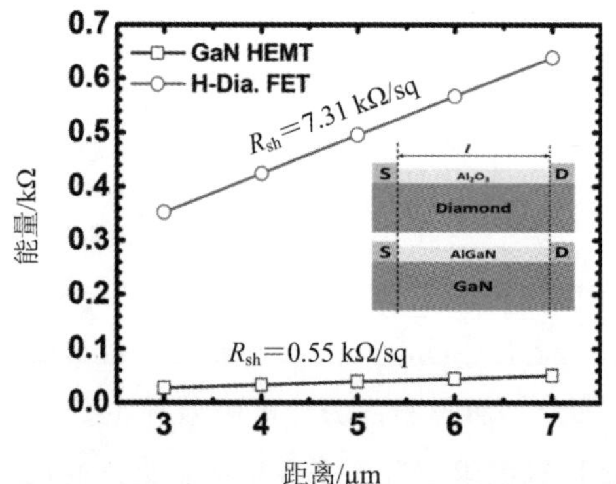

图 3-18　金刚石 FET 和 GaN HEMT 对应的 TLM 测试结构原理图和特性仿真结果

器件的直流特性如图 3-19，其中金刚石 FET 和 GaN HEMT 的转移特性曲线分别是 V_{DS}为−60 V 和 40 V 的计算结果，栅极最大正偏电压的大小也和类似结构的实际器件接近[66, 70]。两器件的 V_{TH}分别为 4.3 V 和−4 V，前者的绝对值略大于后者。两器件的二维载流子气密度近似相等，且栅电容的大小也近似相等，$|V_{TH}|$的差异主要是器件的栅极肖特基势垒高度不同引起的。金刚石 FET 的最大外跨导 g_{m_max}是 50 mS/mm，约为 GaN HEMT 的 g_{m_max}(260 mS/mm)的五分之一。假设 $g_m \geq 0.9 \cdot g_{m_max}$的栅压范围为跨导的线性范围，可以看出金刚石 FET 器件栅极可以承受较大的正向栅电压(栅压摆幅)，因而获得较大的线性范围(可至 8 V)，这是由其栅绝缘介质层较厚的特点决定的；GaN HEMT 的 g_m线性范围则相对较小，约为 4.2 V。因此，尽管 GaN HEMT 的 g_{m_max}是金刚石 FET 的五倍，但是金刚石 FET 这种较好的跨导线性度使得金刚石 FET 的 I_{Dmax}几乎达到了 AlGaN/GaN HEMT 的一半(0.703 A/mm vs. 1.568 A/mm)。

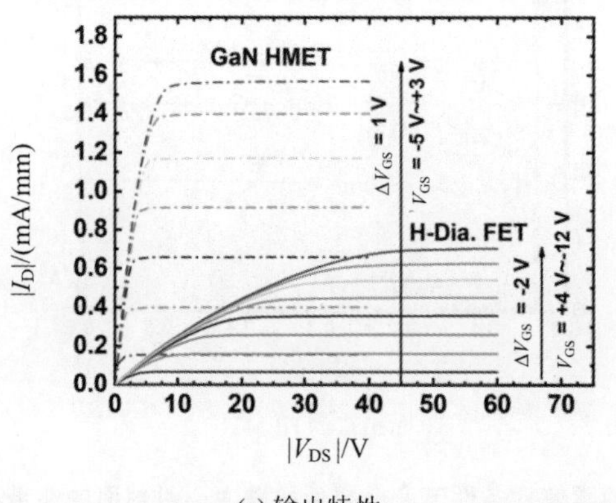

(a) 输出特性

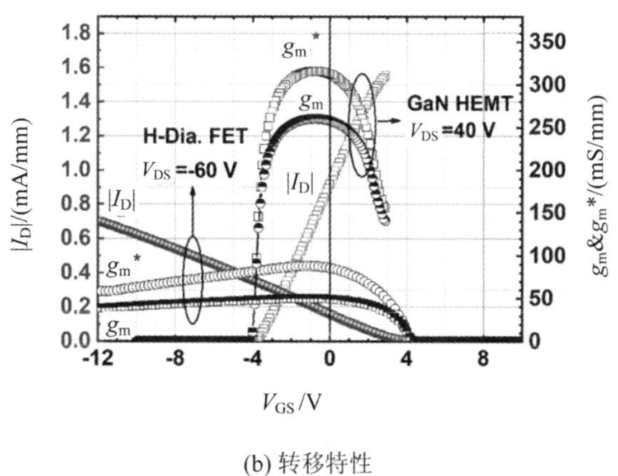

(b) 转移特性

图 3－19　金刚石 FET 和 GaN HEMT 的直流伏安特性对比

交流小信号特性方面，计算了两种器件 f_T 和 f_{max} 在不同栅压和漏压偏置下的等高线图(图 3－20)。金刚石 FET 的 f_T 最大值为 6.21 GHz，位于 V_{GS}＝－2 V、V_{DS}＝－70 V 处，f_{max} 最大值为 33 GHz，位于 V_{GS}＝－2 V、V_{DS}＝－54 V 处，f_{max} 最大值与文献[66]符合得很好。GaN HEMT 的 f_T 最大值为 17.4 GHz，位于 V_{GS}＝－2 V、V_{DS}＝10 V 处，f_{max} 最大值为 97 GHz，位于 V_{GS}＝－2 V、V_{DS}＝54 V 处。两种器件 f_T 最大值的偏置点和 g_{m_max} 所在的偏置点具有很好的一致性。

GaN HEMT 器件的 f_T 最大值达到金刚石 FET 器件的 2.8 倍，这种差异可用式(3－22)来解释。为了估算器件的 v_{eff}，分别截取了两个器件各自达到 f_T 最大值时栅下区域的横向载流子速度，并对其进行积分，得到器件的平均有效速度 $\bar{v}_{eff}$。其中金刚石 FET 的 $\bar{v}_{eff}$ 为 0.4×10^7 cm/s，GaN HEMT 的 $\bar{v}_{eff}$ 为 1.1×10^7 cm/s，后者约为前者的 2.75 倍。这一结果说明，虽然 0.5 μm 的栅长通常并不能算作短沟道情形，但在非常强的沟道电场下，能够出现 $f_T\propto\bar{v}_{eff}$ 的现象，金刚石 FET 的 f_T 最大值低于 GaN 器件的原因是由于金刚石器件的有效速度要低于 GaN 器件。两种器件在 V_{DS} 绝对值高于 f_T 最大值偏置点处漏极电压绝对值的情况下，f_T 的退化主要是由于漏极延迟(Drain Delay)[74]。高的 V_{DS} 电压引起栅极靠近漏极的边缘处的耗尽区扩展，增大了有效沟道长度，因此器件的 $\bar{v}_{eff}$ 和 f_T 出现了退化。

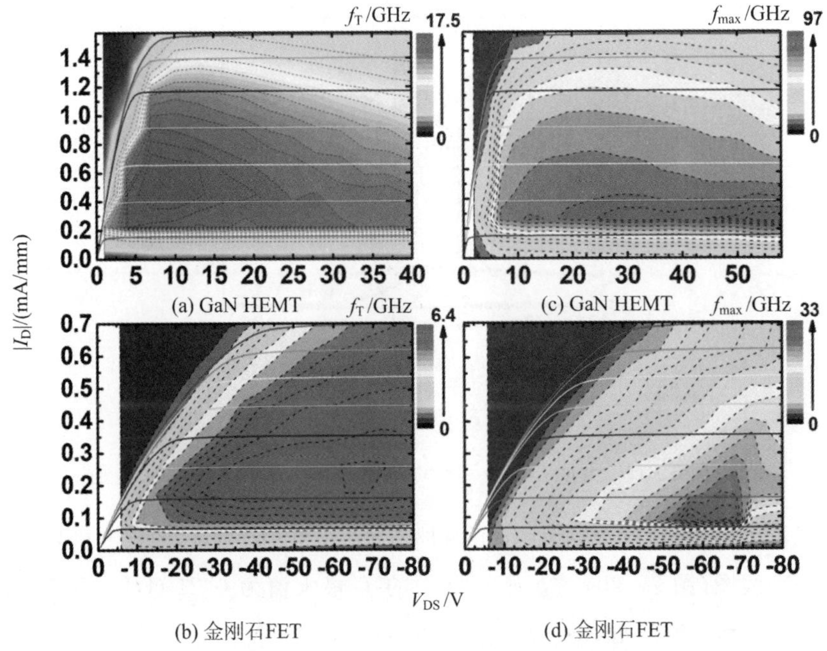

图 3-20 器件的 f_T 和 f_{max} 在不同栅压和漏压偏置下的等高线图

研究器件的大信号功率特性需要有良好的外部负载设计以减少增益的损失，从而实现器件输出功率的最大化。如图 3-21 所示为金刚石 FET 和 GaN HEMT 的大信号外部电路连接图。在栅极和漏极分别加入直流电源电压 V_{GG} 和 V_{DD}，在栅极加入交流电源电压 V_g，同时栅极和漏极分别引入电阻和电容，可以在漏极得到器件的输出电压 V_d 和电流 I_d，两者均为交直流混合输出量。

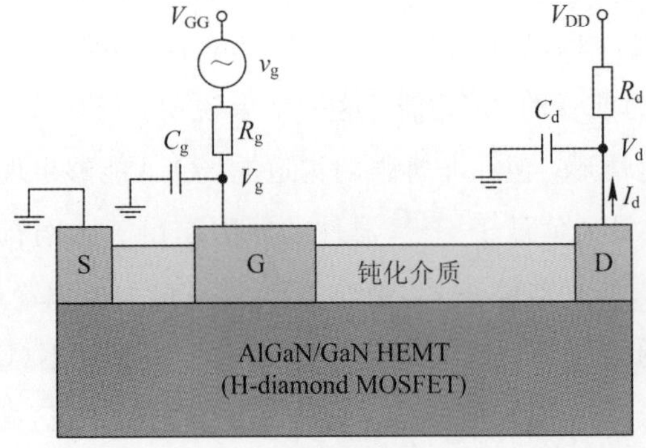

图 3-21 金刚石 FET 和 GaN HEMT 器件的大信号外部电路连接图

共源极组态放大时，动态负载线是在交流情况下器件的 I_d 和 V_d 的关系。动态负载线可以直观给出器件的动态 V_d 摆幅和 I_d 摆幅，从而给出影响器件功率特性的因素。下面以金刚石 FET 为例，说明动态负载线随器件外部电路阻抗值变化的情况。

将金刚石 FET 器件的静态工作点设置在 $V_{gQ}=-3$ V（$I_{dQ}=-0.31$ A/mm）、$V_{dQ}=-57$ V，将 GaN HEMT 器件的静态工作点设置在 $V_{gQ}=-0.65$ V（$I_{dQ}=0.64$ A/mm）、$V_{dQ}=48$ V，在这样的静态工作点下两个器件都能够工作在 A 类放大状态。v_g 为正弦波，设其振幅对金刚石 FET 和 GaN HEMT 分别为 12 V 和 6V，通过改变 C_g、C_d、R_g 和 R_d 的值得到了图 3-22 所示的动态负载线。除了出现截止失真和饱和失真的情况，动态负载线的形状几乎不随着 C_g 和 R_g 的变化而变化。器件的漏极阻抗则对器件的动态负载线形状有直接的影响。金刚石 FET 器件漏极外部阻抗 X_d 可以用式(3-27)表示：

$$X_d=R_d+\frac{1}{j\omega C_d}=\sqrt{R_d^2+\left(-\frac{1}{\omega C_d}\right)^2}\angle\arctan\theta \tag{3-27}$$

其中，ω 为角频率，V_d 和 I_d 的相位差 $\theta=-\omega C_d R_d$。由式(3-27)可看出 θ 主要是

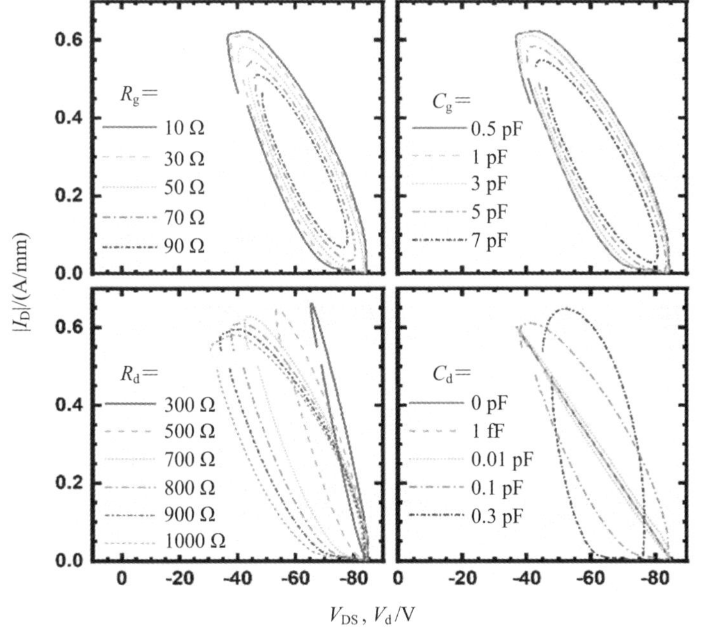

图 3-22　金刚石 FET 在共源极组态放大情况下的动态负载线随 C_g、C_d、R_g 和 R_d 的变化

由漏极的外部电容 C_d 引起，因此器件的动态负载线呈现近似椭圆形状[75-78]。当漏极没有外部电容($C_d=0$)时，器件的动态负载线变为如图 3-22(d)所示的一条直线。R_d 或 C_d 的增大都导致 θ 增大，但是 R_d 的增加会导致 V_d 摆幅扩大、I_d 摆幅减小，而 C_d 的增加则会导致相反的结果。

根据电压和电流的时域波形图，可提取出器件的大信号功率特性(具体方法见下文式(3-31)～式(3-34))。为了找出能让器件达到最大输出功率的阻抗值，在实际器件测试中要做输入端和输出端的负载匹配，在仿真中则首先要给出 C_g、C_d、R_g 和 R_d 的初始值，然后用控制变量法保持其中三个变量不变，依次变化 C_g、C_d、R_g 和 R_d 的值，观察各变量对器件的输出功率和输入功率的影响以确定最优的阻抗值。首先在栅极和漏极只加入电阻，让电路实现一定能力的放大，接着在栅极和漏极加入电容，然后略微做调整就可以在漏极得到合适的正弦波。

对金刚石 FET 和 GaN HEMT 做外部阻抗优化仿真时，将各自的静态工作点和栅压振幅设置为与动态负载线分析的情况保持一致，仿真得到了输出功率和输入功率随 C_g、C_d、R_g 和 R_d 变化的关系图(图 3-23)。根据输入功率和输

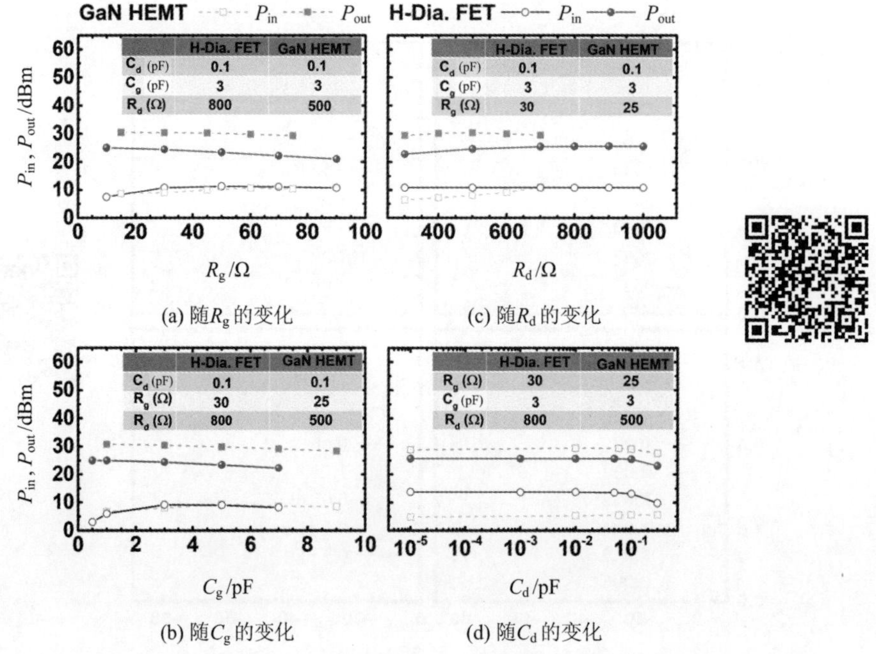

(a) 随 R_g 的变化　(c) 随 R_d 的变化

(b) 随 C_g 的变化　(d) 随 C_d 的变化

图 3-23　金刚石 FET 和 GaN HEMT 的 P_{out} 和 P_{in} 随 C_g、C_d、R_g 和 R_d 变化的趋势

出功率的折中优化关系，选择 $R_d=900\ \Omega$、$C_d=0.1\ pF$、$R_g=30\ \Omega$、$C_g=3\ pF$ 为金刚石 FET 的最佳外部阻抗，选择 $R_d=500\ \Omega$、$C_d=0.1\ pF$、$R_g=45\ \Omega$、$C_g=5\ pF$ 为 GaN HEMT 的最佳外部阻抗。

对两种器件确定最佳负载之后，在 1 GHz 下仿真了十个不同栅压振幅下的大信号瞬态特性，得到了如图 3-24 所示的器件的 V_d、V_g、I_d和 I_g的时域波形图。其中，金刚石 FET 和 GaN HEMT 器件的静态偏置点设置和图 3-22 及图 3-23 相同，金刚石 FET 栅压振幅从 0.5 V 线性增大到 12.4 V，GaN HEMT 栅压振幅从 0.5 V 线性增大到 7.75 V。金刚石 FET 较小的放大能力使得器件在较大的输入信号(V_g)下得到的输出信号(I_d)要小于 GaN HEMT 的情况。这是由于金刚石 FET 的跨导比 GaN HEMT 的跨导要小，所以要获得足够大的漏极电流摆幅，必须要给予更大的栅压摆幅。大信号工作状态下，栅极电流 I_g几乎全是位移电流：

$$I_g=C_i\frac{\partial V_g}{\partial t} \tag{3-28}$$

式中，C_i为栅极输入电容，t 是时间。金刚石 FET 和 GaN HEMT 相比具有较大的栅压摆幅，所以其栅电流摆幅也较大，这意味着更大的输入功率。两种器件中，不论是栅极还是漏极，电压波形都滞后于电流波形。栅极上的这种延迟源于 C_i，漏极上的这种延迟则源于 C_d。

当栅压振幅较大时，器件的 I_d和 V_d波形均会出现失真，其中 I_d波形的底部失真是由于器件的截止失真造成的，顶部失真则是由于器件的大信号的增益压缩和漏极电流接近线性区的失真造成的。为了量化输出电压和输出电流的失真，将电压和电流进行傅里叶变换，分离出基波分量和谐波分量，则电压和电流的波形失真可以分别用式(3-29)和(3-30)量化：

$$\text{TDV}=\frac{\sqrt{(V_2^2+V_3^2+\cdots+V_N^2)}}{|V_1|}\times 100\% \tag{3-29}$$

$$\text{TDI}=\frac{\sqrt{(I_2^2+I_3^2+\cdots+I_N^2)}}{|I_1|}\times 100\% \tag{3-30}$$

式(3-29)和(3-30)中，V_1和 I_1为基波分量，V_2、V_3、…、V_N和 I_2、I_3、…、I_N为谐波分量。GaN HEMT 最后两个周期的电压失真度 TDV 分别为 21%和 19%，电流失真度 TDI 分别为 21.1%和 20.5%。两个失真度均大于金刚石 FET 最后两个周期的电压电流波形失真度(TDV 分别为 7.3%和 9.6%，TDI

分别为13%和15.5%)。这种情况下，金刚石FET的失真度较小，器件的线性度较好。

为了得到大信号功率特性，从图3-24所示的电压电流瞬态波形中提取了所需参数，得到了如图3-25所示的金刚石FET和GaN HEMT的大信号功率特性。参数提取过程如下：

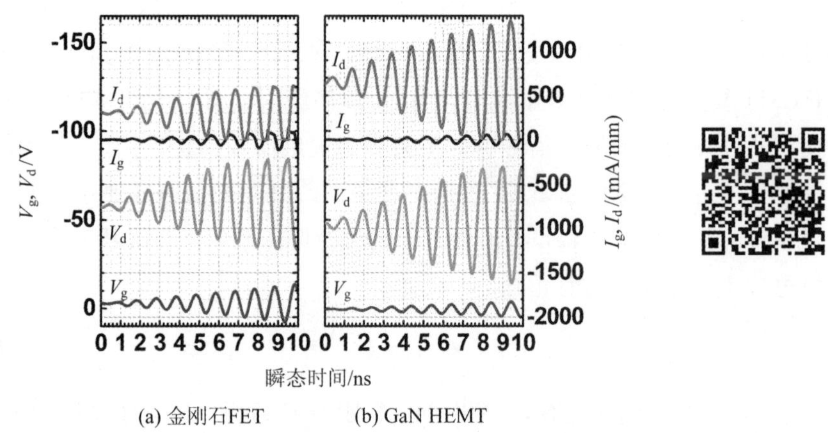

图3-24 器件在交流大信号工作状态下输入输出电压和电流时域波形图

(1) 提取出每个周期的最大漏极电压V_{dmax}、最小漏极电压V_{dmin}、最大栅极电压V_{gmax}和最小栅极电压V_{gmin}；

(2) 提取出每个周期的最大漏极电流I_{dmax}、最小漏极电流I_{dmin}、最大栅极电流I_{gmax}和最小栅极电流I_{gmin}；

(3) 提取出每个周期的最大漏极电压V_{dmax}对应的时刻t_1、最小漏极电压V_{dmin}对应的时刻t_2、最大栅极电压V_{gmax}对应的时刻t_3和最小栅极电压V_{gmin}对应的时刻t_4；

(4) 提取出每个周期的最大漏极电流I_{dmax}对应的时刻t_5、最小漏极电流I_{dmin}对应的时刻t_6、最大栅极电流I_{gmax}对应的时刻t_7和最小栅极电流I_{gmin}对应的时刻t_8；

(5) 分别计算出每个周期下栅极电流和电压的相位差α以及漏极电流和电压的相位差θ；

(6) 计算每个周期的输入功率密度P_{in}、输出功率密度P_{out}、功率增益G以及功率附加效率PAE：

$$P_{in}=\frac{|(V_{gmax}-V_{gmin})\times(I_{gmax}-I_{gmin})|}{8}\cos\alpha \tag{3-31}$$

$$P_{out}=\frac{|(V_{dmax}-V_{dmin})\times(I_{dmax}-I_{dmin})|}{8}\cos\theta \tag{3-32}$$

$$G=10\times\log\left(\frac{P_{out}}{P_{in}}\right) \tag{3-33}$$

$$PAE=\frac{P_{out}-P_{in}}{|V_{dQ}|\times|I_{dQ}|}\times100\% \tag{3-34}$$

可得出金刚石 FET 的最后一个周期的 P_{out} 为 3.69 W/mm，G_P 为 9.26 dB，PAE 为 20.2%。GaN HEMT 的最后一个周期的 P_{out} 为 10.76 W/mm，功率增益 G 为 19.55 dB，PAE 为 34.65%。从数据范围以及 P_{out} 最大值位置可以看出，仿真所得金刚石 FET 大信号功率特性跟实验报道的数据相比是合理的[79-80]。

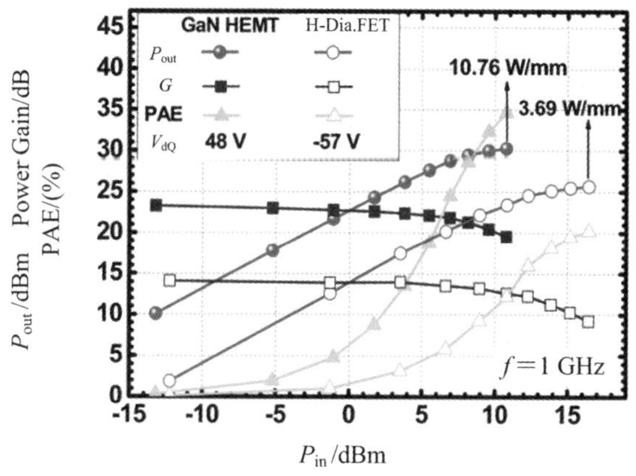

图 3-25　金刚石 FET 和 GaN HEMT 器件 1 GHz 下大信号功率特性对比

为了实现饱和的 P_{out}，必须尽量充分地利用图 3-19 中的直流恒流区，因此不仅要设置合适的偏置点，而且要给予足够大的栅压摆幅。图 3-25 中，金刚石 FET 的功率增益较小，是受到其跨导 g_m 的制约，因此金刚石 FET 的 P_{out} 最大值和 PAE 都要小于 GaN HEMT 的情况。GaN HEMT 的 P_{out} 最大值约是金刚石 FET 的三倍，两个器件 P_{out} 最大值对应的都是图 3-24 中最后一个周期的瞬态波形。从细节上看，该周期 GaN HEMT 的漏极电压摆幅 $|(V_{dmax}-V_{dmin})|$ 是金刚石 FET 的 1.29 倍(65.44 V vs. 50.21 V)，相应的漏极电流摆幅 $|(I_{d\_max}-I_{d\_min})|$ 则形成 2.2 倍比值(1.34 A/mm vs. 0.61 A/mm)。在输入端

口，金刚石 FET 该周期的 P_{in} 是 GaN HEMT 的 3.66 倍，其中栅压摆幅 $|(v_{g\_max}-v_{g\_min})|$ 形成 2.41 倍比值(21.07 V vs. 8.74 V)。基于以上数据分析可以看出，金刚石 FET 和 GaN HEMT 相比，在缩小为原来若干分之一的 g_m 下需要大几倍的栅压摆幅以获得较大的漏极电流摆幅。这种较大的栅压摆幅，要求在器件结构优化时，在金刚石 FET 栅介质的厚度选择上进行折衷考虑，这样才能获得较合理的跨导和足够高的栅极击穿电压，提升器件的功率输出。

此外，还进一步仿真研究了调整偏置点提高器件输出功率的可能性。保持上述栅压振幅和器件外部阻抗不变，通过调整静态漏极电压偏置点 V_{dQ} 来计算新的大信号动态负载线和功率特性，结果如图 3-26 所示。在理想的纯电阻负载的情况下，图中三角形面积与 P_{out} 严格成正比，但是考虑到电抗元件引起的 I_d 和 V_d 之间的相位差，只能认为三角形面积与 P_{out} 近似成正比。将金刚石 FET 器件偏置在 $V_{dQ}=-37$ V，-57 V，-77 V 得到的最大 P_{out} 分别为 2.49 W/mm，3.69 W/mm，4.57 W/mm；将 GaN HEMT 器件偏置在 $V_{dQ}=29$ V，48 V，68 V 得到的最大输出功率密度分别为 6.51 W/mm，10.76 W/mm，12.4 W/mm。可以看到，与 GaN HEMT 相比，金刚石 FET 器件的漏极电流摆幅已经被完全利用，进一步提升输出功率密度需要更大的漏极电压摆幅。因此，需要将漏极的击穿电压提升至更高的水平，并且在漏极引入更高的漏极电阻阻抗。

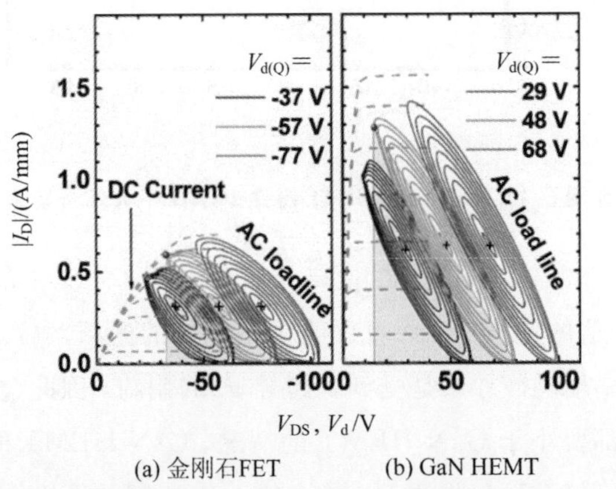

图 3-26 1 GHz 下两种器件的直流特性和大信号负载线对比(十字叉符号给出了大信号静态工作点的位置)

参考文献

[1] MAKI T, SHIKAMA S, KOMORI M, et al. Hydrogenating effect of single-crystal diamond surface[J]. Japanese Journal of Applied Physics, 1992, 31(10A): 1446 - 1449.

[2] LANDSTRASS M I, RAVIK V. Hydrogen passivation of electrically active defects in diamond[J]. Applied Physics Letters, 1989, 55(14): 1391 - 1393.

[3] LANDSTRASS M I, RAVI K V. Resistivity of chemical vapor deposited diamond films [J]. Applied Physics Letters, 1989, 55(10): 975 - 977.

[4] GROT S A, GILDENBLAT G S, HATFIELD C W, et al. The effect of surface treatment on the electrical properties of metal contacts to boron-doped homoepitaxial diamond film[J]. IEEE Electron Device Letters, 1990, 11(2): 100 - 102.

[5] SHIOMI H, NISHIBAYASHI Y, FUJIMORI N. Characterization of boron-doped diamond epitaxial films[J]. Japanese Journal of Applied Physics, 1991, 30(7): 1363 - 1366.

[6] KAWARADA H, AOKI M, ITO M. Enhancement mode metal - semiconductor field effect transistors using homoepitaxial diamonds[J]. Applied Physics Letters, 1994, 65 (12): 1563 - 1565.

[7] KASU M, UEDA K, KAGESHIMA H, et al. Diamond RF FETs and other approaches to electronics[J]. Physica Status Solidi C, 2008, 5(9): 3165 - 3168.

[8] GI R, MIZUMASA T, AKIBA Y, et al. Formation mechanism of p-type surface conductive layer on deposited diamond films[J]. Japanese Journal of Applied Physics, 1995, 34(10): 5550 - 5555.

[9] LEY L, RISTEIN J, MEIER F, et al. Surface conductivity of the diamond: A novel transfer doping mechanism[J]. Physica B: Condensed Matter, 2006, 376 - 377(1):262 - 267.

[10] HIRAMA K, TAKAYANAGI H, YAMAUCHI S, et al. Spontaneous polarization model for surface orientation dependence of diamond hole accumulation layer and its transistor performance[J]. Applied Physics Letters, 2008, 92(11): 112107 - 1 - 112107 - 3.

[11] RI G, TASHIRO K, TANAKA S, et al. Hall effect measurements of surface conductive layer on undoped diamond films in NO_2 and NH_3 atmospheres[J]. Japanese Journal of Applied Physics, 1999, 38(6A): 3492 - 3496.

[12] KUBOVIC M, KASU M, KAGESHIMA H, et al. Electronic and surface properties

of H-terminated diamond surface affected by NO_2 gas[J]. Diamond and Related Materials, 2010, 19(7-9): 889-893.

[13] KUBOVIC M, KASU M. Enhancement and stabilization of hole concentration of hydrogen-terminated diamond surface using ozone adsorbates[J]. Japanese Journal of Applied Physics, 2010, 49(11): 721-734.

[14] KUBOVIC M, KASU M, KAGESHIMA H. Sorption properties of NO_2 gas and its strong influence on hole concentration of H-terminated diamond surfaces[J]. Applied Physics Letters, 2010, 96:052101-1-052101-3.

[15] SATO H, KASU M. Electronic properties of H-terminated diamond during NO_2 and O_3 adsorption and desorption [J]. Diamond and Related Materials, 2012, 24:99-103.

[16] RUSSELL S A O, CAO L, QI D C, et al. Surface transfer doping of diamond by MoO_3: A combined spectroscopic and Hall measurement study[J]. Applied Physics Letters, 2013, 103(20): 202112-1-202112-4.

[17] CRAWFORD K G, CAO L, QI D, et al. Enhanced surface transfer doping of diamond by V_2O_5 with improved thermal stability[J]. Applied Physics Letters, 2016, 108(4):042103.1-042103.4.

[18] VERONA C, CICCOGNANI W, COLANGELI S, et al. Comparative investigation of surface transfer doping of hydrogen terminated diamond by high electron affinity insulators[J]. Journal of Applied Physics, 2016, 120(2):025104.1-025104.7.

[19] NEBEL C E, SAUERER C, ERTL F, et al. Hydrogen-induced transport properties of holes in diamond surface layers[J]. Applied Physics Letters, 2001, 79(27): 4541-4543.

[20] KAWARADA H. High-current metal oxide semiconductor field-effect transistors on H-terminated diamond surfaces and their high-frequency operation [J]. Japanese Journal of Applied Physics, 2012, 51(51): 090111.1-090111.6.

[21] SATO H, KASU M . Maximum hole concentration for Hydrogen-terminated diamond surfaces with various surface orientations obtained by exposure to highly concentrated NO_2[J]. Diamond and Related Materials, 2013, 31:47-49.

[22] MORITZ V HAUF, PATRICK S, MAX S, et al. Low dimensionality of the surface conductivity of diamond[J]. Physical Review B Condensed Matter and Materials Physics, 2014, 89(11):115426.1-115426.5.

[23] YAMAGUCHI TAKAHIDE, HIROYUKI O, KEITA D, et al. Quantum oscillations of

the two-dimensional hole gas at atomically flat diamond surfaces[J]. Physical Review B Condensed Matter and Materials Physics, 2014:235304. 1 - 235304. 5.

[24] SASAMA Y, KOMATSU K, MORIYAMA S, et al. High-mobility diamond field effect transistor with a monocrystalline h-BN gate dielectric[J]. APL Materials, 2018, 6(11):111105. 1 - 111105. 8.

[25] SASAMA Y, KAGEURA T, IMURA M, et al. High-mobility p-channel wide bandgap transistors based on hydrogen-terminated diamond/hexagonal boron nitride heterostructures[J]. Nature Electronics, 2022, 5(1): 37 - 44.

[26] LI Y, ZHANG J, LIU G, et al. Mobility of two-dimensional hole gas in H-terminated diamond[J]. Physica Status Solidi (RRL)-Rapid Research Letters, 2018, 12(4): 1700401. 1 - 1700401. 5.

[27] TSUKIOKAK. Scattering mechanisms of carriers in natural diamond[J]. Japanese Journal of Applied Physics, 2001, 40(40): 3108 - 3113

[28] NAVA F, CANALI C, JACOBONI C, et al. Electron effective masses and lattice scattering in natural diamond [J]. Solid State Communications, 1980, 33(4): 475 - 477.

[29] TSUKIOKA K, VASILESKA D, FERRY D K. An ensemble Monte Carlo study of high-field transport in β - SiC [J]. Physica B, 1993, 185(1 - 4): 466 - 470.

[30] TSUKIOKA K. Scattering Mechanisms of carriers in natural diamond[J]. Japanese Journal of Applied Physics, 2001, 40(40): 3108 - 3113.

[31] PERNOT J, VOLPE P N, OMNÈS F, et al. Hall hole mobility in boron-doped homoepitaxial diamond[J]. Physical Review B, 2010, 81(20): 2498 - 2502.

[32] TSUKIOKA K, OKUSHI H. Hall mobility and scattering mechanism of holes in Boron-Doped homoepitaxial chemical vapor deposition diamond thin films[J]. Japanese Journal of Applied Physics, 2006, 45(45): 8571 - 8577.

[33] NEBEL C E, REZEK B, ZRENNERA. Electronic properties of the 2D-hole accumulation layer on hydrogen terminated diamond[J]. Diamond and Related Materials, 2004, 13(11 - 12): 2031 - 2036.

[34] NEBEL C E, REZEK B, SHIN D, et al. Surface electronic properties of H-terminated diamond in contact with adsorbates and electrolytes[J]. Physica Status Solidi A, 2006, 203 (13): 3273 - 3298.

[35] HIRAMA K, TSUGE K, SATO S, et al. High-performance p-channel diamond metal-oxide-semiconductor field-effect transistors on H-terminated (111) surface[J].

Applied Physics Express, 2010, 3(4): 044001.1 - 044001.3.

[36] DATTA R, CHAUDHURI S R, KUNDU S. Low-temperature mobility of a two-dimensional hole gas in GaAs-AlGaAs heterojunctions[J]. Physica Status Solidi B, 1993, 179(1): 77 - 82.

[37] GARRIDO J A, HEIMBECK T, STUTZMANN M. Temperature-dependent transport properties of hydrogen-induced diamond surface conductive channels[J]. Physical Review B, 2005, 71(24): 245310. 1 - 245310. 8.

[38] LIU F, CUI Y, QU M, et al. Effects of hydrogen atoms on surface conductivity of diamond film[J]. AIP Advances, 2015, 5(4): 041307.1 - 041307.6.

[39] DAVIESJ H. The physics of low-dimensional semiconductors: an introduction[M]. Cambridge, UK: Cambridge university press, 1998,10:44 - 45.

[40] ZHANG J Z, DYSON A, RIDLEY B K. Rapid hot-electron energy relaxation in lattice-matched InAlN/AlN/GaN heterostructures [J]. Applied Physics Letters, 2013, 102(6): 062104.1 - 062104.4.

[41] TAKEDA K, TAGUCHI A, SAKATA M. Valence-band parameters and hole mobility of Ge-Si alloys-theory[J]. Journal of Physics C Solid State Physics, 1983, 16(12): 2237 - 2249.

[42] HAMAGUCHIC. Basic semiconductor physics [M]. Verlag Berlin Heidelberg: Springer, 2010.

[43] FISCHETTI M V, REN Z, SOLOMON P M, et al. Six-band k. p calculation of the hole mobility in silicon inversion layers: Dependence on surface orientation, strain, and silicon thickness[J]. Journal of Applied Physics, 2003, 94(2): 1079 - 1095.

[44] ZHANG Y, FISCHETTI M V, SORÉE B, et al. Physical modeling of strain-dependent hole mobility in Ge p-channel inversion layers[J]. Journal of Applied Physics, 2009, 106(8): 083704.1 - 083704.7.

[45] PERNOTJ, TAVARES C, GHEERAERT E, et al. Hall electron mobility in diamond[J]. Applied Physics Letters, 2006, 89(12): 122111.1 - 122111.3.

[46] TSUKIOKA K. Energy distributions and scattering mechanisms of carriers in diamond [J]. Diamond and Related Materials, 2009, 18(5): 792 - 795.

[47] NEBEL C E, REZEK B, ZRENNER A. 2D-hole accumulation layer in hydrogen terminated diamond[J]. Physica Status Solidi A, 2004, 201(11): 2432 - 2438.

[48] WILLIAMS O A, JACKMAN R B. Surface conductivity on hydrogen terminated diamond[J]. Semiconductor Science & Technology, 2003, 18(3): S34 - S40.

[49] REZEK B, WATANABE H, NEBEL C E. High carrier mobility on hydrogen terminated <100> diamond surfaces[J]. Applied Physics Letters, 2006, 88(4): 042110.1-042110.3.

[50] ZANATO D, GOKDEN S, BALKAN N, et al. The effect of interface-roughness and dislocation scattering on low temperature mobility of 2D electron gas in GaN/AlGaN [J]. Semiconductor Science & Technology, 2004, 19(3): 427-432.

[51] YANG B, CHENG Y H, WANG Z G, et al. Interface roughness scattering in GaAs-AlGaAs modulation-doped heterostructures[J]. Applied Physics Letters, 1994, 65 (26): 3329-3331.

[52] CARDONA M, CHRISTENSEN N E. Deformation potentials of the direct gap of diamond[J]. Solid State Communications, 1986, 58(7): 421-424.

[53] KASU M, SATO H, HIRAMA K. Thermal stabilization of hole channel on H-terminated diamond surface by using atomic-layer-deposited Al_2O_3 overlayer and its electric properties[J]. Applied Physics Express, 2012, 5(2): 025701.1-025701.3.

[54] TORDJMAN M, SAGUY C, BOLKER A, et al. Superior surface transfer doping of diamond with MoO_3 [J]. Advanced Materials Interfaces, 2014, 1(3):1300155.1-1300155.6.

[55] DAICHO A, SAITO T, KURIHARA S, et al. High-reliability passivation of hydrogen-terminated diamond surface by atomic layer deposition of Al_2O_3[J]. Journal of Applied Physics, 2014, 115(22): 223711.1-223711.4.

[56] TSUKIOKA K. Scattering mechanisms of carriers in natural diamond[J]. Japanese Journal of Applied Physics, 2001, 40(40): 3108-3113.

[57] REGGIANI L, BOSI S, CANALI C, et al. On the lattice scattering and effective mass of holes in natural diamond [J]. Solid State Communications, 1979, 30(6): 333-335.

[58] NAVA F, CANALI C, ARTUSO M, et al. Transport properties of natural dfiamond used as nuclear particle detector for a wide temperatue range[J]. IEEE Transactions on Nuclear Science, 1979, 26(1): 308-315.

[59] REN Z, ZHANG J, ZHANG J, et al. Diamond field effect transistors with MoO_3 gate dielectric[J]. IEEE Electron Device Letters, 2017:786-789.

[60] VARDI A, TORDJMAN M, DEL ALAMO J A, et al. A diamond:H/MoO_3 MOSFET [J]. IEEE Electron Device Letters, 2014, 35(12):1320-1322.

[61] REN Z Y, ZHANG J F, ZHANG J C, et al. Polycrystalline diamond MOSFET with

MoO_3 gate dielectric and passivation layer[J]. IEEE Electron Device Letters, 2017, 38(9):1302-1304.

[62] BANAL R G, IMURA M, LIU J, et al. Structural properties and transfer characteristics of sputter deposition AlN and atomic layer deposition Al_2O_3 bilayer gate materials for H-terminated diamond field effect transistors[J]. Journal of Applied Physics, 2016, 120(11):115307.1-115307.7.

[63] CHENG S, SANG L, LIAO M, et al. Integration of high-dielectric constant Ta_2O_5 oxides on diamond for power devices[J]. Applied Physics Letters, 2012, 101(23):331-359.

[64] NISSAN-COHEN Y, SHAPPIRJ, FROHMAN-BENTCHKOWSKY D. Measurement of Fowler-Nordheim tunneling currents in MOS structures under charge trapping conditions [J]. Solid State Electronics, 1985, 28(7):717-720.

[65] CUI A, ZHANG J, REN Z, et al. Microwave power performance analysis of hydrogen terminated diamond MOSFET[J]. Diamond and Related Materials, 2021, 118(9):108538.

[66] IMANISHI S, HORIKAWA K, OI N, et al. 3.8 W/mm RF power density for ALD Al_2O_3-based two-dimensional hole gas diamond MOSFET operating at saturation velocity[J]. IEEE Electron Device Letters, 2018,40(2):279-282.

[67] WU Y F, MOORE M, SAXLER A, et al. 40-W/mm double field-plated GaN HEMTs [C]// Device Research Conference. IEEE Xplore, 2006:151-152.

[68] CAMARCHIA V, CAPPELLUTI F, GHIONE G, et al. RF power performance evaluation of surface channel diamond MESFETs[J]. Solid-State Electronics, 2011, 55(1):19-24.

[69] REN Z, HE Q, XU J, et al. Low on-resistance H-diamond MOSFETs with 300℃ ALD-Al_2O_3 gate dielectric[J]. IEEE Access, 2020:50465-50471.

[70] HAO Y, YANG L, et al. High-performance microwave gate-recessed AlGaN/AlN/GaN MOS-HEMT with 73% power-added efficiency[J]. Electron Device Letters IEEE, 2011,32(5):626-628.

[71] LI F N, LI Y, FAN D Y, et al. Barrier heights of Au, Pt, Pd, Ir, Cu on nitrogen terminated (100) diamond determined by X-ray photoelectron spectroscopy [J]. Applied Surface Science, 2018, 456:532-537.

[72] OFUONYE B, LEE J, YAN M, et al. Electrical and microstructural properties of thermally annealed Ni/Au and Ni/Pt/Au Schottky contacts on AlGaN/GaN heterostructures[J]. Semiconductor Science and Technology, 2014, 29(9):095005.

1-095005.10.

[73] 郝跃，张金风，张进成. 氮化物宽禁带半导体材料与电子器件[M]. 北京：科学出版社，2013.

[74] DONG S L, LIU Z, PALACIOS T. GaN high electron mobility transistors for sub-millimeter wave applications[J]. Japanese Journal of Applied Physice, 2014, 53(10): 100212.1-100212.16.

[75] PEI Y. Advanced GaN based transistors for mm-wave applications[J]. Dissertations & Theses-Gradworks, 2009.

[76] TIRELLI S, LUGANI L, MARTI D, et al. AlInN-Based HEMTs for large-signal operation at 40 GHz [J]. IEEE Transactions on Electron Devices, 2013, 60(10): 3091-3098.

[77] GUTIERREZ T. Optimization of the high frequency performance of nitride-based transistors[D]. University of California, Santa Barbara. 2006.

[78] ORTIZ-CONDE A, FERNANDES E G, LIOU J J, et al. Extraction of the threshold voltage of MOSFETs: an overview[C]. IEEE Electron Devices Meeting, 1997.

[79] HIRAMA K, SATO H, HARADA Y, et al. Diamond field-effect transistors with 1.3 A/mm drain current density by Al_2O_3 passivation Layer[J]. Japanese Journal of Applied Physics, 2012, 51(9): 090112.1-090112.5.

[80] WANG J J, HE Z Z, YU C, et al. Rapid deposition of polycrystalline diamond film by DC arc plasma jet technique and its RF MESFETs[J]. Diamond and Related Materials, 2014, 43: 43-48.

第 4 章

金刚石微波功率器件

半导体器件不断朝着高频率、大功率方向发展，传统的半导体材料如 Si、GaAs 已渐渐不能满足部分器件的需求。金刚石具有超宽的禁带宽度、超高的击穿电场、高的载流子迁移率和饱和漂移速度(特别是空穴迁移率比单晶 Si 和 GaAs 的高得多)、低的介电常数、极高的热导率、极强的抗辐射能力等特性，Johnson 优值(Figure Of Merit，FOM)和 Keyes 优值都很高(均高于 Si 和 GaAs 的十倍)[1-4]。特别是金刚石具有半导体材料中最高的热导率(22 W/(cm·K))，可克服现阶段功率电子器件的热效应，因此金刚石成为制备下一代高功率、高频、高温及低功率损耗电子器件的最有潜力的材料之一。

基于金刚石材料的优异特性，研究人员对金刚石微波功率器件寄予厚望。国外研究人员曾提出金刚石微波功率器件应达到的性能包括功率密度大于 30 W/mm，工作频率达到 200 GHz，可工作于高温环境和其他恶劣环境，真正实现由固态电子器件取代大功率电子真空管。尽管如此，实际发展中金刚石微波功率器件的进展却很缓慢，很多艰巨的问题还有待研究人员解决，真正达到实用阶段还有较长的路要走。

目前研究的 p 沟道金刚石微波功率器件的主要器件结构如图 4-1 所示[4]，主要包括氢终端表面沟道 FET 和 δ 掺杂沟道 FET[5]。最大电流密度、击穿电压等决定器件性能的参数与器件结构和几何尺寸紧密相关。在钝化和未钝化的 FET 器件中，如果栅下的高场区不能从表面移开，表面击穿会对器件性能产生关键性的影响。在钝化的器件中，表面钝化层的击穿场强应当比金刚石的高或

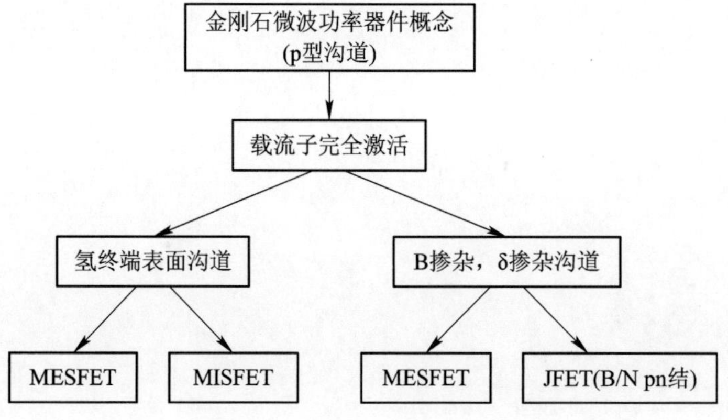

图 4-1　p 沟道金刚石微波功率器件的主要器件结构[4]

和金刚石的可比拟[6]。在沟道中，必须避免深的陷阱中心，因为这些陷阱中心充放电会导致器件性能不稳定。

金刚石δ掺杂材料的制备难度非常大，从公开报道看，相应的FET器件研究一直没有获得较好的器件性能。氢终端表面沟道FET的研究则促进了金刚石电子器件的快速发展。2006年，K. Ueda等人在多晶金刚石上制作栅长0.1 μm的FET器件，最大电流密度为550 mA/mm，f_T达到38 GHz，f_{max}达到120 GHz[7]（目前报道的最高值）。2007年，K. Hirama等人在多晶衬底上制作了栅长为0.25 μm的金刚石MISFET器件，该器件在1 GHz下的输出功率密度可达2.14 W/mm[8]。2018年，日本早稻田大学报道金刚石MISFET在1 GHz下的输出功率密度达到3.8 W/mm[9]。2016年，美国陆军实验室研发的金刚石FET在2 GHz下的输出功率密度达到0.66 W/mm[10]。由于目前金刚石微波功率器件较好的研究结果大部分是基于氢终端金刚石实现的，因此本章内容主要是介绍氢终端金刚石微波功率FET。

4.1 金刚石微波功率器件常用结构

1994年，日本早稻田大学的H. Kawarada等人第一次报道了基于氢终端金刚石的FET器件[11]。此后，基于氢终端表面的金刚石电子器件进入了快速发展阶段。目前金刚石微波功率器件通常有两种器件结构，主要是器件的栅结构不同。第一种结构是MESFET，栅金属直接沉积在氢终端金刚石表面[11-12]；第二种结构是MISFET，在氢终端金刚石表面和栅金属之间引入了一层薄的绝缘介质[13-15]。

4.1.1 金刚石MESFET器件结构

金刚石MESFET器件结构示意图如图4-2所示。首先将金属沉积在氢终端金刚石样品表面，形成源/漏欧姆接触电极；其次将用作栅电极的金属沉积在源漏之间的金刚石表面，与金刚石形成肖特基栅接触。该器件的工作原理是在V_{DS}作用下令2DHG在沟道中传输，形成从源极流向漏极的电流I_{DS}；再在栅极加电压V_{GS}来调控2DHG的密度，进而调控源漏电流。

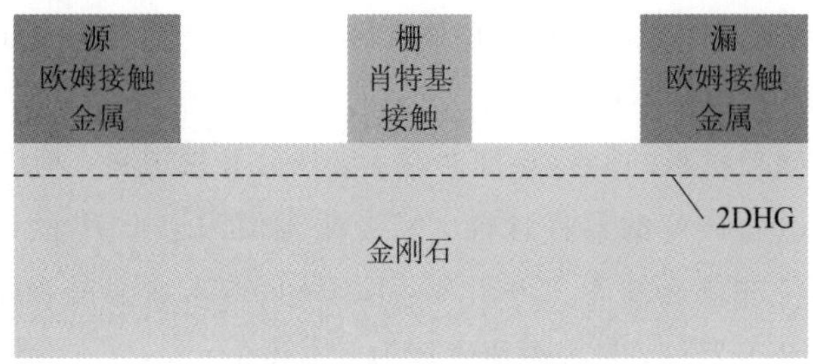

图 4-2 金刚石 MESFET 器件结构示意图

由于氢终端的钝化作用，氢终端金刚石的表面态较少，金属和金刚石的接触势垒主要依赖于金属的电负性。高电负性金属(如 Au 等)与氢终端金刚石接触，可形成欧姆接触；低电负性金属(如 Al、Ti 等)与氢终端金刚石接触，可形成肖特基接触。因为氢终端金刚石导电层位于衬底表面而且很薄，在栅压为 0 V 时，栅的耗尽作用有可能把沟道耗尽(关断)，形成常关型(增强型)器件。如果栅压为 0 V 时，沟道仍然是导通的，则器件为常开型(耗尽型)。H. Kawarada 等人在氢终端金刚石表面上用不同电负性金属(Al、Pb、Ni 和 Cu)制作栅长为 5 μm 的 MESFET 器件，发现 Al 和 Pb 作为栅金属形成增强型 MESFET 器件，Ni 和 Cu 作为栅金属则形成耗尽型 MESFET 器件，可以通过肖特基接触金属的选择来控制金刚石 MESFET 器件的阈值电压 V_{TH}[16]。

4.1.2 金刚石 MISFET 器件结构

金刚石 MISFET 器件结构示意图如图 4-3 所示，当栅介质为氧化物时，器件也叫作金属-氧化物-半导体场效应管(MOSFET)。该器件结构是目前金刚石微波功率器件的主流结构。栅介质一般选用一种或几种高 K(即高介电常数)介质，包括 Al_2O_3[17-18]、HfO_2[19]、GaF_2[20]、MoO_3[21-23]、V_2O_5[24]、Y_2O_3[18]、$LaAlO_3$[25]和 ZrO_2[26] 等。栅介质制备一般采用原子层沉积(Atomic Layer Deposition，ALD，用于制备 Al_2O_3 等)、热蒸发(用于制备 MoO_3 和 V_2O_5 等)、自氧化(用于制备 Al_2O_3 和 Y_2O_3 等)等技术。磁控溅射和等离子体增强化学气相沉积(Plasma Enhanced Chemical Vapor Deposition，PECVD)等技术不能直接在氢终端表面沉积介质，主要是由于其较强的能量会造成氢终端表面的损伤，损害器件的性能。

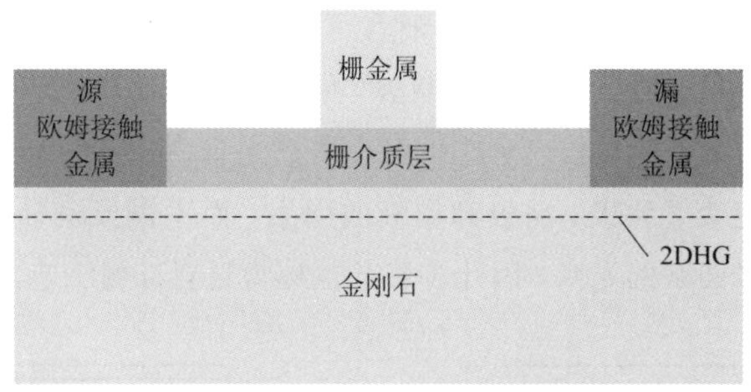

图 4－3　金刚石 MISFET 器件结构示意图

与金刚石 MESFET 器件结构相比，金刚石 MISFET 器件结构得到了更广泛的研究。这主要是因为制备栅介质层时，通常让栅介质层覆盖整个氢终端表面沟道，这样栅介质层就同时起到了钝化层的作用，大大提升了氢终端金刚石微波功率器件的稳定性。

4.2　金刚石微波功率器件的制备工艺流程

4.2.1　金掩膜工艺

氢终端金刚石表面的 2DHG 对环境气氛、温度、pH 值等非常敏感，因此在氢终端金刚石上采用器件工艺(包括光刻胶旋涂、烘胶、去胶、扫胶等)会严重地影响器件性能。为了有效保护氢终端金刚石的表面，通常采用金掩膜工艺，也就是在氢终端金刚石表面沉积一层金薄膜以保护氢终端金刚石。采用金掩膜工艺制备金刚石 FET 器件的工艺流程如图 4－4 所示。首先在氢终端金刚石表面沉积金膜，随后光刻出器件隔离区，用 KI/I_2溶液腐蚀掉隔离区的金膜，再用氧等离子体刻蚀将导电的氢终端表面转变为高阻的氧终端表面。这样氢终端表面只留下保护在金薄膜之下的有源区部分，在后续工艺中有源区的金薄膜可以继续保护氢终端表面。然后通过电子束直写工艺在光刻胶上定义出栅窗口，利用光刻胶作掩蔽层，再次使用 KI/I_2溶液腐蚀栅窗口内暴露出来的金膜。由于湿法腐蚀沿着各个方向同时发生，因此在垂直向下腐蚀金膜的过程中，也会发生金膜的横向腐蚀。最后蒸发栅介质和栅金属，剥离形成栅。金在氢终端表面会形成欧姆接触，对 FET 器件而言可用作源极和漏极，栅窗口下方金膜被腐蚀掉会形成彼此分开的源极和漏极，同时由于金膜的横向腐蚀，使源漏间距大于栅极长度。这样用一步栅光刻(带金膜腐蚀)的工艺就同时定义了源极、漏极和栅极的图案，而不需要额外再做一步定义栅极图案的光刻，因此该工艺也称为自对准栅工艺。

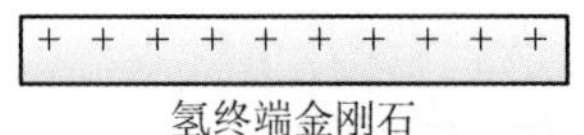

(a) 制备导电的氢终端金刚石表面

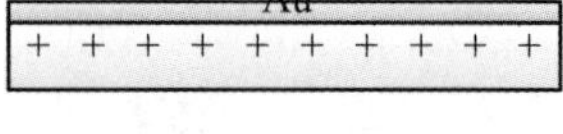

(b) 氢终端金刚石表面沉积金膜

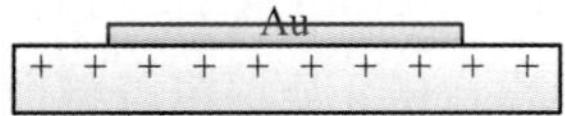

(c) 光刻出器件隔离区，腐蚀掉隔离区的金膜，并用氧等离子体刻蚀将氢终端表面转变为高阻的氧终端表面

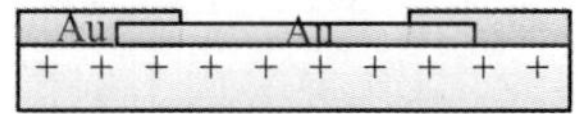

(d) 键合点金属沉积

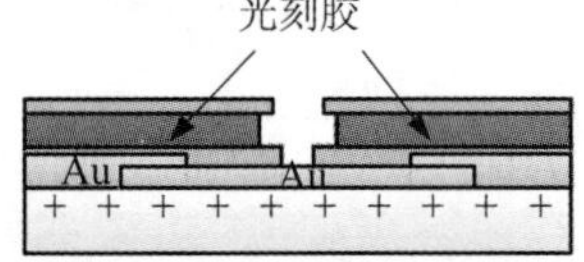

(e) 电子束直写，光刻出栅窗口

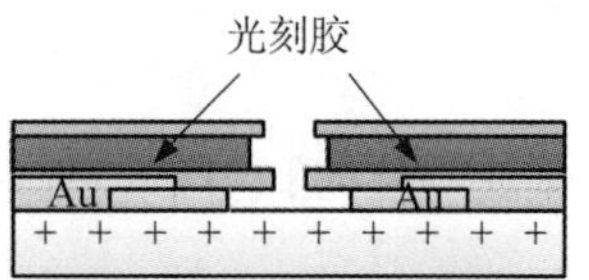

(f) 用湿法腐蚀栅窗口下的金膜，形成自对准源漏电极之间的器件表面

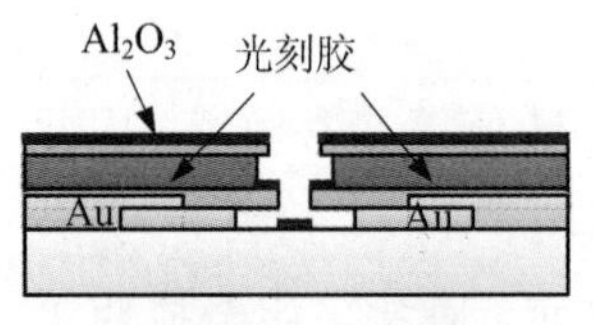

(g) 沉积Al_2O_3栅介质

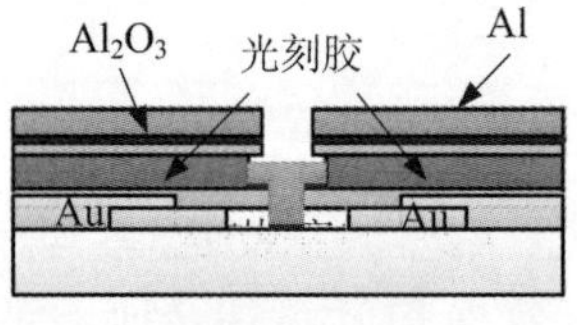

(h) 沉积栅金属铝

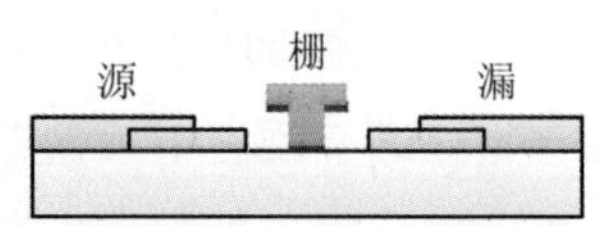

(i) 剥离光刻胶，器件制备完成

图 4-4　采用金掩膜工艺制备金刚石 FET 器件的工艺流程

从上述工艺流程可以看出，源漏间距是通过湿法腐蚀获得的，即通过控制湿法腐蚀时间、KI/I_2溶液配比等控制源漏间距。金掩膜工艺可以通过控制腐蚀时间获得非常小的源漏间距，以此来降低寄生电阻。但同时该工艺也存在一些问题。首先，湿法腐蚀控制源漏间距会造成工艺可控性和一致性较差，源漏间距的精准控制较困难。其次，可能存在金膜无法被完全去除的情况，会有少量金颗粒残留在氢终端金刚石样品表面，影响器件性能。还有一个问题，也是该工艺面临的最大难题，就是湿法腐蚀形成的源漏电极边缘通常不平滑，会有

少量毛刺；大功率工作时器件需工作在高漏压下，这些不平滑区域就容易引起器件提前击穿，造成器件失效；而且金和氢终端金刚石之间粘附性差，二者之间一旦击穿，容易导致电极局部或整体脱落。因此，研究人员进一步改进了氢终端金刚石微波功率器件的制备工艺，即后制备氢终端工艺。

4.2.2　后制备氢终端工艺

2009 年，日本早稻田大学对氢终端金刚石 FET 开发了后制备氢终端的器件工艺流程(图 4－5)[27]。首先在金刚石表面形成氧终端，在氧终端金刚石表面蒸发 Ti/Pt/Au 并在氢气气氛下退火，在 Ti 和金刚石界面处形成 TiC 合金。然后在样品表面制作栅电极，将样品在 400℃用远程等离子体生成的氢基团辐照，形成氢终端。用后制备氢终端工

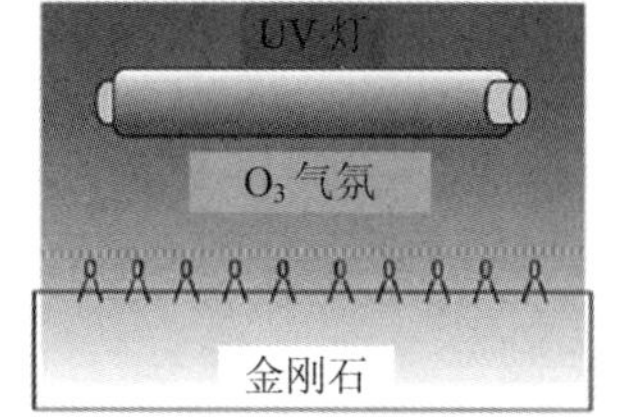

(a) 臭氧处理使金刚石样品表面氧化

(b) 蒸发Au/Pt/Ti

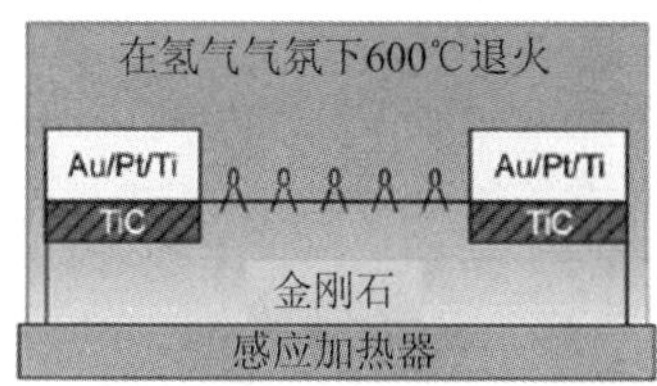

(c) 在氢气气氛下退火，形成TiC合金欧姆接触

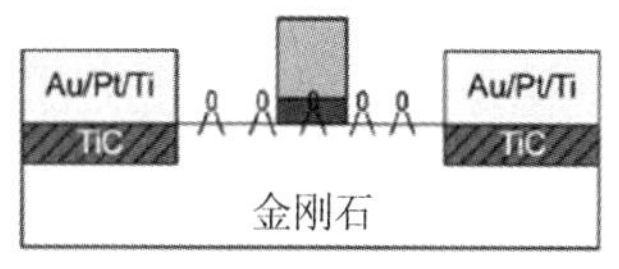

(d) 制作栅

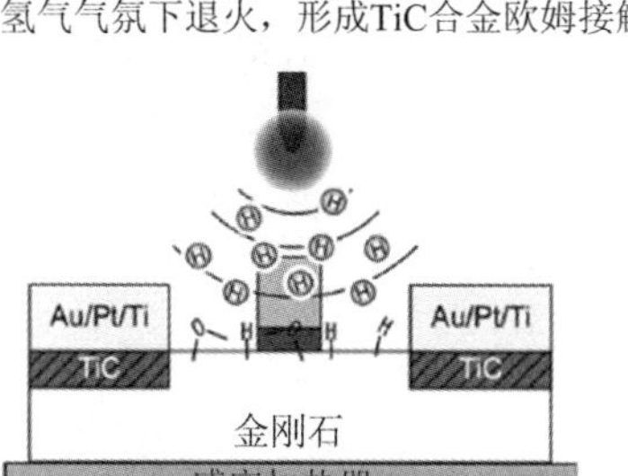

(e) 氢基团辐照，形成氢终端表面

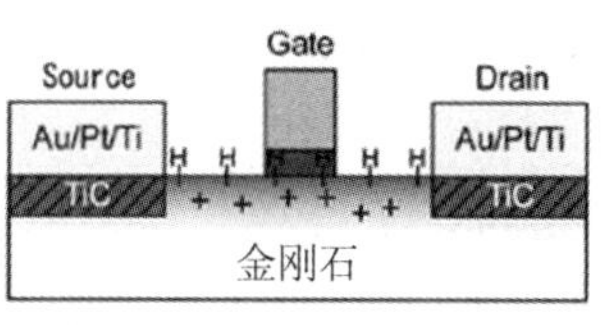

(f) 金刚石FET器件结构制备完成

图 4－5　采用后制备氢终端工艺制备金刚石 FET 器件的工艺流程[27]

艺制备的氢终端金刚石外延薄膜方阻可达 7.5 kΩ/sq，载流子浓度在 5×10^{12}～3×10^{13} cm^{-2}之间。用该工艺制备的金刚石器件表现出了良好的欧姆接触特性和电学特性，比接触电阻率达到 2×10^{-7}～7×10^{-7} $\Omega\cdot cm^2$。

2018 年，日本早稻田大学进一步改进了上述工艺[9]。首先在金刚石表面形成氧终端，在氧终端金刚石表面蒸发 Ti/Pt/Au 并进行退火，在 Ti 和金刚石界面处形成 TiC 合金。然后利用远程等离子体处理样品表面形成氢终端，再进行器件隔离。器件隔离后用高温 ALD 工艺在样品表面沉积 Al_2O_3 薄膜作为栅介质和钝化层，再用电子束光刻定义栅图案，蒸发 Al 金属并剥离，形成栅极。利用该工艺制备的金刚石 FET 器件(图 4-6)的直流和射频特性都很好，器件在 1 GHz 下的输出功率密度达到 3.8 W/mm，是目前国际公开报道过的氢终端金刚石微波功率器件的最高功率密度。该工艺流程和金掩膜工艺相比，器件尺寸可控性和均匀性更好，同时避免了金掩膜工艺的湿法腐蚀造成的电极边缘尖端放电现象，欧姆接触电阻通过合金工艺进一步降低，综合来看更适合于制作微波功率器件。

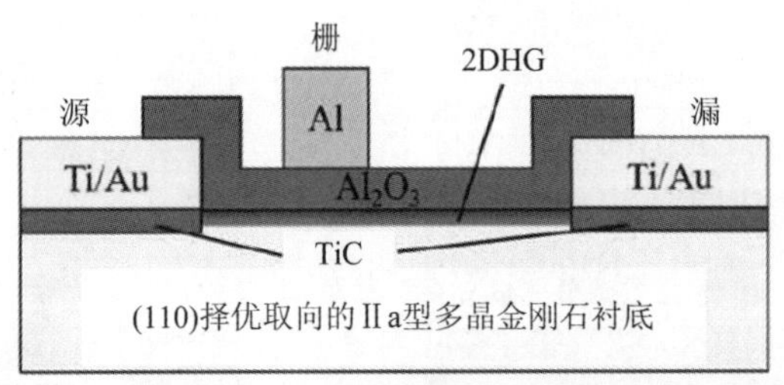

(a) 剖面图

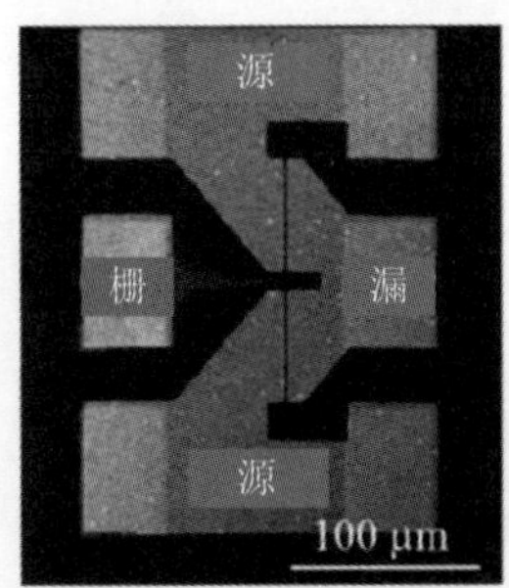

(b) 器件全貌俯视图

(c) 器件局部的扫描电镜(Scanning Electron Microscope，SEM)照片

图 4-6　2018 年日本早稻田大学制备的金刚石 FET 器件结构示意图[9]

4.3　金刚石微波功率器件的电极接触

4.3.1　欧姆接触

在晶体管器件中，欧姆接触是器件的重要组成部分。对于欧姆接触电极，电流可以双向通过，无正反向的区别。高性能的欧姆接触电阻很小，落在欧姆接触电阻上的电压可忽略不计。金刚石器件的性能在很大程度上受到欧姆接触问题的影响。如何减小金刚石器件的欧姆接触电阻，降低比接触电阻率 ρ_C，是金刚石器件研究中一个重要的问题。

4.1.1 节中已提到，金属和氢终端金刚石的接触势垒主要依赖于金属的电负性，高电负性金属（如 Au 等）与氢终端金刚石接触，可形成欧姆接触。欧姆接触电阻通常可以由 TLM 结构测试并计算得到。典型的 TLM 结构示意图如图 4-7 所示，在一个独立的方阻均一的矩形区域上排列一系列相同的接触电极，且电极之间的距离不同，假设电极的距离为 L_1，L_2，L_3，L_4，L_5，…，相邻电极之间测量的电阻与距离之间的关系如图 4-8 所示，则总电阻 R 为

$$R=2R_C+\frac{LR_{sh}}{W} \tag{4-1}$$

式中，L 表示 TLM 结构中两个电极的间距，W 表示金属电极的宽度，R_{sh} 表示材料的方阻，R_C 为接触电阻。比接触电阻率 ρ_C 的单位是 $\Omega \cdot m^2$，典型的比接触电阻率值为 10^{-3} 到 10^{-8} $\Omega \cdot cm^2$，其与 R_C 的关系为

$$R_C=\frac{\rho_C}{L_T W} \tag{4-2}$$

式中，L_T 为传输长度，即载流子流入接触电极之前在接触电极下方的半导体中经过的长度。

从图 4-8 中可以提取出 R_{sh}、R_C、L_T 和 ρ_C 的值，即由拟合曲线与横坐标轴的截距可求出传输长度 L_T，由纵坐标截距可求出接触电阻 R_C，由拟合曲线的斜率可求出 R_{sh}。

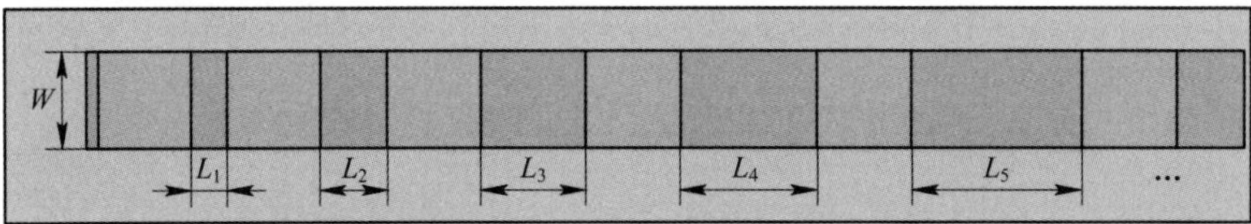

图 4-7 TLM 结构示意图

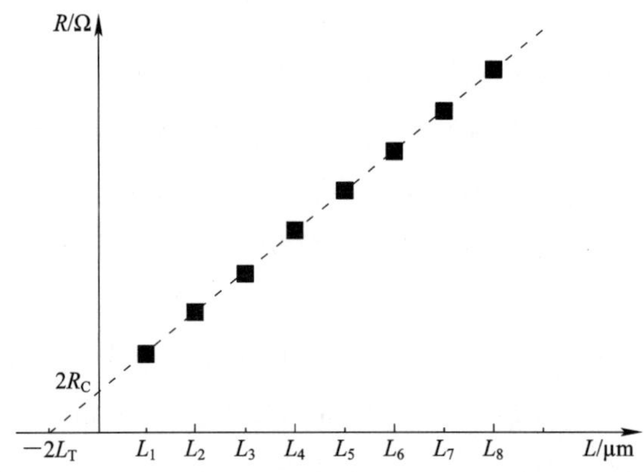

图 4-8 TLM 测试结果与计算方法原理图

氢终端金刚石最常用的欧姆接触金属为金，其功函数为 5.1 eV。如表 4-1 所示，氢终端上金属 Au 欧姆接触的比接触电阻率一般为 $10^{-5}\ \Omega\cdot cm^2$ 量级，其他高功函数金属如 Pd、Pt 等也可以在氢终端金刚石上形成欧姆接触。2020 年，K. Xing 等人报道 Pd 与金刚石在 4～300 K 温度区间内都可形成欧姆接触，比接触电阻率在 $8.4\times10^{-4}\sim1.3\times10^{-3}\ \Omega\cdot cm^2$ 之间；研究发现 Pd 和金刚石之间接触势垒高度为(−0.27±0.14)eV，这可能是从 4 K 到室温金刚石和 Pd 之间都能形成良好欧姆接触的原因[28]。

表 4-1 金刚石与金属的欧姆接触电阻数据

金属	功函数/eV	比接触电阻率 ρ_C（$\times10^{-5}$）/$\Omega\cdot cm^2$	参考文献
Au	5.1	1～5	[29-31]
Pd	5.12	0.18	[32]
Pt	5.65	56.5	[33]
Ir	5.27	23	[34]
W	4.55	82	[35]

研究人员通过离子注入、合金等方法，降低氢终端金刚石 FET 的欧姆接触电阻。1999 年，G. Civrac 等人报道在金刚石单晶中离子注入 B(浓度 3×10^{20} cm^{-2})之后再用 Ti/Pt/Au 作欧姆接触，比接触电阻率达到 2×10^{-6} $\Omega\cdot cm^2$[36]。2010 年 Y. Jingu 等人报道，在氢终端金刚石表面蒸发 Ti，在 600℃合金形成 TiC，显著降低了接触电阻，比接触电阻率为 1×10^{-7}～7×10^{-7} $\Omega\cdot cm^2$(图 4－9)；与 Au 欧姆接触相比，比接触电阻率降低 1～2 个数量级[27]。金刚石上欧姆接触的比接触电阻率比其他半导体(如 Si、GaAs、InP、GaN 等)的高 1～2 个数量级，进一步降低欧姆接触电阻，可明显地提升金刚石晶体管的性能。

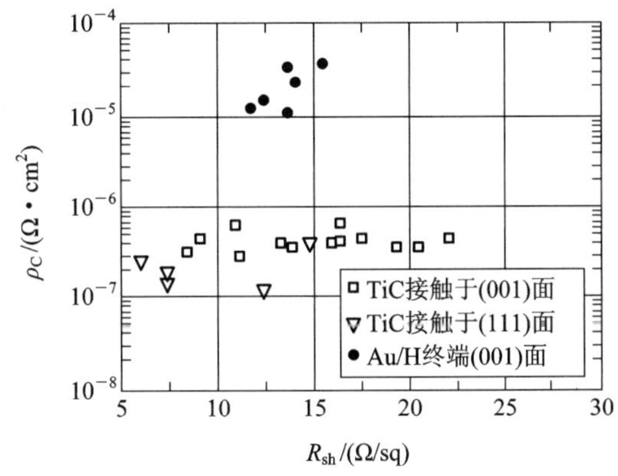

图 4－9　TiC 与氢终端金刚石比接触电阻率与 Au/氢终端金刚石比接触电阻率对比[27]

4.3.2　肖特基接触

在肖特基接触电极上，理想情况下电流只能单向通过，有正反向的区别，正向导通，反向截止。氢终端金刚石上需要用低功函数(低电负性)的金属形成肖特基接触。

1996 年，H. Kawarada 通过 $I-V$ 特性研究了几种金属与(001)面氢终端金刚石形成的肖特基接触的特性[16](表 4－2)。整流比为正向和反向电压为＋1 V 和－1 V 的电流之比。表中所列金属与氢终端金刚石都表现出较好的肖特基接触特性，金属电负性增加，肖特基势垒高度和整流比降低。高电负性金属(如 Pt、Au、Pd 和 Ag 等)与氢终端金刚石通常形成欧姆接触，这是因为它们与氢终端金刚石间的肖特基势垒高度小于 0.3 eV。与之对比，氧终端金刚石的表面则难

以形成欧姆接触。通过改变金属的电负性可以实现金属与氢终端金刚石之间从整流接触到欧姆接触的特性控制。目前金刚石 MESFET 器件中最常用到的肖特基接触金属是 Al。

表 4-2 不同金属的电负性，与(001)面氢终端金刚石形成肖特基接触的理想因子，肖特基势垒高度及整流比[16]

金属	电负性 X	理想因子 n	肖特基势垒高度/eV	整流比
Mg	1.2	1.4	0.94	10^8
Zn	1.5	1.2	0.92	10^7
Al	1.5	1.3	0.85	10^7
Ta	1.5	1.4	0.80	10^6
In	1.7	1.4	0.81	10^6
Pb	1.7	1.1	0.80	10^6
Ni	1.8	1.2	0.58	10^4
Fe	1.8	1.6	0.54	10^3

肖特基接触的理想因子是表征肖特基接触好坏的重要参量。(001)面氢终端金刚石的肖特基接触的理想因子(通常大于 2)明显优于氧终端表面或无终端表面金刚石的情况，这和(001)面氢终端表面发生 2×1 重构紧密相关。同时，表面的平整度也会极大地影响金刚石肖特基接触的理想因子。

4.4 金刚石微波功率器件性能测试分析

4.4.1 直流特性

1. 氢终端金刚石晶体管的饱和电流

A 类放大情况下，微波功率器件的输出功率密度 P_{out} 可以通过直流特性参量来估计(图 4-10)：

$$P_{out}=\frac{I_{max}(V_B-V_{knee})}{8} \tag{4-3}$$

由此可知，输出功率密度 P_{out} 受到最大漏极饱和电流 I_{max}、击穿电压 V_B、膝点电压 V_{knee} 等参量的影响。晶体管的电流密度和跨导受到栅长、载流子迁移率、载流子浓度、载流子饱和漂移速度、寄生电阻、栅电容等诸多因素的影响。

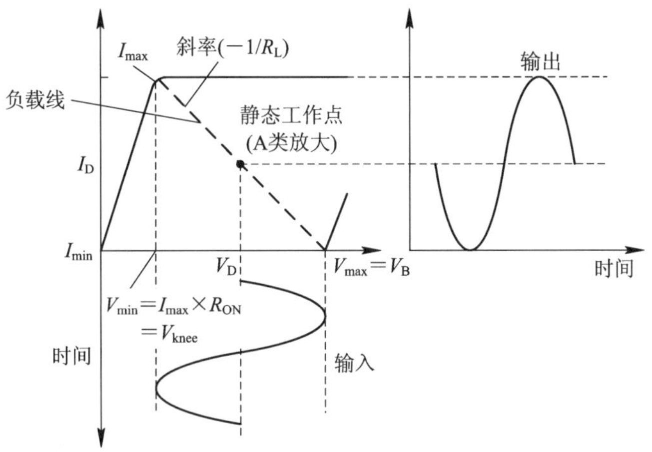

图 4-10　器件射频输出功率和直流特性之间的关系

金刚石 FET 典型的输出和转移特性曲线如图 4-11 所示，呈 p 型沟道导电特性。金刚石 FET 的最大电流密度一般为数百 mA/mm，跨导通常为几十到几百 mS/mm(表 4-3)。

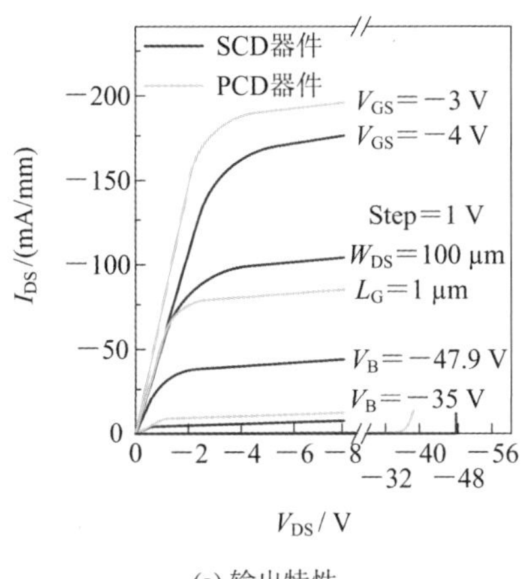

(a) 输出特性

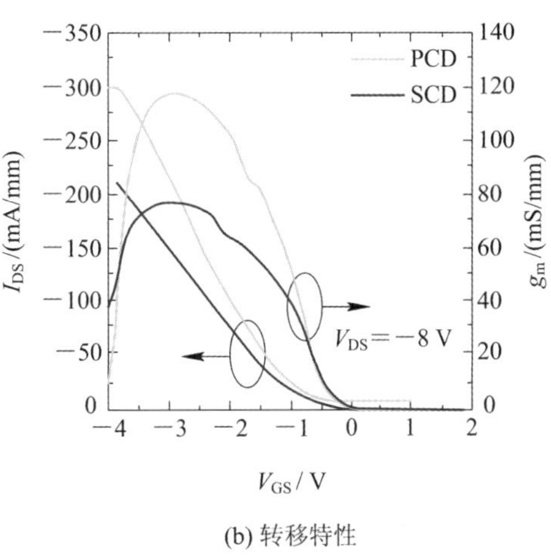

(b) 转移特性

图 4-11　单晶金刚石(SCD)和多晶金刚石(PCD)FET 典型的输出和转移特性曲线[37]

表 4-3 金刚石 FET 的电流密度与跨导的报道数据

金刚石 FET 结构	金刚石衬底	栅长 /μm	栅源间距 /μm	栅漏间距 /μm	电流密度 /(A/mm)	跨导 /(mS/mm)	击穿电压 /V	数据来源
MESFET	单晶	0.1	—	—	0.34	—	—	[38]
MESFET	多晶	0.1	0.5	0.5	0.55	143	—	[7]
MISFET	单晶	0.1	0.125	0.125	0.585	206	22	[39]
MISFET	多晶	0.25	～0.5	～0.5	0.79	—	—	[8]
MISFET	多晶	0.4	0.8	0.8	0.466	58	53	[40]
MISFET	多晶	0.4	1	1	1.35	135	—	[17]
MISFET	多晶	0.5	0.5	2	0.73	15	＞100	[9]
MESFET	单晶	1	0.5	0.5	0.175	76.8	47.9	[37]
MISFET	多晶	2	2	2	0.205	22	＞100	[41]

2012 年 K. Hirama 等人报道，在Ⅱa 型多晶金刚石上通过 NO_2 处理和 Al_2O_3 钝化(150℃制备)，栅长为 400 nm(栅源间距、栅漏间距均为约 1 μm)的金刚石 FET 的最大电流密度达到 1.35 A/mm [17](图 4-12(a))，这是目前报道过的金刚石 FET 电流密度最高值。如图 4-12(b)所示，对比 NO_2 处理和 Al_2O_3 钝化制作的金刚石 FET 和没有经过该方法制作的金刚石 FET，研究者认为这种大电流特性主要是因为 NO_2 处理和 Al_2O_3 钝化降低了金刚石晶体管的寄生电阻。

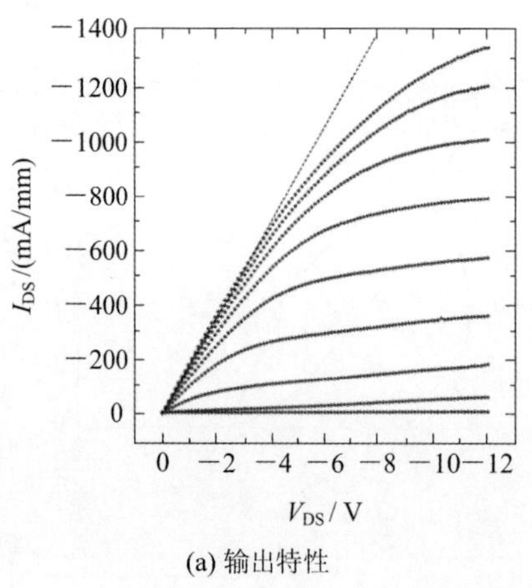

(a) 输出特性

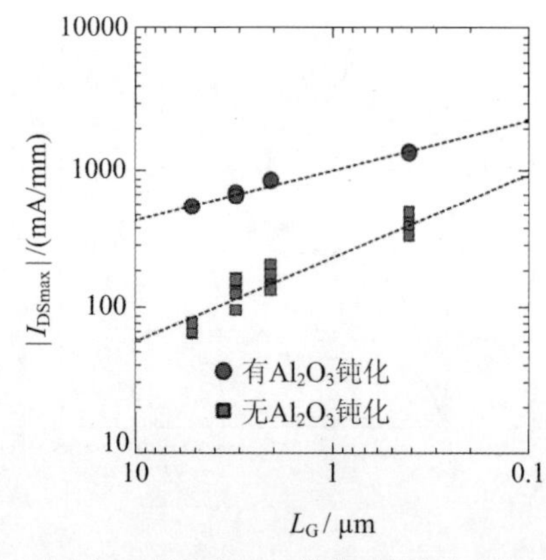

(b) 有/无NO_2处理和Al_2O_3钝化时最大电流绝对值随栅长的变化情况

图 4-12 NO_2 处理和 Al_2O_3 钝化后的金刚石晶体管直流特性[17]

2. 氢终端金刚石晶体管的击穿电压

击穿电压对金刚石晶体管的输出功率密度至关重要，表 4－3 中给出了部分文献中报道的金刚石晶体管的击穿电压。击穿电压会受到栅漏间距、栅长、栅介质厚度、器件钝化及场板结构等器件结构的影响。采用金掩膜工艺，源漏电极边缘是湿法腐蚀形成的，会导致源漏边缘存在很多突起，严重影响器件的击穿电压。H. Kawarada 等人采用退火方式形成欧姆接触，源漏边缘光滑度得到改善，器件击穿电压得到显著提升。图 4－13 是 H. Kawarada 等人给出的 Al_2O_3 介质钝化的金刚石 MISFET 器件的击穿电压随栅漏间距的变化关系(未加场板)，可以看到器件的击穿电压与栅漏间距基本满足 1 MV/cm 关系曲线；栅漏间距较小(≤4 μm)的器件，其击穿电压与栅漏间距的比值可达到 2 MV/cm[42]。但是，这仍然小于金刚石的理论击穿场强 10 MV/cm，可能是受到介质内电场集中、金刚石与介质之间界面态和衬底内缺陷密度高等因素的影响。

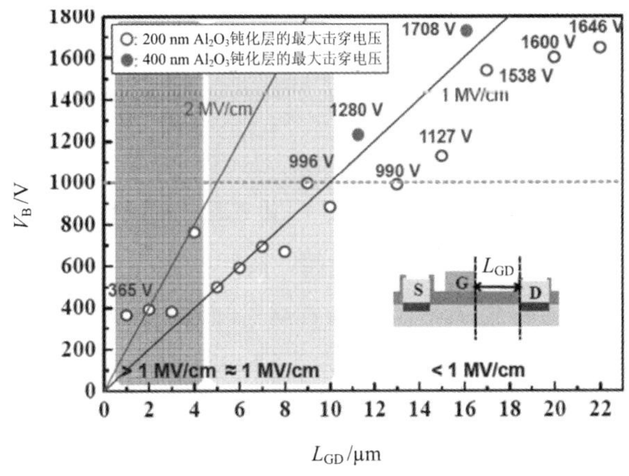

图 4－13　Al_2O_3 介质钝化的金刚石 MISFET 器件的击穿电压随栅漏间距的变化关系[42]

4.4.2　频率特性

1. 金刚石晶体管 *S* 参数

在微波射频领域，*S* 参数(Scattering Parameter)应用广泛，经常用于分析器件的射频特性。对于一个微波二端口网络(图 4－14)，可用 4 个 *S* 参数来描述其特性。

图 4-14 中：DUT 表示被测器件，a_1表示输入端口(即端口 1)的入射波，b_1表示输入端口的反射波，a_2表示输出端口(即端口 2)的入射波，b_2表示输出端口的反射波。S_{11}是在端口 2 匹配情况下端口 1 的反射系数，S_{22}是在端口 1 匹配情况下端口 2 的反射系数，S_{12}是在端口 1 匹配情况下的反向传输系数，S_{21}是在端口 2 匹配情况下的正向传输系数，即

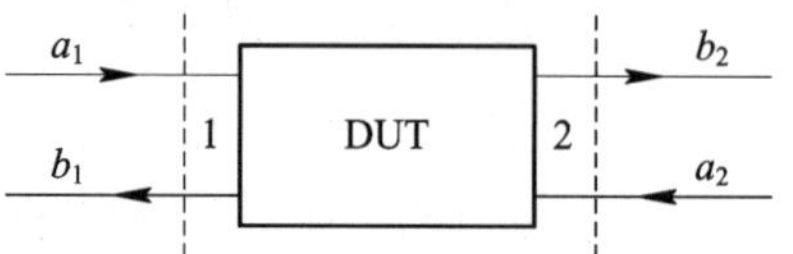

图 4-14　微波二端口网络示意图

$$S_{11}=\frac{b_1}{a_1},\ a_2=0 \tag{4-4}$$

$$S_{12}=\frac{b_1}{a_2},\ a_1=0 \tag{4-5}$$

$$S_{21}=\frac{b_2}{a_1},\ a_2=0 \tag{4-6}$$

$$S_{22}=\frac{b_2}{a_2},\ a_1=0 \tag{4-7}$$

上述 S 参数可通过矢网分析仪测试得出。用 S 参数可推出器件的频率特性，即电流增益截止频率 f_T和最大振荡频率 f_{max}。f_T是晶体管中电流增益随频率上升而下降到 1 时对应的频率，f_{max}是晶体管中功率增益随频率上升而下降到 1 时对应的频率。图 4-15 所示为测试系统框图，包括探针平台、矢量网络分析仪、探针、被测器件(DUT)、直流供电系统(偏置网络和直流供电仪器)等。

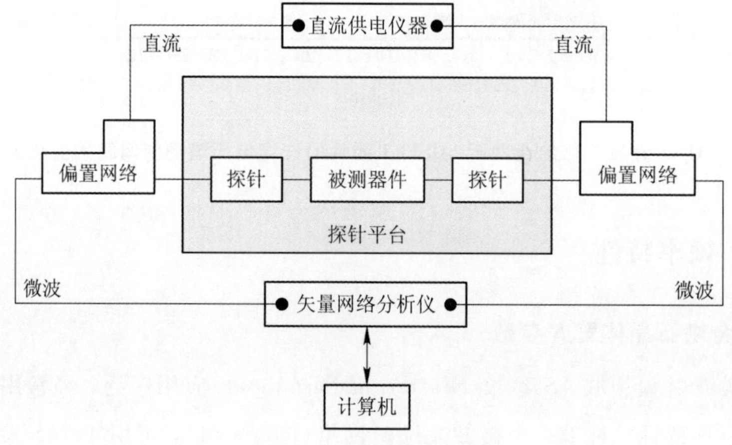

图 4-15　测试系统框图

器件的最大稳定增益可表示为

$$\mathrm{MSG}(f)=\left|\frac{S_{21}}{S_{12}}\right| \tag{4-8}$$

最大可用增益定义为

$$\mathrm{MAG}(f)=\left|\frac{S_{21}}{S_{12}}\right|\cdot\left(k\pm\sqrt{k^2-1}\right) \tag{4-9}$$

式中，k 为稳定因子，其表达式为

$$k=\frac{1-|S_{11}|^2-|S_{22}|^2+|S_{11}\cdot S_{22}-S_{12}\cdot S_{21}|^2}{2|S_{12}|\cdot|S_{21}|} \tag{4-10}$$

单向功率增益定义为

$$U(f)=\frac{\left|\frac{S_{21}}{S_{12}}-1\right|^2}{2\cdot k\cdot\left|\frac{S_{21}}{S_{12}}\right|-2\cdot \mathrm{Re}\left(\frac{S_{21}}{S_{12}}\right)} \tag{4-11}$$

f_{max}可表示为

$$f_{max}=f(U=0) \tag{4-12}$$

或

$$f_{max}=f\left(\frac{\mathrm{MAG}}{\mathrm{MSG}}=0\right) \tag{4-13}$$

电流增益即输出电流与输入电流的比值，在 h 参数中用h_{21}计算。h_{21}以 S 参数计算的公式为

$$h_{21}=\frac{-2S_{21}}{(1-S_{11})(1+S_{22})S_{12}S_{21}} \tag{4-14}$$

则 f_T可表示为

$$f_T=f(h_{21}=0) \tag{4-15}$$

当 h_{21}为 0 dB 时所对应的频率值是 f_T。$|h_{21}|^2$以−20 dB 每十倍频程的速率下降，如果在测试频率内 h_{21}没有下降到 0 dB，则可以根据其下降趋势推得 f_T。

MAG 通常以 dB 的形式给出：

$$\mathrm{MAG[dB]}=10\lg(\mathrm{MAG}) \tag{4-16}$$

如采用公式(4-13)定义 f_{max}，则 f_{max}为 MAG 为 0 dB 时所对应的频率值。MAG 在稳定因子 k 小于 1 时是以−10 dB 每十倍频程的速率下降，在 k 大于 1

时是以−20 dB每十倍频程的速率下降，在 k 等于1时有明显的拐点。如果在测试频率内MAG没有下降到0 dB，则可以根据其下降趋势推得 f_{max}。

2. 金刚石晶体管的小信号模型

基于测试的 S 参数建立金刚石晶体管的小信号模型，可获得器件的等效模型参数(寄生参量和本征参量)、器件的本征频率特性等。

晶体管的本征电流增益截止频率 $f_{T\text{-}int}$ 和本征最大振荡频率 $f_{max\text{-}int}$ 可分别表示为

$$f_{T\text{-}int}=\frac{g_m}{2\pi(C_{gs}+C_{gd})} \tag{4-17}$$

$$f_{max\text{-}int}=\frac{g_m}{4\pi C_{gs}}\times\frac{1}{\sqrt{g_{ds}R_i}} \tag{4-18}$$

晶体管的实测电流增益截止频率 $f_{T\text{-}ext}$ 和最大振荡频率 $f_{max\text{-}ext}$ 可分别表示为

$$f_{T\text{-}ext}=\frac{g_m}{2\pi(C_{gs}+C_{gd})}\frac{1}{1+g_{ds}(R_s+R_d)+\dfrac{C_{gd}g_m(R_s+R_d)}{C_{gs}+C_{gd}}} \tag{4-19}$$

$$f_{max\text{-}ext}=\frac{g_m}{4\pi C_{gs}}\times\frac{1}{\sqrt{g_{ds}(R_i+R_s+R_G)+g_m R_G\dfrac{C_{gd}}{C_{gs}}}} \tag{4-20}$$

其中，C_{gs} 是栅源电容，C_{gd} 是栅漏电容，g_m 是跨导，g_{ds} 是漏微分电导，R_g 是栅电阻，R_s 和 R_d 是源、漏串联电阻。

下面以多晶金刚石上制备的栅长为350 nm、源漏间距为3 μm、栅宽为100 μm的双指金刚石MISFET器件为例，给出金刚石 S 参数测试和等效模型参量的提取过程。器件结构示意图和SEM照片如图4−16所示[43]。

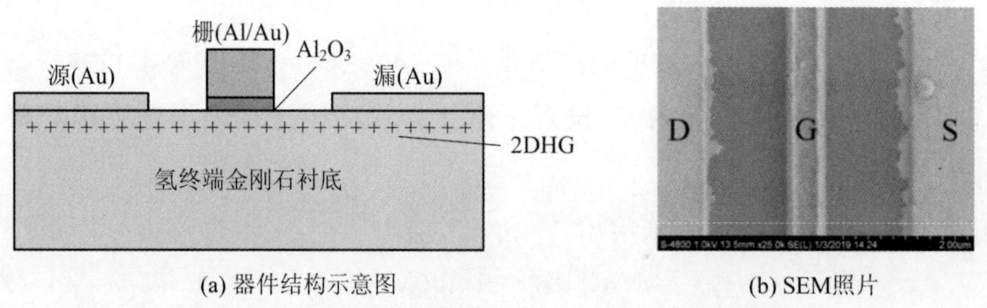

(a) 器件结构示意图　　(b) SEM照片

图4−16　多晶金刚石上制备的栅长为350 nm、源漏间距为3 μm、栅宽为100 μm的双指金刚石MISFET器件[43]

通用的 FET 小信号模型的电路拓扑结构如图 4－17 所示。黑色虚线包围的部分为矢量网络分析仪实测得到的器件小信号 S 参数的模型拓扑。由于焊点 PAD 的存在，需要将 PAD 寄生电容（C_{gp}、C_{dp}、C_{gdp}）以及寄生电感（L_g、L_d、L_s）提取并剥离，这个过程叫做去嵌入（De-embedding）。去嵌入之后获得的器件的小信号 S 参数，其模型如绿色虚线包围部分所示。然后继续消除寄生电容（R_g、R_s、R_d）以及有源区电极金属之间的耦合电容（C_{gse}、C_{dse}、C_{gde}）对器件的影响，提取出晶体管本征部分小信号 S 参数模型，如红色虚线包围部分所示。这一层次的器件模型拓扑与传统的 FET 器件模型的拓扑一致。

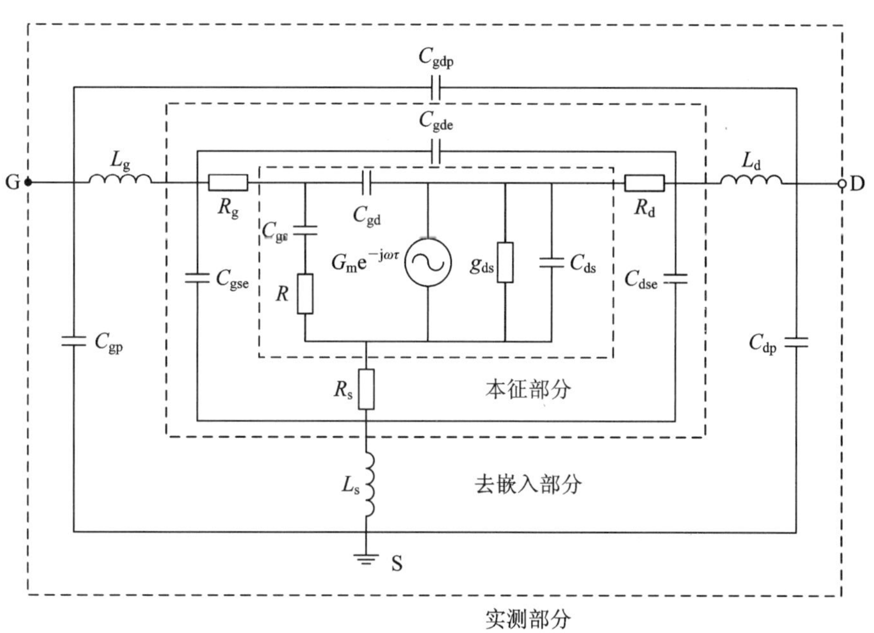

图 4－17　FET 小信号模型的电路拓扑结构

实际提取晶体管的小信号模型的步骤如下。

1）校准

首先要获得精准的晶体管在小信号 S 参数的测试数据，其次进行晶体管小信号建模。对于较低频的小信号 S 参数测试，可以采用短路/开路/负载/传输（Short/Open/Load/Thru，SOLT）的校准方式实现校准，而对于较高频率的小

信号 S 参数测试，则采用传输线/反射/反射/匹配(Line/Reflection/Reflection/Match，LRRM)、直通/反射/传输线(Thru/Reflection/Line，TRL)等方式对矢量网络分析仪进行校准。

2) S 参数测试

测试器件的 S 参数，应先同时测试 Open 结构和 Short 结构的 S 参数。Open 结构为开路结构(图 4－18(a))，该测试结构的版图和器件版图的尺寸一致，但仅由器件的栅极、漏极和源极的焊点组成。Short 结构为短路结构，即器件栅极、漏极和源极彼此短路的测试结构。测试的 S 参数结果如图 4－19 所示。

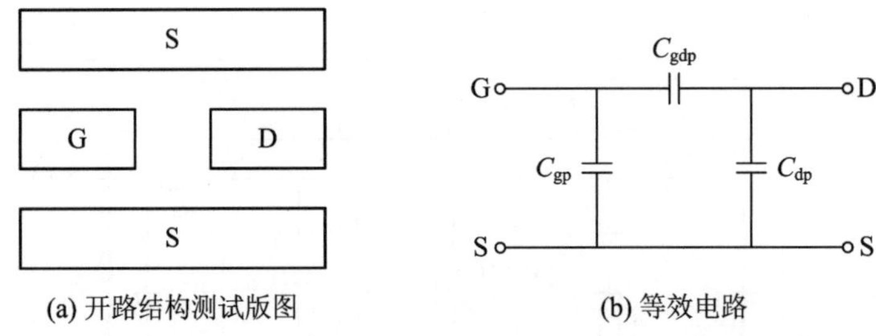

图 4－18　用于 PAD 电容提取的测试版图和等效电路模型

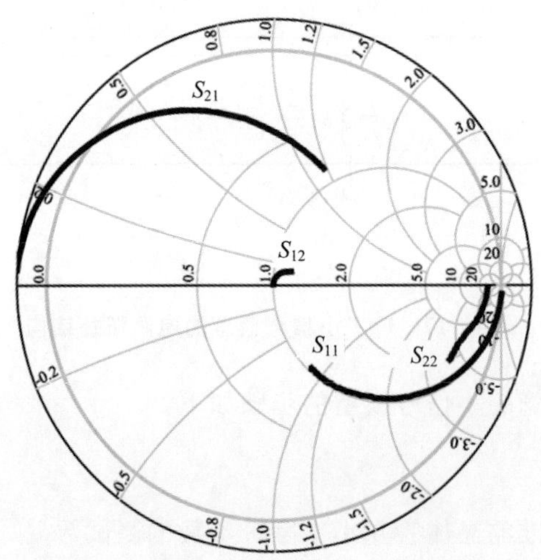

图 4－19　金刚石 MISFET 的 S 参数测试结果

3）寄生电容提取

图 4-18 给出了 PAD 电容提取的测试版图和等效电路模型。PAD 电容是指器件外部焊点对地电容及焊点之间的耦合电容。通过测试该结构的 S 参数可提取 C_{gp}、C_{dp} 和 C_{gdp} 3 个 PAD 电容。将 S 参数转换成 Y 参数可以得到 PAD 电容的计算公式为

$$C_{gp}=\frac{1}{\omega}\text{Im}(Y_{11}+Y_{12}) \tag{4-21}$$

$$C_{dp}=\frac{1}{\omega}\text{Im}(Y_{22}+Y_{12}) \tag{4-22}$$

$$C_{gdp}=-\frac{1}{\omega}\text{Im}(Y_{12}) \tag{4-23}$$

PAD 寄生电容提取结果如图 4-20 所示，C_{gp}、C_{dp} 和 C_{gdp} 分别为 3.8 fF、1.6 fF 和 2 fF。由于金刚石的介电常数较低，其寄生电容一般较小。

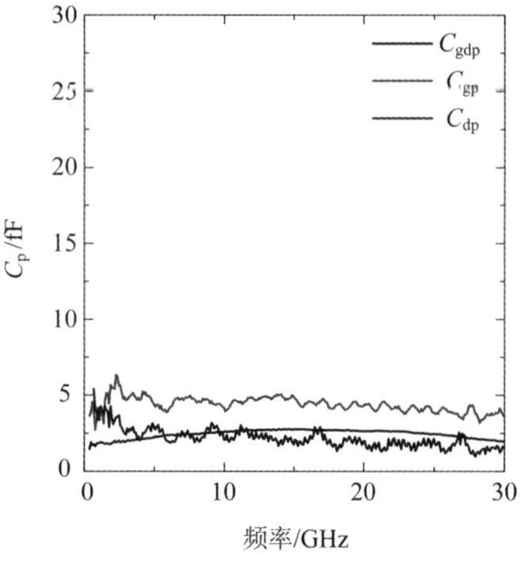

图 4-20　金刚石 MISFET 的 PAD 寄生电容提取结果

4）寄生电感提取

提取寄生电感的测试版图和等效电路模型如图 4-21 所示。该版图是短路结构，测试其 S 参数，在去嵌入 PAD 电容后，将 S 参数转化为 Z 参数，利用 Z 参数可以直接确定 3 个寄生电感 L_s、L_d 和 L_g：

$$L_s=\frac{1}{\omega}\text{Im}(Z_{12}) \tag{4-24}$$

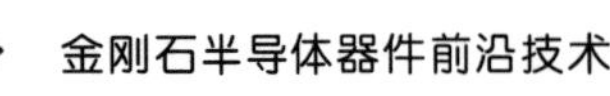

$$L_d = \frac{1}{\omega}\mathrm{Im}(Z_{22} - Z_{21}) \tag{4-25}$$

$$L_g = \frac{1}{2}\mathrm{Im}(Z_{11} - Z_{12}) \tag{4-26}$$

PAD 寄生电感的提取结果如图 4－22 所示，提取的金刚石晶体管 PAD 电感 L_g、L_d和 L_s分别为 27 pH、58 pH 和 2 pH。

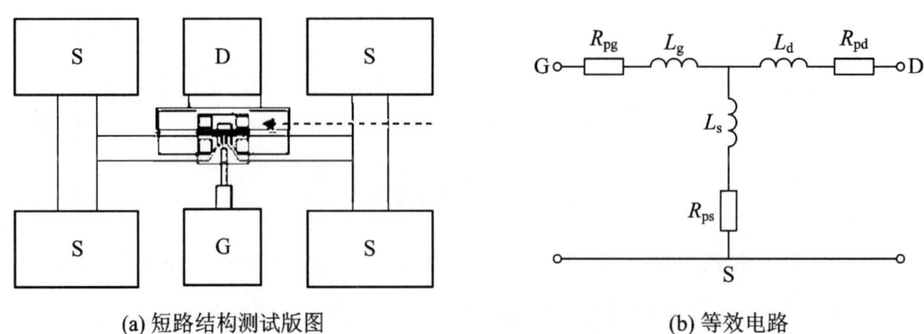

(a) 短路结构测试版图　　(b) 等效电路

图 4－21　用于 PAD 电感提取的测试版图和等效电路模型

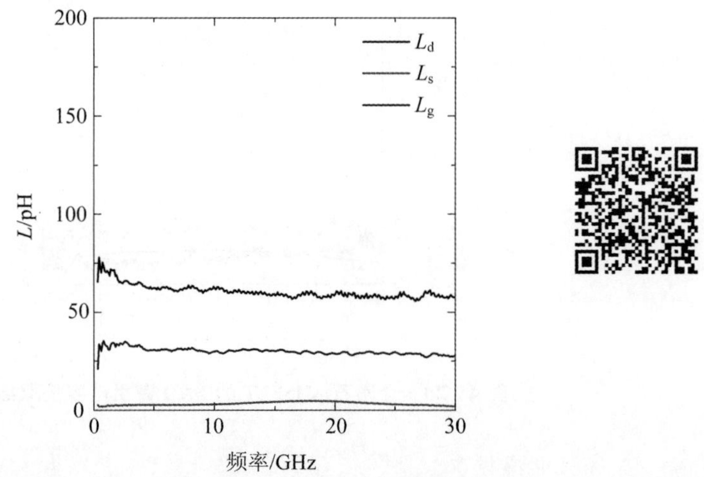

图 4－22　金刚石 MISFET 的 PAD 寄生电感提取结果

5）寄生电阻提取

晶体管寄生电阻的提取主要是基于冷场 S 参数法进行的。对于零偏置的晶体管，其等效电路模型如图 4－23 所示。

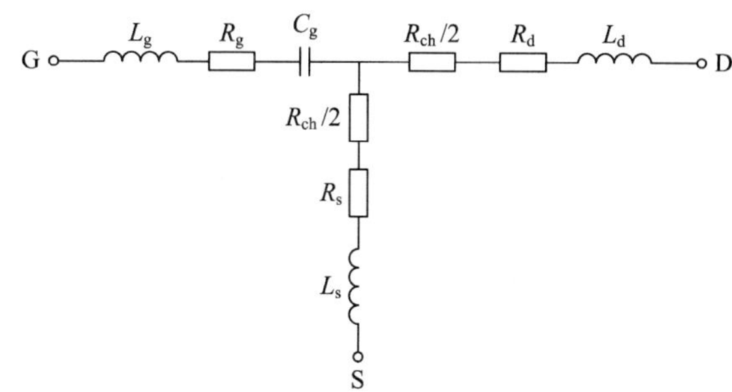

图 4-23　零偏置下晶体管的等效电路模型

将冷场 S 参数转换成为 Z 参数。在短栅长器件中，沟道电阻 R_{ch} 可以忽略，Z 参数的实部可表示为

$$\mathrm{Re}(Z_{11})=R_s+R_g \tag{4-27}$$

$$\mathrm{Re}(Z_{12})=R_s \tag{4-28}$$

$$\mathrm{Re}(Z_{22})=R_s+R_d \tag{4-29}$$

求解可得器件寄生电阻。

6）本征参量提取

当寄生电容、寄生电感、寄生电阻完全剥离后，二端口网络只对器件本征部分进行描述。本征部分的二端口网络如图 4-17 所示，用 Y 参数可以描述该二端口网络的电学特性：

$$y_{11}=\frac{R_i C_{gs}^2\omega^2}{D}+j\omega\left(\frac{C_{gs}}{D}+C_{gd}\right) \tag{4-30}$$

$$y_{12}=-j\omega C_{gd} \tag{4-31}$$

$$y_{21}=\frac{g_m\exp(-j\omega\tau)}{1+jR_i C_{gs}\omega}-j\omega C_{gd} \tag{4-32}$$

$$y_{22}=g_{ds}+j\omega(C_{ds}+C_{gd}) \tag{4-33}$$

其中：

$$D=1+R_i^2C_{gs}^2\omega^2$$

在低频（$f<5$ GHz）下，$R_i^2C_{gs}^2\omega^2$ 小于 0.01，此时 D 可以近似为 1，由于 $\omega\tau$ 值远小于 1，因此方程可近似为

$$y_{11}=R_i C_{gs}^2\omega^2+j\omega(C_{gs}+C_{gd}) \tag{4-34}$$

$$y_{12}=-j\omega C_{gd} \tag{4-35}$$

$$y_{21}=g_m-j\omega[C_{gd}+g_m(R_i C_{gs}+\tau)] \tag{4-36}$$

$$y_{22}=g_{ds}+j\omega(C_{ds}+C_{gd}) \tag{4-37}$$

因此，通过 y_{12} 可以求得 C_{gd}，通过 y_{11} 可以求得 C_{gs} 和 R_i，通过 y_{21} 可以求得 g_m 和 τ，通过 y_{22} 可以求得 g_{ds} 和 C_{ds}。

至此，小信号模型中所有的参量均已提取。这些参量均为模型的初始值，将这些初始值代入仿真电路，能够得到较接近测试值的小信号模型。在此基础上，对模型拓扑、提取方法进行修正，可以得到更精确的晶体管小信号模型。

通过以上步骤，提取的金刚石 MISFET 器件的等效电路模型参量如表 4-4 所示。可以看到，金刚石晶体管的寄生电阻 R_s 和 R_d 值较大。寄生电阻会对器件的频率和输出功率造成较大影响。寄生电阻主要来源于欧姆接触电阻 R_c 和栅源、栅漏间的通道电阻。由于氢终端金刚石目前的方阻很大，通常为几千 Ω/sq，会造成器件通道电阻高的问题。同时金刚石晶体管的欧姆接触仍不理想，欧姆接触电阻高，这进一步增加了寄生电阻。

表 4-4　栅长为 350 nm、源漏间距为 3 μm、栅宽为 100 μm 的双指金刚石 MISFET 器件的等效电路模型参量

C_{gs}/fF	C_{gd}/fF	g_m/mS	R_i/Ω	R_g/Ω	R_d/Ω	R_s/Ω
172.4	5.54	22.3	16	23	49	38

为提升金刚石晶体管的频率和输出功率特性，须降低金刚石晶体管的寄生电阻。这一点很关键，在欧姆接触区域离子注入掺杂或局部原位掺杂并进行合金化来降低欧姆接触电阻是可行的方案之一。要降低通道电阻，可以降低栅源、栅漏通道区域金刚石沟道的方阻，或者减小通道的长度，即减小栅源、栅漏间距。栅漏间距减小会影响金刚石晶体管的击穿电压，因此栅漏间距需要取一个折中值。

3. 金刚石 FET 频率特性的研究进展

2001 年 H. Kawarada 等人第一次报道了氢终端金刚石 FET 的频率特性，栅长为 2 μm 的氢终端单晶金刚石 MESFET 器件的 f_T = 2.2 GHz，f_{max} = 7 GHz。截至目前，金刚石晶体管的 f_T 已达到 70 GHz，f_{max} 已达到 120 GHz (图 4-24)[7]。文献中报道的金刚石 FET 的 f_T 与栅长的关系如图 4-25 所示[7-9, 39, 44, 47-53]。理论上，f_T 与栅长的关系可以表示为

$$f_T = \frac{g_m}{2\pi C_g} = \frac{v_{eff}}{2\pi L_G} \tag{4-38}$$

从图 4-25 中可以看到，大部分文献报道的金刚石 FET 的 v_{eff}约为 4×10^6 cm/s，极少数金刚石 FET 的 v_{eff}达到 1×10^7 cm/s。

2012 年，中国电子科技集团公司第十三研究所（简称“中国电科十三所”）研制出了国内首只具有射频特性的金刚石晶体管[45]；2013 年，金刚石器件的 f_T达到 22.9 GHz，f_{max}达到 46.8 GHz[46]。

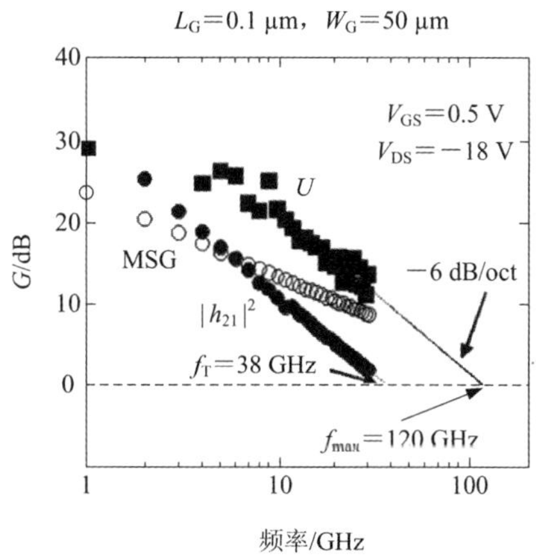

图 4-24　f_{max}达到 120 GHz 的金刚石晶体管[7]

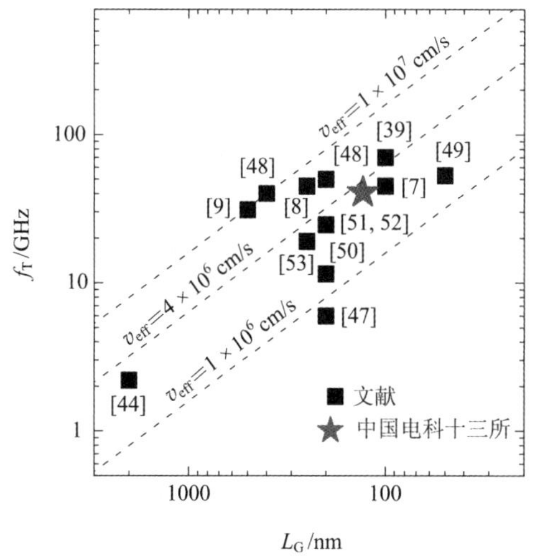

图 4-25　文献中报道的金刚石 FET 的 f_T与栅长的关系[7-9, 39, 44, 47-53]

4.4.3 输出功率特性

输出功率特性是微波功率器件最重要的特性。除了要关注器件输出功率的高低，也应当关注饱和输出功率密度、线性增益、功率附加效率以及交调失真等特性。这些特性的测试，依赖于在片负载牵引测试技术。

1. 在片负载牵引系统简介

图 4-26 所示为无源负载牵引系统原理图，整套系统包括微波调谐器、直流电源、驱动放大器、定向耦合器、偏置器、衰减器、功率计、频谱分析仪、网络分析仪。微波调谐器(Tuner)是负载牵引系统的灵魂，如图 4-27 所示。机械式阻抗调配器通过改变探子和探子载架相对于中心导体(空气线)的位置来改变阻抗值。

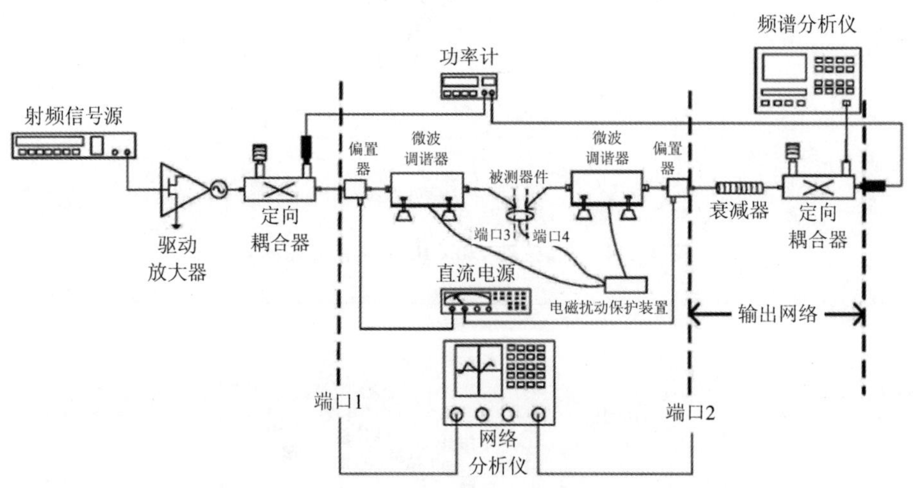

图 4-26　无源负载牵引系统原理图

图 4-28 所示为无源负载牵引系统中晶体管端口阻抗。其中，晶体管的输入 Z_{in} 和输出阻抗 Z_{out} 是晶体管的固有特性，无法更改，直接与标准阻抗连接会引起非常大的反射系数，不利于功率的传输。微波调谐器探子在纵轴方向的移动可以改变阻抗的值，在横轴方向的移动可以改变阻抗的相位(图 4-29)。在源端将 50 Ω 标准阻抗调谐至 Z_{source}，在漏端将 50 Ω 标准阻抗调谐至 Z_{load}，使器件实现增益最高，或者输出功率最大，或者功率附加效率最高。然而，由于电

缆、探针损耗，无源负载阻抗牵引系统的调谐范围不能覆盖整个史密斯圆图，不太适用于某些反射系数非常大的晶体管。

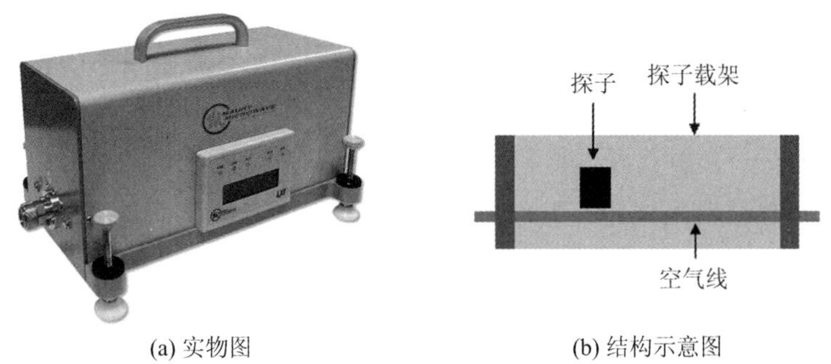

(a) 实物图　　　　(b) 结构示意图

图 4-27　微波调谐器

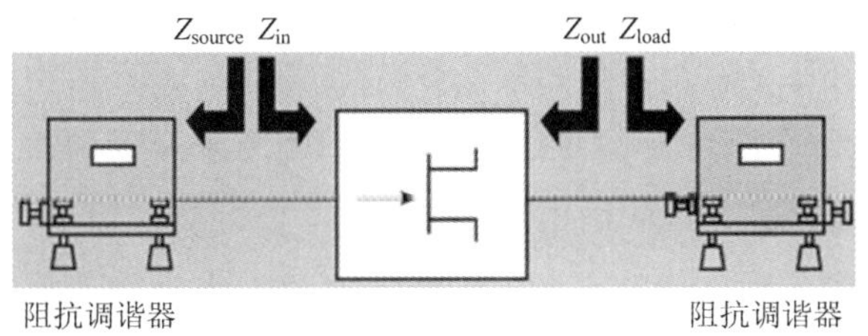

图 4-28　无源负载牵引系统中晶体管端口阻抗

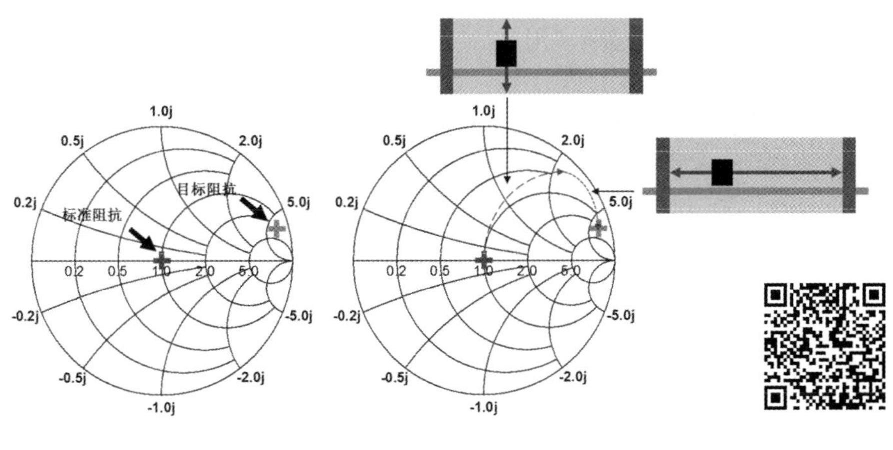

图 4-29　阻抗调谐过程

为了解决无源负载牵引测试系统覆盖范围不全的问题，研究人员提出了有源负载牵引测试系统，其原理图如图 4－30 所示。在该系统中，阻抗调谐器完成一部分调谐范围，而高反射区域由有源注入信号进行补偿，从而扩大了负载牵引测试系统的覆盖范围。理论上，只要注入的功率足够大，系统的调谐范围就可以覆盖整个史密斯圆图，甚至可以覆盖圆图的虚报象限。金刚石晶体管的反射系数较高，采用有源负载牵引测试系统可以获得更准确的结果。

有源负载牵引测试过程为：根据要求选取合适的电源、功率放大器、耦合器等，按照图 4－30 将系统搭建好，并对系统进行校准。将被测器件置于载片台，并将探针压上相应电极，防止虚接。设置直流偏置点。为防止器件击穿，漏压最大值设为击穿电压的 1/2，栅压一般设在最大跨导点附近。由于目前金刚石射频器件的导通电阻较大，因此输出阻抗实部电阻较大。选取合适的输出端阻抗 Z_{load}，设定功率压缩点，对器件进行输出功率测试。根据测试结果，画出在特定功率压缩下的输出功率和效率等高线(图 4－31)。典型的输出功率和效率等高线应该是一个个类同心圆形状，但是输出阻抗实部继续增大可能会出现自激致使器件被烧毁。选取输出功率最大点，进行器件输出功率测试，当输出功率接近饱和时，为该器件的最大输出功率值。根据直流参数和输入功率等，可以计算得出此时的增益及功率附加效率等参数。

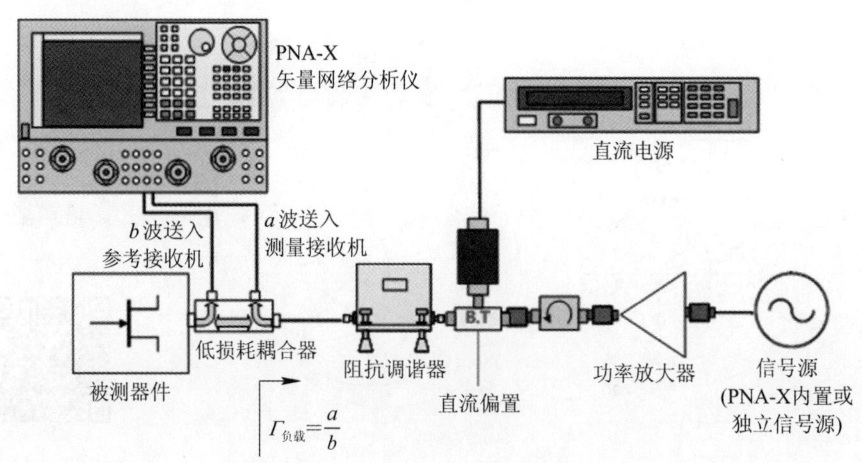

图 4－30　有源负载牵引测试系统原理图

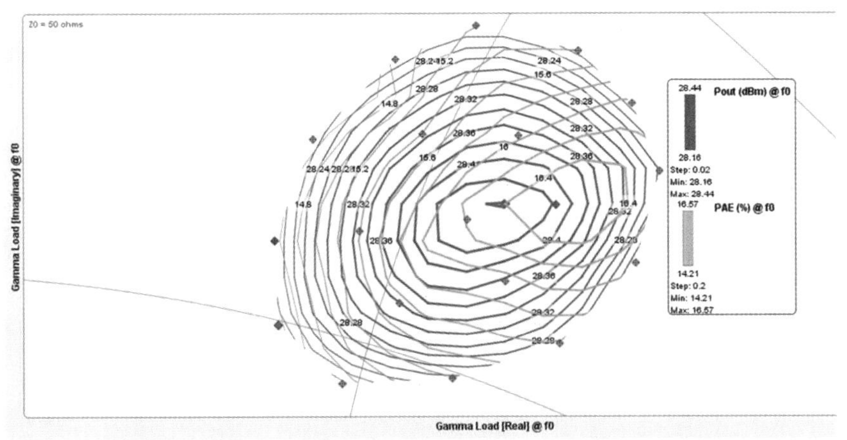

图 4 - 31　设定不同的漏端阻抗，在功率压缩 3 dB 后的输出功率和效率等高线（不同阻抗的匹配程度不同，因此输出功率的大小不同）

2. 氢终端金刚石 FET 输出功率密度的研究进展

2005 年，NTT 公司的 M. Kasu 等人制备了栅宽为 100 μm、栅长为 0.1 μm 的氢终端金刚石 MESFET 器件[38]。该器件的最大饱和电流密度为 340 mA/mm（图 4 - 32(a)）。由于外延层有硼掺杂，因此器件存在较大的漏电，无法实现完全的关断。在 1 GHz 下，线性增益为 10.94 dB，功率附加效率为 31.8%，输出功率密度达到 2.1 W/mm（图 4 - 32(b)）。该器件的工作漏压为 −20 V，这是由于金刚石 MESFET 器件的击穿电压较低，同时部分氢终端沟道裸露在空气中，在大信号测试中器件稳定性欠佳。

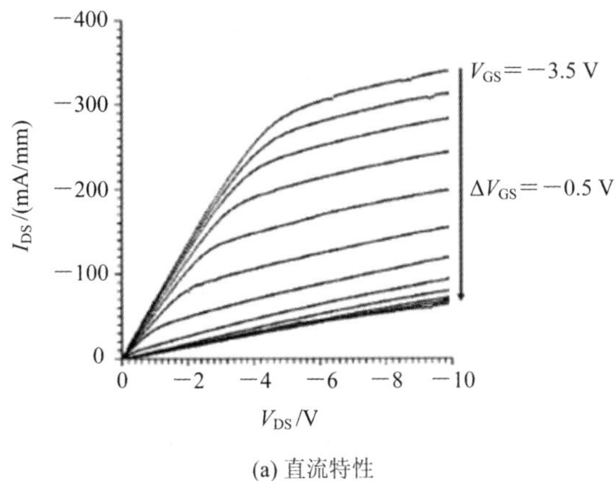

(a) 直流特性

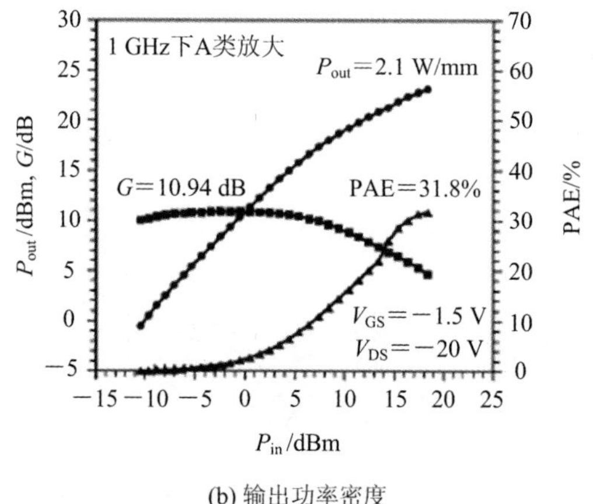

(b) 输出功率密度

图 4-32 NTT 公司研制的栅宽为 100 μm、栅长为 0.1 μm 的氢终端金刚石 MESFET 器件[38]

2007 年日本早稻田大学报道了栅长为 0.3 μm 的氢终端金刚石 MISFET 器件[8]，与文献[38]的金刚石 MESFET 器件的主要区别是在栅下电子束蒸发金属 Al，并自氧化形成氧化铝作为栅介质(图 4-33(a))。在 1 GHz 下，该器件的线性增益为 9 dB，功率附加效率为 42%，输出功率密度达到 2.14 W/mm (图 4-33(b))，工作漏压为－16 V。与金刚石 MESFET 器件相比，该器件的工作漏压没有明显的提升，但是功率附加效率有了较大的提高。同时，MISFET 器件和 MESFET 器件相比，由于栅下介质的作用，MESFET 器件的稳定性也有所提升。

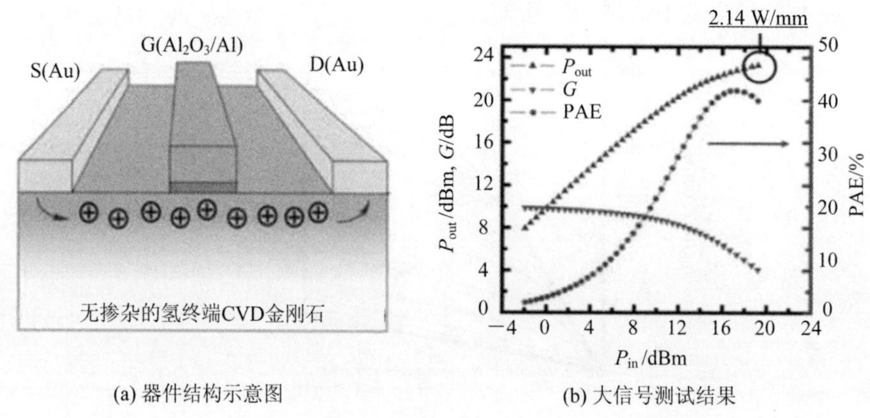

(a) 器件结构示意图 (b) 大信号测试结果

图 4-33 日本早稻田大学报道的栅长为 0.3 μm 的氢终端金刚石 MISFET[8]

2019 年，中国电科十三所周闯杰等人采用自氧化形成氧化铝作为栅介质制作了氢终端金刚石 MISFET 器件[40]。该器件的栅长为 0.4 μm，栅宽为 100 μm×2，源漏间距为 1.6 μm，最大漏极电流饱和密度为 466 mA/mm，击穿电压为−56 V。大信号测试中，该器件的工作漏压为−24 V，在 2 GHz 下连续波的输出功率密度为 745 mW/mm，线性增益为 15 dB，功率附加效率为 28.6%(图 4-34)。

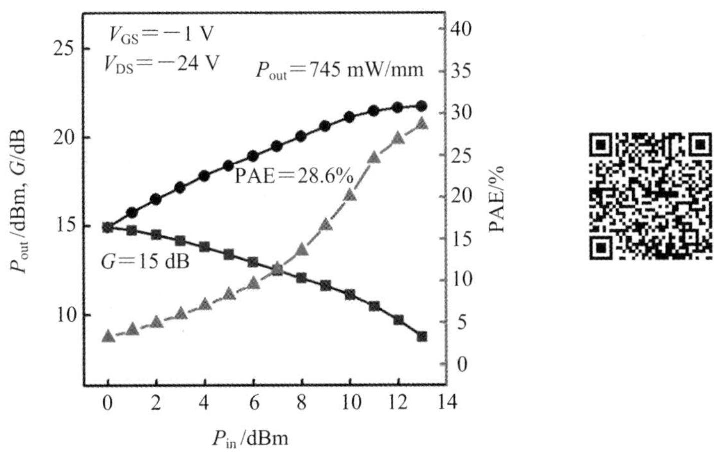

图 4-34　中国电科十三所制作的氢终端金刚石 MISFET 器件在 2 GHz 下的输出功率密度测试结果[40]

周闯杰等人进一步研究了不同质量单晶和多晶金刚石 MISFET 器件的性能。如图 4-35 所示，研究者们对比研究了 3 个不同的金刚石样品 Ⅰ-PC(多晶)、Ⅱ-PC(多晶)、Ⅲ-SC(单晶)制作的金刚石 MISFET 器件。Ⅰ-PC 多晶金刚石样品具有较高的质量和低的氮杂质含量。Ⅱ-PC 多晶金刚石的氮含量为 0.23×10^{-6}，Ⅲ-SC 单晶金刚石的氮含量为 0.21×10^{-6}。周闯杰等人测试了器件的直流脉冲特性，如图 4-36 所示，器件的栅延迟效应基本可忽略，但具有明显的漏延迟效应，同时发现，晶体质量差和氮含量高的Ⅱ-PC 金刚石样品表现出了更加明显的漏延迟效应，如表 4-5 所示。

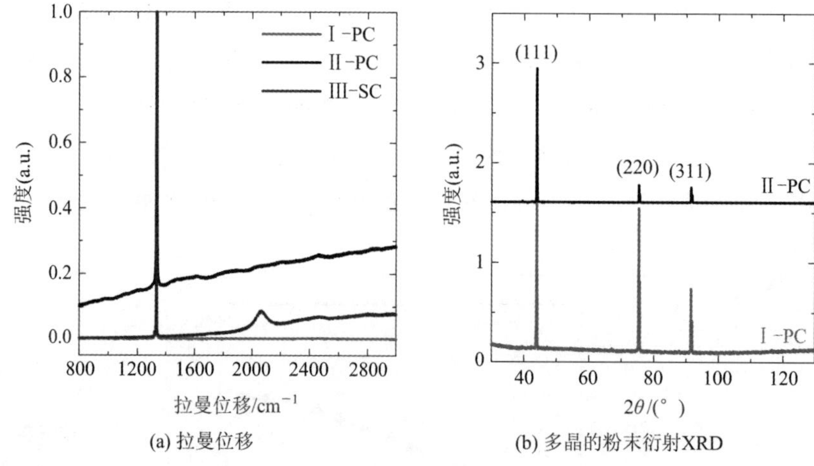

(a) 拉曼位移 (b) 多晶的粉末衍射XRD

图 4-35 单晶和多晶金刚石的特性测试结果

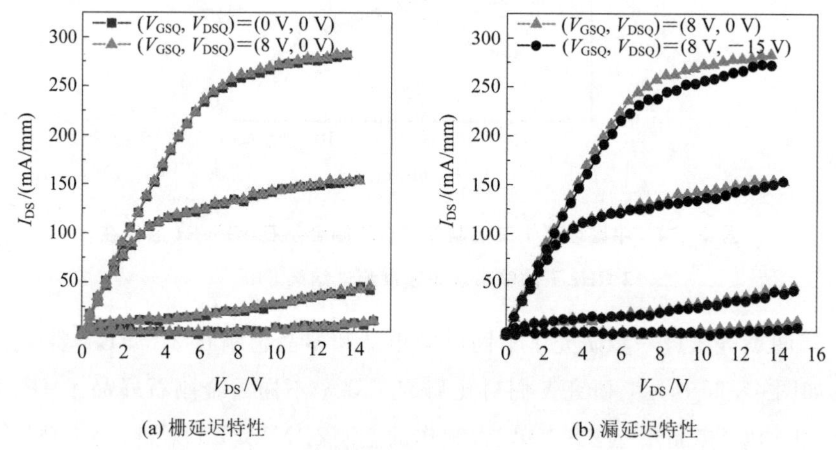

(a) 栅延迟特性 (b) 漏延迟特性

图 4-36 Ⅲ-SC 单晶金刚石脉冲 I-V 特性测试结果

表 4-5 3 个金刚石 MISFET 器件性能对比

样品编号	I_{DS}/(mA/mm)	g_m/(mS/mm)	栅长和源漏间距	漏延迟退化量
Ⅰ-PC	323	66	T 形栅，L_G=350 nm，L_{SD}=3 μm，W_G=100 μm×2	2.7%
Ⅱ-PC	466	58	I 形栅，L_G=400 nm，L_{SD}=1.6 μm，W_G=100 μm×2	10%

续表

样品编号	I_{DS}/(mA/mm)	g_m/(mS/mm)	栅长和源漏间距	漏延迟退化量
Ⅲ - SC	233	62	T 形栅，L_G=350 nm，L_{SD}=2 μm，W_G=100 μm×2	3.7%

图 4 - 37 和表 4 - 6 给出了金刚石 MISFET 器件由直流特性计算的输出功率密度和 2 GHz 下大信号测试的输出功率密度，测得的输出功率密度均显著低于由直流特性计算的结果。特别是质量较差的Ⅱ - PC 样品，这种差异最大，这和直流脉冲测试的结果一致。Ⅱ - PC 样品中具有较多的缺陷和杂质，这些缺陷和杂质导致陷阱效应，使器件在大信号测试时电流退化，膝点电压增加，限制了器件的输出功率密度。

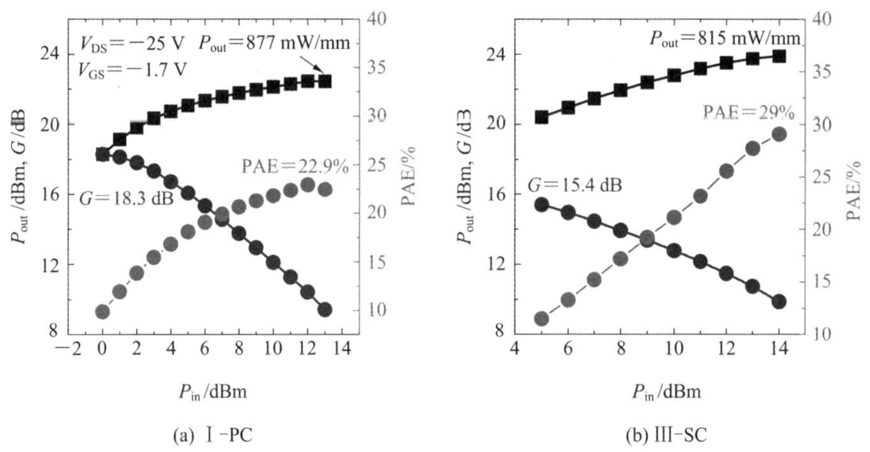

(a) Ⅰ-PC　　(b) Ⅲ-SC

图 4 - 37　金刚石 MISFET 器件在 2 GHz 下的输出功率密度测试结果

表 4 - 6　3 个金刚石 MISFET 器件由直流特性计算的输出功率密度和 2 GHz 下大信号测试的输出功率密度对比

样品编号	实测的输出功率密度 P_{out}/(mW/mm)	计算得到的输出功率密度 P_{out}/(mW/mm)	测量条件	
			V_{DS}/V	V_{GS}/V
Ⅰ - PC	877	1600	−25	−1.7
Ⅱ - PC	745	2100	−24	−1
Ⅲ - SC	815	1200	−25	−1

上述金刚石 MESFET 和 MISFET 器件结构中，氢终端金刚石表面的部分导电沟道仍裸露在空气中，这会影响器件的稳定性和耐压特性。为解决这一问题，研究人员进一步优化了金刚石晶体管的结构，将导电沟道全部用介质覆盖，提升了器件的稳定性和耐压特性。该器件结构主要有两种实现工艺，即 NO_2 处理结合低温 ALD 工艺和高温 ALD 工艺。2012 年，K. Hirama 等人通过 NO_2 处理氢终端金刚石提升了沟道的载流子浓度[17]，降低了方阻；为避免吸附的 NO_2 解吸附，采用低温 ALD 工艺(150℃)生长氧化铝(厚度为 8 nm)，制备出表面钝化的金刚石 MISFET 器件。该器件在 1 GHz 下的输出功率密度为 2 W/mm，最大功率增益为 18 dB，功率附加效率为 33%，测试结果如图 4－38 所示。和前面所述的金刚石 MESFET[38] 以及采用自氧化氧化铝栅介质的金刚石 MISFET[8] 相似，这种表面钝化的金刚石 MISFET 器件的工作漏压仍为－25 V，没有得到显著提升。

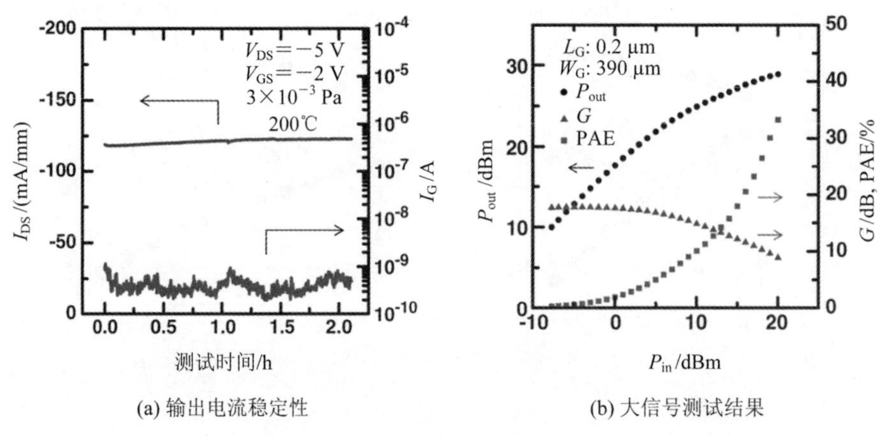

(a) 输出电流稳定性　　(b) 大信号测试结果

图 4－38　NO_2 处理结合低温 ALD 技术实现的金刚石 MISFET 器件性能[17]

日本早稻田大学 H. Kawarada 等人则致力于开发高温(450℃)ALD 技术生长很厚(100 nm)的氧化铝介质来提升器件的工作电压。2018 年，H. Kawarada 等人利用高温 ALD 生长 100 nm Al_2O_3 作为栅介质，制作了栅长为 0.5 μm 的氢终端金刚石 MISFET 器件；同时他们采用后制备氢终端工艺，在源漏电极制作之后再进行氢化处理，形成氢终端金刚石表面导电沟道。通过以上工艺优化，所研制的金刚石 MISFET 在 1 GHz 下的输出功率密度达到 3.8 W/mm (图 4－39)，增益为 9.6 dB，功率附加效率为 23.8%[9]。该器件的工作漏压为

−50 V。和上文中提到的金刚石晶体管相比，该技术显著提升了金刚石晶体管的工作漏压，器件输出功率密度也有了较大提升(图 4-40)。

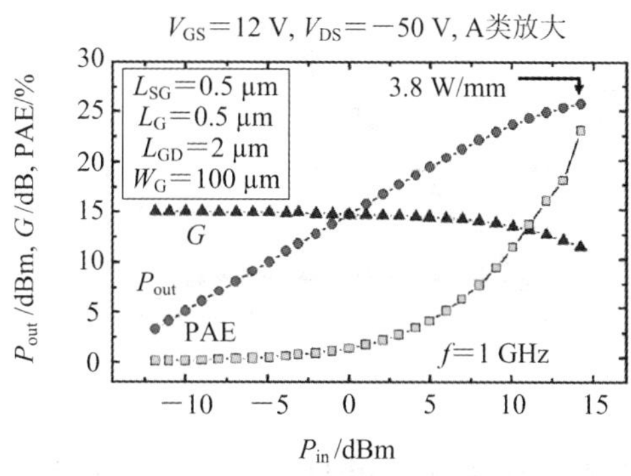

图 4-39　氢终端金刚石 MISFET 在 1 GHz 下的输出功率密度测试结果[9]

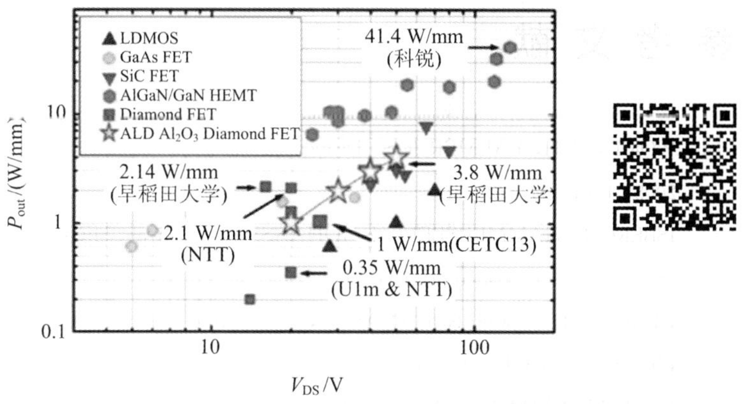

图 4-40　氢终端金刚石微波功率器件输出功率密度与工作漏压的关系[9]

关于金刚石晶体管的输出功率密度的测试报道大多为 1 GHz 和 2 GHz 下的，最近也出现了器件在 10 GHz 下的输出功率密度的报道。2019 年中国电科五十五所报道，栅长为 100 nm 的金刚石 MISFET 器件在 10 GHz 下的输出功率密度为 182 mW/mm[54]，最大增益为 11.9 dB，工作漏压为−8 V。2019 年中国电科十三所(CETC13)报道，栅长为 350 nm 的氢终端金刚石 MISFET 器件在 10 GHz 下的输出功率密度达到 650 mW/mm，增益为 1.85 dB，功率附加效率为 11.6%[43](图 4-41)。目前金刚石晶体管的输出功率密度、工作频率还远低于 GaN 微波功率器件，还需要继续加强研究。

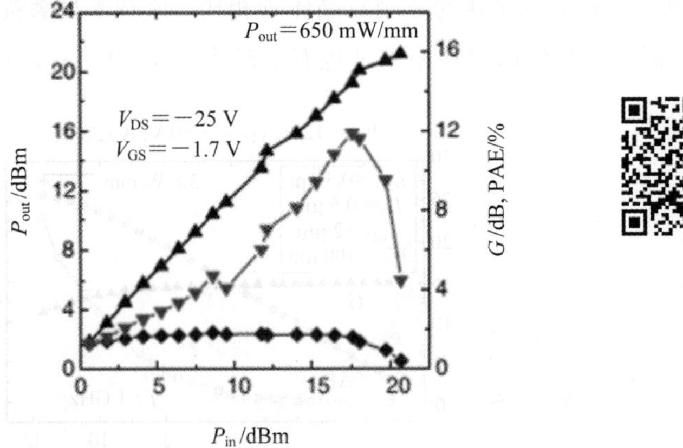

图 4-41 中国电科十三所氢终端金刚石 MISFET 器件在 10 GHz 下的微波大信号测试结果[43]

参考文献

[1] WORT C J H, BALMER R S. Diamond as an electronic material [J]. Materials Today, 2008, 11(1-2): 22-8.

[2] ISBERG J, HAMMERSBERG J, JOHANSSON E, et al. High carrier mobility in single-crystal plasma-deposited diamond [J]. Science, 2002, 297(5587): 1670-1672.

[3] REGGIANI L, BOSI S, CANALI C, et al. Hole-drift velocity in natural diamond [J]. Physical Review B, 1981, 23(6): 3050-3057.

[4] KASU M, UEDA K, KAGESHIMA H, et al. Diamond RF FETs and other approaches to electronics[J]. Physica Status Solidi C-Current Topics in Solid State Physics, 2008, 5(9): 3165-3168.

[5] ALEKSOV A, KUBOVIC M, KAEB N, et al. Diamond field effect transistors—concepts and challenges [J]. Diamond and Related Materials, 2003, 12(3-7): 391-398.

[6] NEBEL C E. Surface-conducting diamond [J]. Science, 2007, 318(5855): 1391.

[7] UEDA K, KASU M, YAMAUCHI Y, et al. Diamond FET using high-quality polycrystalline diamond with f_T of 45 GHz and f_{max} of 120 GHz [J]. IEEE Electron Device Letters, 2006, 27(7): 570-572.

[8] HIRAMA K, TAKAYANAGI H, YAMAUCHI S, et al. High-performance p-channel diamond MOSFETs with alumina gate insulator [C]. IEEE International Electron

Devices Meeting(IEDM), 2007, 873 - 876.

[9] IMANISHI S, HORIKAWA K, OI N, et al. 3.8W/mm RF power density for ALD Al_2O_3-based two-dimensional hole gas diamond MOSFET operating at saturation velocity [J]. IEEE Electron Device Letters, 2019, 40(2): 279 - 282.

[10] IVANOV T G, WEIL J, SHAH P B, et al. Diamond RF transistor technology with f_T = 41 GHz and f_{max} = 44 GHz [M]. 2018 IEEE/MTTS International Microwave Symposium-Ims. 2018: 1461 - 1463.

[11] KAWARADA H, AOKI M, ITO M. Enhancement mode metal-semiconductor field effect transistors using homoepitaxial diamonds [J]. Applied Physics Letters, 1994, 65(12): 1563.

[12] GLUCHE P, ALEKSOV A, VESCAN A, et al. Diamond surface-channel FET structure with 200V breakdown voltage [J]. IEEE Electron Device Letters, 1997, 18 (11): 547 - 549.

[13] YUN Y, MAKI T, KOBAYASHI T. Surface state density distribution of semiconducting diamond films measured from the Al/CaF_2/i-diamond metal-insulator-semiconductor diodes and transistors [J]. Journal of Applied Physics, 1997, 82(7): 3422 - 3429.

[14] UMEZAWA H, TANIUCHI H, ARIMA T, et al. Cu/CaF_2/diamond metal-insulator-semiconductor field-effect transistor utilizing self-aligned gate fabrication process [J]. Japanese Journal of Applied Physics, Part 2: Letters, 2000, 39(9A/B): L908 - L910.

[15] ISHIZAKA H, UMEZAWA H, TANIUCHI H, et al. DC and RF characteristics of 0.7 μm-gate-length diamond metal-insulator-semiconductor field effect transistor [J]. Diamond and Related Materials, 2002, 11(3 - 6): 378 - 381.

[16] KAWARADA H. Hydrogen-terminated diamond surfaces and interfaces [J]. Surface Science Reports, 1996, 26(7): 205 - 259.

[17] HIRAMA K, SATO H, HARADA Y, et al. Diamond field-effect transistors with 1.3 A/mm drain current density by Al_2O_3 passivation layer [J]. Japanese Journal of Applied Physics, 2012, 51(9): 090112.1 - 090112.5.

[18] LIU J W, LIAO M Y, IMURA M, et al. Interfacial band configuration and electrical properties of $LaAlO_3$/Al_2O_3/hydrogenated-diamondmetal-oxide-semiconductor field effect transistors [J]. Journal of Applied Physics, 2013, 114(8): 084108.1 - 084108.7.

[19] LIU J W, LIAO M Y, IMURA M, et al. Normally-off HfO_2-gated diamond field effect transistors [J]. Journal of Applied Physics, 2013, 103(9): 092905.1 - 092905.4.

[20] MIYAMOTO S, MATSUDAIRA H, ISHIZAKA H, et al. High performance diamond MISFETs using CaF_2 gate insulator [J]. Diamond and Related Materials, 2003, 12(3-7): 399-402.

[21] REN Z, ZHANG J, ZHANG J, et al. Diamond field effect transistors with MoO_3 gate dielectric [J]. IEEE Electron Device Letters, 2017, 38(6): 786-789.

[22] REN Z Y, ZHANG J F, ZHANG J C, et al. Polycrystalline diamond RF MOSFET with MoO_3 gate dielectric [J]. AIP Advances, 2017, 7(12): 7.

[23] VARDI A, TORDJMAN M, DEL ALAMO J A, et al. A Diamond: H/MoO_3 MOSFET [J]. IEEE Electron Device Letters, 2014, 35(12): 1320-1322.

[24] VERONA C, CICCOGNANI W, COLANGELI S, et al. MISFETs on H-terminated diamond [J]. IEEE Transactions on Electron Devices, 2016, 63(12): 4647-4653.

[25] LIU J W, OOSATO H, LIAO M Y, et al. Enhancement-mode hydrogenated diamond metal-oxide-semiconductor field-effect transistors with Y_2O_3 oxide insulator grown by electron beam evaporator [J]. Applied Physics Letters, 2017, 110(20): 5.

[26] LIU J, LIAO M, IMURA M, et al. Low on-resistance diamond field effect transistor with high-k ZrO_2 as dielectric [J]. Scientific Reports, 2014, 4(7416): 6395.

[27] JINGU Y, HIRAMA K, KAWARADA H. Ultra shallow TiC source/drain contacts in diamond MOSFETs formed by hydrogenation-last approach [J]. IEEE Transactions on Electron Devices, 2010, 57(5): 966-972.

[28] XING K, TSAI A, RUBANOV S, et al. Palladium forms ohmic contact on hydrogen-terminated diamond down to 4K [J]. Applied Physics Letters, 2020, 116(11): 5.

[29] VERONA C, CICCOGNANI W, COLANGELI S, et al. Gate-source distance scaling effects in H-Terminated diamond MESFETs [J]. IEEE Transactions on Electron Devices, 2015, 62(4): 1150-1156.

[30] CRAWFORD K G, WEIL J D, SHAH P B, et al. Diamond field-effect transistors with V_2O_5-induced transfer doping: scaling to 50-nm gate length [J]. IEEE Transactions on Electron Devices, 2020, 67(6): 2270-2275.

[31] YU C, ZHOU C, GUO J, et al. RF Performance of hydrogenated single crystal diamond MOSFETs[C]. New York: IEEE, 2019.

[32] WANG W, HU C, LI F N, et al. Palladium ohmic contact on hydrogen-terminated single crystal diamond film [J]. Diamond and Related Materials, 2015, 59: 90-94.

[33] ZHANG M, LIN F, WANG W, et al. Ohmic contact of Pt/Au on hydrogen-terminated

single crystal diamond [J]. Coatings, 2019, 9(9): 7.

[34] WANG Y F, CHANG X, LI S, et al. Ohmic contact between iridium film and hydrogen-terminated single crystal diamond [J]. Scientific Reports, 2017, 7: 8.

[35] ZHAO D, LI F N, LIU Z C, et al. Effects of rapid thermal annealing on the contact of tungsten/p-diamond [J]. Applied Surface Science, 2018, 443: 361 - 366.

[36] CIVRAC G, MSOLLI S, ALEXIS J, et al. Electrical and mechanical characterisation of Si/Al ohmic contacts on diamond [J]. Electronics Letters, 2010, 46(11): 791 - 793.

[37] WANG J J, HE Z Z, YU C, et al. Comparison of field-effect transistors on polycrystalline and single-crystal diamonds [J]. Diamond and Related Materials, 2016, 70: 114 - 117.

[38] KASU M, UEDA K, YE H, et al. 2W/mm output power density at 1 GHz for diamond FETs [J]. Electronics Letters, 2005, 41(22): 1249 - 1250.

[39] YU X, ZHOU J, QI C, et al. A high frequency hydrogen-terminated diamond MISFET with f_T/f_{max} of 70/80 GHz [J]. IEEE Electron Device Letters, 2018, 39(9): 1373 - 1376.

[40] ZHOU C J, WANG J J, GUO J C, et al. Radio frequency performance of hydrogenated diamond MOSFETs with alumina [J]. Applied Physics Letters, 2019, 114(6): 5.

[41] REN Z, LV D, XU J, et al. High temperature (300℃) ALD grown Al_2O_3 on hydrogen terminated diamond: band offset and electrical properties of the MOSFETs [J]. Applied Physics Letters, 2020, 116(1): 5.

[42] KAWARADA H, YAMADA T, XU D, et al. Diamond MOSFETs using 2D hole gas with 1700V breakdown voltage [C]. Internation Symposium on Power Semiconductor Devices and ICS(ISPSD), 2016, 483 - 486.

[43] YU C, ZHOU C J, GUO J C, et al. 650mW/mm output power density of H-terminated polycrystalline diamond MISFET at 10 GHz [J]. Electronics Letters, 2020, 56(7): 334 - 335.

[44] TANIUCHI H, UMEZAWA H, ARIMA T, et al. High-frequency performance of diamond field-effect transistor [J]. IEEE Electron Device Letters, 2001, 22(8): 390 - 392.

[45] FENG Z, WANG J, HE Z, et al. Polycrystalline diamond MESFETs by Au-mask technology for RF applications [J]. Science China Technological Sciences, 2013, 56(4): 957 - 962.

[46] WANG J J, HE Z Z, YU C, et al. Rapid deposition of polycrystalline diamond film by DC arc plasma jet technique and its RF MESFETs [J]. Diamond and Related

Materials，2014，43：43 - 48.

[47] CAMARCHIA V，CAPPELLUTI F，GHIONE G，et al. RF power performance evaluation of surface channel diamond MESFETs [J]. Solid State Electron，2011，55(1)：19 - 24.

[48] KASU M，OSHIMA T，HANADA K，et al. Crystal defects observed by the etch-pit method and their effects on Schottky-barrier-diode characteristics on $(\bar{2}01)$ beta-Ga_2O_3 [J]. Japanese Journal of Applied Physics，2017，56(9)：091101.1 - 091101.7.

[49] RUSSELL S A O，SHARABI S，TALLAIRE A，et al. Hydrogen-terminated diamond field-effect transistors with cutoff frequency of 53GHz [J]. IEEE Electron Device Letters，2012，33(10)：1471 - 1473.

[50] ALEKSOV A，DENISENKO A，SPITZBERG U，et al. RF performance of surface channel diamond FETs with sub-micron gate length [J]. Diamond and Related Materials，2002，11(3 - 6)：382 - 386.

[51] KUBOVIC M，KASU M，KALLFASS I，et al. Microwave performance evaluation of diamond surface channel FETs [J]. Diamond and Related Materials，2004，13(4 - 8)：802 - 807.

[52] MATSUDAIRA H，MIYAMOTO S，ISHIZAKA H，et al. Over 20-GHz cutoff frequency submicrometer-gate diamond MISFETs [J]. IEEE Electron Device Letters，2004，25(7)：480 - 482.

[53] RUSSELL S，SHARABI S，TALLAIRE A，et al. RF operation of hydrogen-terminated diamond field effect transistors：a comparative study [J]. IEEE Transactions on Electron Devices，2015，62(3)：751 - 756.

[54] YU X，ZHOU J，ZHANG S，et al. High frequency H-diamond MISFET with output power density of 182 mW/mm at 10 GHz [J]. Applied Physics Letters，2019，115(19)：192102.1 - 192102.4.

第 5 章

基于各种介质的氢终端金刚石 MOSFET

氢终端金刚石 FET 的表面介质层具有非常重要的作用。栅下介质层通过栅极电容的调控实现对沟道载流子的调控，影响器件的频率特性，而且能够减小栅漏电，增加器件的动态输入电压范围，提高器件击穿电压，提高器件的输出功率。表面介质层也可覆盖从源极到漏极的全部氢终端表面，一方面起钝化作用，实现对氢终端金刚石表面态的钝化，提升沟道导电性能；另一方面，提高器件长期工作或高温工作的稳定性。

利用表面介质提高氢终端金刚石 MOSFET 稳定性的原理与介质种类和制备工艺有关。如果介质是具有高电子亲和能(Electron Affinity，EA)的固体过渡金属氧化物，如 MoO_3(EA=6.4eV)、WO_3(EA=6.4eV)和 V_2O_5(EA=6.46eV)等[1-2]，通常要把氢终端表面在大气中的吸附物在真空中高温(常用350～400℃)退火去除，然后淀积这类氧化物，生成新的 2DHG，这种新的 2DHG 所形成的电导在大气环境中 200℃以下都相当稳定。如果不用这种在氢终端表面天然具有类受主性质的介质材料，则一方面可以用低温工艺(≤120℃)制备介质，保护氢终端金刚石表面引起空穴聚集的吸附层不受环境气氛影响，在不太高的温度下也不会让吸附层轻易脱附；另一方面，像近年来报道的氧化铝介质一样，可以通过用水做氧化剂的高温 ALD 制备介质，即使原空气吸附层脱附也可生成新的 2DHG，且新的 2DHG 电导的高温稳定性和长期工作稳定性都得到了初步的验证。

本章以西安电子科技大学相关研究组的研究工作为主，对几种介质的氢终端金刚石 MOSFET 的国内外研究现状做一简介。

5.1 氧化钼

5.1.1 国外研究进展

大气吸附物诱导的氢终端金刚石表面导电沟道具有不稳定性，因此基于固体介质/氢终端金刚石的转移掺杂体系更有应用前景。研究发现 MoO_3、WO_3 和 V_2O_5 等过渡金属氧化物材料具有高的电子亲和能，在具有负的电子亲和能的氢终端金刚石表面上可以实现这种固态转移掺杂作用。此外，这些固态介

质在氢终端金刚石表面起到钝化层的作用，能够有效保护氢终端金刚石表面，因此，理论上有利于实现高性能、高稳定性的器件。以下用 MoO_3 为例来说明。

S. Russell 等人[3]最早报道了用 MoO_3 作为表面介质诱导氢终端金刚石表面电导的研究，并用同步辐射光发射谱观察了 MoO_3/氢终端金刚石表面性质随 MoO_3 沉积厚度(1～64 Å)的变化。在超高真空环境下(1×10^{-10} mbar)400℃原位加热，将氢终端金刚石表面吸附物去除，获得清洁的没有吸附物的氢终端表面；随后冷却至室温，采用 Knudsen 舟在 437℃下升华 MoO_3 薄膜令其沉积在氢终端金刚石表面上。由于 MoO_3 的导带底低于氢终端金刚石表面的价带顶的位置(图 5-1)，金刚石中的电子会转移到 MoO_3 中，在氢终端金刚石表面留下的空穴会形成一层 2DHG。金刚石表面的 2DHG 和 MoO_3 中的负电荷形成界面偶极子，整个结构保持电中性。因此，在氢终端金刚石表面，MoO_3 具有类表面受主性质，或者说有转移掺杂作用。同步辐射光发射谱表明，C 1s 芯能级峰的偏移与金刚石表面带弯曲程度密切相关。从图 5-2(a)中可以看出，和洁净的氢终端金刚石表面相比，随着 MoO_3 覆盖厚度逐渐增加，C 1s 峰持续向低能

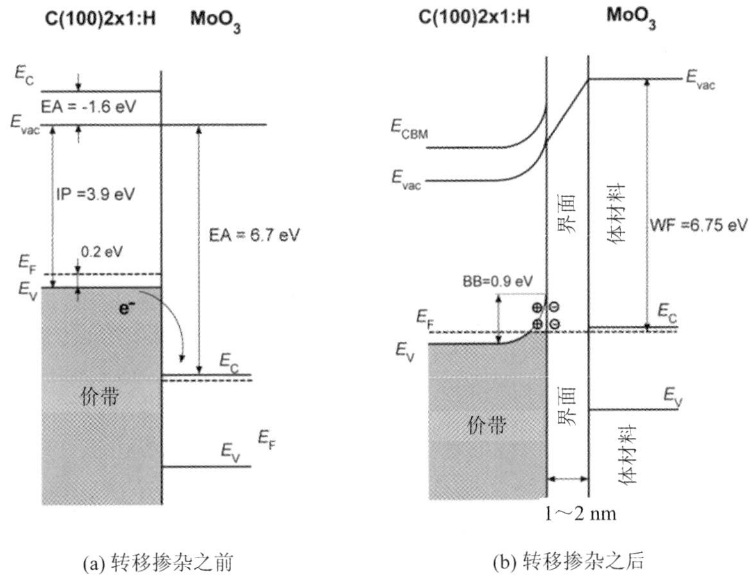

(a) 转移掺杂之前　　(b) 转移掺杂之后

图 5-1　氢终端金刚石表面 MoO_3 的转移掺杂原理图[3]

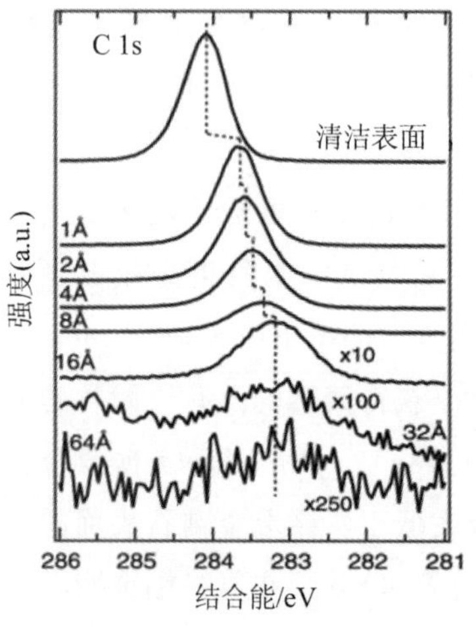

(a) C 1s芯能级谱(光子能量350 eV)

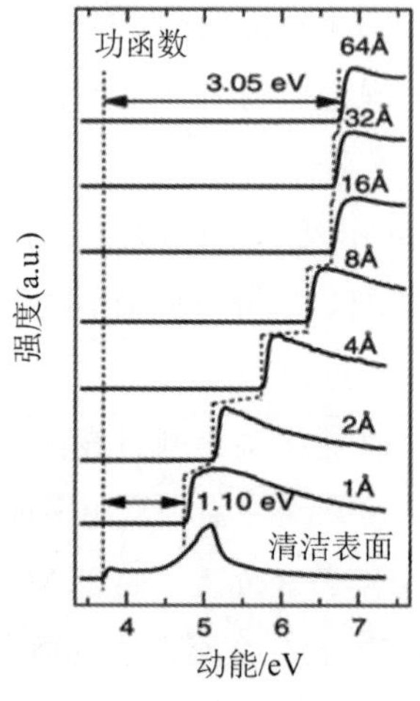

(b) 氢终端金刚石表面功函数随MoO_3覆盖厚度变化而出现的变化

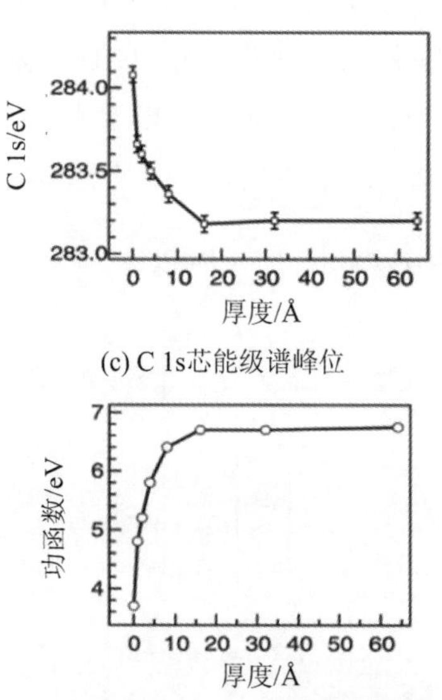

(c) C 1s芯能级谱峰位

(d) 功函数随MoO_3厚度的变化

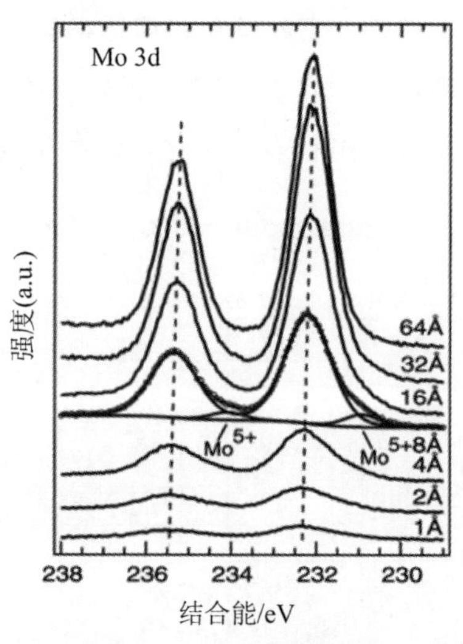

(e) Mo 3d的光电子发射芯能级谱

图 5-2 MoO_3/氢终端金刚石表面的光发射谱[3]

量区域移动，直到 MoO_3厚度达到 16 Å 时，峰位几乎不变，此时氢终端金刚石表面功函数整体变化了 3.05eV，MoO_3/氢终端金刚石界面能带结构和 2DHG 分布趋于稳定。同时，Mo^{5+}/Mo^{6+}比例也从 MoO_3厚度为 1 Å 时的 0.1 减小到 MoO_3厚度为 64 Å 时的 0.02。

M. Tordjman 等人也研究了热蒸发 MoO_3 介质的厚度对于氢终端表面的价带弯曲程度和空穴密度和迁移率的影响，以及 MoO_3/氢终端金刚石表面电导的稳定性[4]。他们发现：

(1) 表面无 MoO_3、靠吸附物形成的氢终端金刚石表面电导，在温度达到300 K 以上时，出现载流子密度降低的现象；

(2) MoO_3 介质层厚度从 1 nm 向 40 nm 增加，氢终端金刚石表面沟道载流子迁移率与载流子密度相对稳定，但厚度在 3 nm 以下时，载流子密度仍会随温度升高发生下降，主要与此时 MoO_3 覆盖不完全有关；

(3) 随着 MoO_3 厚度的增加，Mo^{5+}/Mo^{6+} 比例逐渐降低，MoO_3 的电子能带结构逐渐趋近最理想状态；

(4) 随着 MoO_3 厚度的增加，室温下载流子霍尔迁移率呈现下降趋势，从 50 $cm^2/(V \cdot s)$ 下降到 20 $cm^2/(V \cdot s)$；载流子密度呈现增加趋势，最高可达 1×10^{14} cm^{-2}；

(5) MoO_3 厚度大于 3 nm 时，氢终端表面电导具有良好的稳定性，直至350℃，仍未出现明显的退化。

鉴于 MoO_3/氢终端金刚石表面电导表现出的高载流子密度与高的热稳定性，A. Vardi 等人率先开展了 MoO_3/氢终端金刚石 MOSFET 器件的研制[5]。他们对氢终端金刚石在 350℃下真空退火，然后原位热蒸发 4 nm 厚 MoO_3，在器件的整个有源区表面包括源漏极下方都覆盖了 MoO_3；栅金属下方则再引入200℃ ALD 制备的 10 nm 厚 HfO_2 介质层。然而，所制作的栅长 3.5 μm 的 MOSFET 的饱和电流(1.6 μA/μm)和最大跨导(2.3 μS/μm)与同等栅长的氢终端金刚石 FET 相比都明显偏低，导通电阻也偏大，因此 MoO_3/氢终端金刚石的高电导特性没有表现出来，A. Vardi 等人并没有分析相关原因。根据器件场效应特性正常但源漏导通特性较差的表现来判断，问题可能出在欧姆接触上。

5.1.2　MoO_3/单晶金刚石 MOSFET 器件研究

国内在 MoO_3/氢终端金刚石材料和器件研究方面，主要是西安电子科技大学相关研究组做了一系列器件研究工作。其中，2017 年 6 月发表于 IEEE Electron Device Letters 的文章[6]是该期刊对中国金刚石电子器件研究的首次报道。这项研究工作以 MoO_3 为栅介质在氢终端单晶金刚石衬底上制备出 MOSFET 器件，器件结构如图 5-3 所示。其中，MoO_3 薄膜的生长方式为热蒸发，厚度为 10 nm，蒸发前并没有对氢终端进行真空退火去除吸附物的处理。因此，在这项工作中 MoO_3 不是表面转移掺杂的标准用法，而是作为普通栅介质来应用。

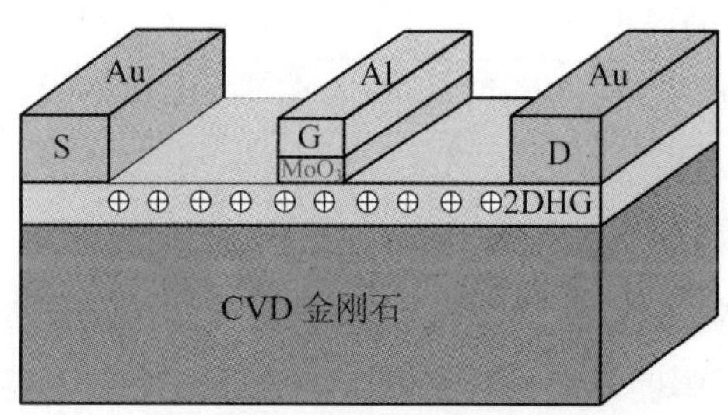

图 5-3　MoO_3/金刚石 MOSFET 器件结构示意图[6]

栅长 $L_G=4\ \mu m$，栅宽 $W_G=50\ \mu m$ 的器件上，测得器件栅、源电极之间的 $I-V$ 特性如图 5-4。在 1.5 V 栅电压下，反向泄漏电流低于 $2\times10^{-5}\ A/cm^2$。但是当 $V_{GS}<-1.3$ V(正偏)时，泄漏电流迅速增加，在 $V_{GS}=-2.0$ V 时达到 $3.33\times10^{-4}\ A/cm^2$。在 $-2.0\ V<V_{GS}<-1.4$ V 范围内，对正向栅电流用 F-N 场发射隧穿模型可获得较好的拟合结果，如图 5-4(b)中直线所示。这说明，在高的正偏栅压下，载流子隧穿越过氧化层是栅漏电的主要来源。

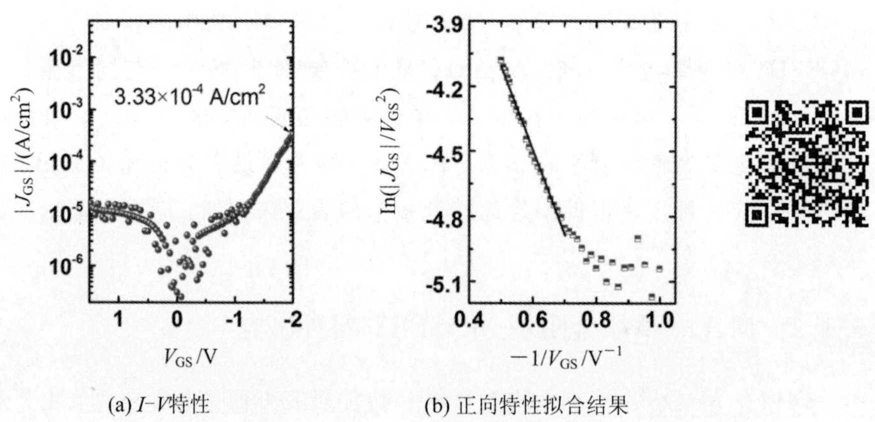

(a) $I-V$特性　　(b) 正向特性拟合结果

图 5-4　MoO_3/氢终端金刚石 MOSFET 器件栅、源电极之间的 $I-V$ 特性[6]

器件的输出特性如图 5－5 所示。在 V_{GS}为－1.5 V 时，器件的输出电流为 33 mA/mm，导通电阻 R_{on}为 75.25 Ω·mm(1505 Ω)。器件的转移特性如图5－6所示，由插图中 V_{GS}与 I_D的平方根关系曲线可提取出阈值电压 V_{TH}＝0.7 V(图 5－6(a))，说明器件是耗尽型器件。器件的跨导随着 V_{GS}从 V_{TH}向负电压方向移动而逐渐增大，并且在 V_{GS}为－1.5 V 时达到最大值 29 mS/mm。器件的开关比达到了 10^7(图 5－6(b))，关态栅漏电限制了器件的最大开关比。器件的亚阈值摆幅为 127 mV/dec。

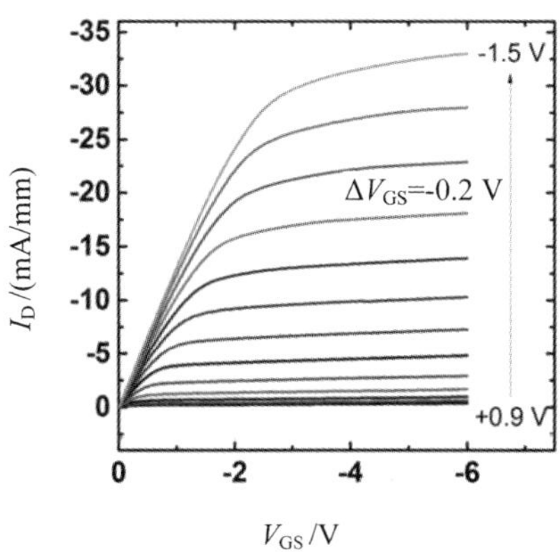

图 5－5　MoO_3/氢终端金刚石 MOSFET 输出特性[6]

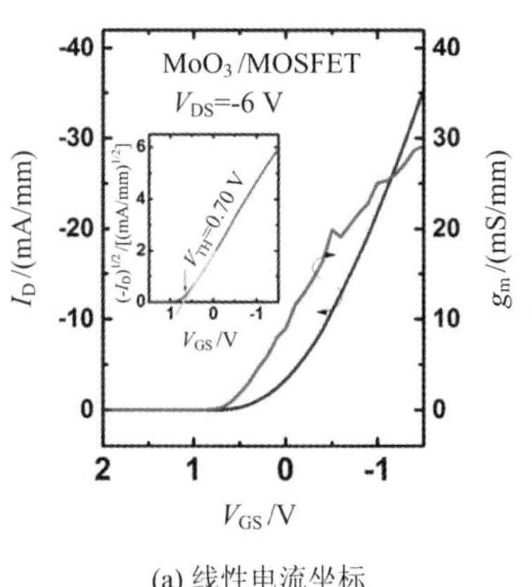

(a) 线性电流坐标

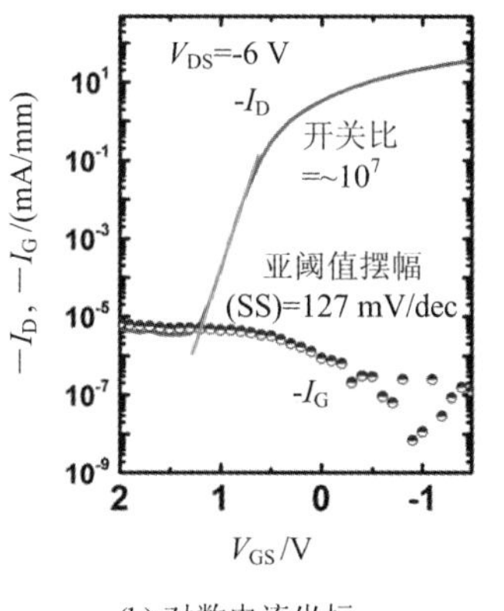

(b) 对数电流坐标

图 5－6　MoO_3/氢终端金刚石 MOSFET 转移特性[6]

为了进一步研究器件沟道的特性，也测量了栅源电容-电压($C-V$)特性如5-7所示。$C-V$ 特性曲线中可以观察到明显的载流子堆积和耗尽特性。最大的电容值为 0.362 $\mu F/cm^2$。一般文献中报道的 MoO_3 的介电常数为 12～18，实际测试得到的电容值偏小，作者推测这是由于热蒸发淀积的 MoO_3 不够致密，所以这样制备的 MoO_3 的介电常数较小。从 $C-V$ 曲线中计算得到在 $V_{GS}=-1.5$时，沟道空穴浓度为 $5.70\times10^{12}\ cm^{-2}$。

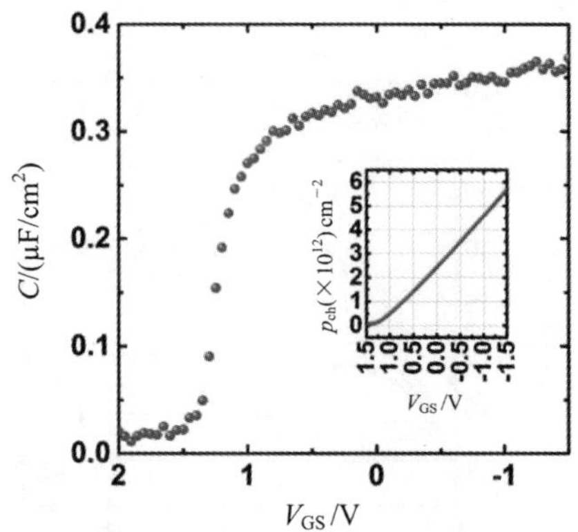

图 5-7 MoO_3/氢终端金刚石 MOSFET 栅源二极管 $C-V$ 特性
(内嵌图给出 $C-V$ 积分载流子密度随栅压的变化)[6]

从 R_{on} 与 $|V_{GS}-V_{TH}|$ 的关系曲线可以提取载流子的有效迁移率(μ_{eff})。如图5-8所示，在 $0.4\ V < |V_{GS}-V_{TH}| < 2.2\ V$ 的范围内，R_{on} 与 $1/|V_{GS}-V_{TH}|$ 成线性关系，所以 μ_{eff} 为常数。R_{on} 与 $1/|V_{GS}-V_{TH}|$ 的关系为

$$R_{on}=R_{DS}+\frac{L}{W\mu_{eff}C_{ox}|V_{GS}-V_{TH}|} \tag{5-1}$$

其中，R_{DS} 为源、漏欧姆接触电阻以及栅源、栅漏通道电阻的总和，L 为器件栅长，W 为器件栅宽，C_{ox} 为氧化层电容。所以，拟合曲线的斜率为

$$k=\frac{L}{W\mu_{eff}C_{ox}} \tag{5-2}$$

由此计算得到有效迁移率 $\mu_{eff}=108\ cm^2/(V\cdot s)$。该迁移率值高于大多数已报道的各种介质的氢终端金刚石 MOSFET 器件的水平，说明 MoO_3 介质和氢终端金刚石表面形成了较好的界面，保持了氢终端金刚石表面的 2DHG 的高输运特性。

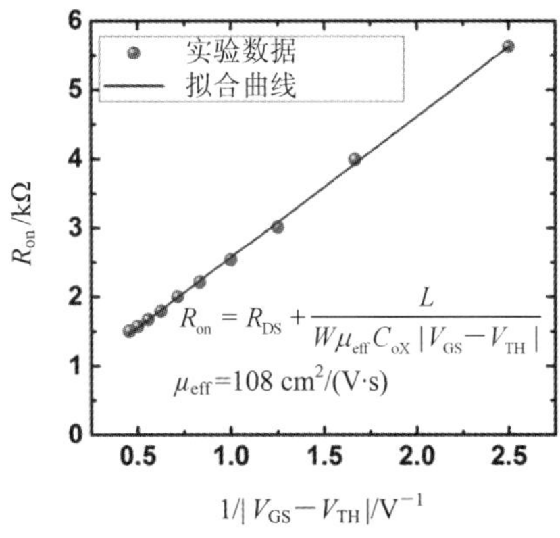

图 5－8　MoO_3/氢终端金刚石 MOSFET 导通电阻与 1/|$V_{GS}-V_{TH}$|的关系[6]

这项研究工作所制备的器件是继 A. Vardi 等人的报道[5]后首次实现高性能的 MoO_3/氢终端金刚石 MOSFET。和当时国际上报道的同等栅长金刚石 MOSFET 器件[7-8]相比，明显具有低导通电阻和高跨导优势。这得益于 MoO_3 和氢终端金刚石表面之间较好的界面特性以及良好的器件制作工艺。但是，低的栅介质耐压限制了器件的动态输入范围和最大电流等性能。

5.1.3　MoO_3/多晶金刚石 MOSFET 器件研究

单晶金刚石虽然具有质量高、表面平整、没有晶界等优点，但是存在尺寸小、成本高的问题。而多晶金刚石具有易生长、成本低、面积大的优点，并且具有大尺寸晶粒的高质量多晶金刚石也可应用于半导体器件的研究。任泽阳等制备了 10 mm×10 mm 氢终端多晶金刚石衬底(元素六金刚石有限公司生产的 TM200)上的 MoO_3 介质 MOSFET，对于 MoO_3 介质全钝化器件关注了器件的重复测量稳定性和变温工作特性[9]，用类似图 5－3 所示的结构引入 MoO_3 栅介质的 MOSFET 测量了小信号频率特性[10]。两种器件在 MoO_3 薄膜蒸发前都没有对氢终端表面做真空退火。

1. 全钝化器件的重复测量稳定性和变温工作特性

该器件结构如图 5－9，栅长为 L_G＝2 μm，栅宽 W_G＝50 μm，MoO_3 薄膜的生长方式为热蒸发，厚度为 10 nm[9]。连续三次测量器件的输出特性如图 5－10。V_{GS}＝－2.5 V 时，I_{DS}为 100 mA/mm，R_{on}为 76.54 Ω·mm(1530.73 Ω)。与同

一研究组之前报道的单晶金刚石 MoO_3 介质 FET[6] 相比，虽然 R_{on} 略高，但是 I_{DS} 值达到了单晶器件的 3 倍。此外，在第一次和第三次测量之间，饱和电流 I_{DS} 值下降 3.3%，而在第二次和第三次测量之间，I_{DS} 近似保持稳定。与文献中报道的未钝化氢终端金刚石 MESFET 器件反复测量输出特性时电流的退化程度(图 5-11)[11] 相比，MoO_3 钝化层有效地保护了氢终端金刚石表面吸附层，防止其脱附，从而保证了器件的稳定性。测量结果还表明，饱和电流 I_{DS} 的小幅度下降是伴随着第一次和第三次测量之间 R_{on} 的微弱下降、饱和漏极电压(V_{DS})以及 V_{TH} 的绝对值变小(此处未示出)而出现的。根据这些现象，研究者推测在连续的 $I-V$ 扫描中，MoO_3 层的界面态或陷阱捕获空穴，降低了沟道中空穴的密度，从而导致 V_{TH} 和 V_{DS} 的变化。但该过程可能会降低氢终端表面负电荷，从而降低表面库仑散射，因此有效空穴迁移率略有增加，导致 R_{on} 降低。由于饱和电流 I_{DS} 与迁移率和 $(V_{GS}-V_{TH})^2$ 的乘积成正比，因此这些量的变化的综合作用导致 I_{DS} 略有下降。

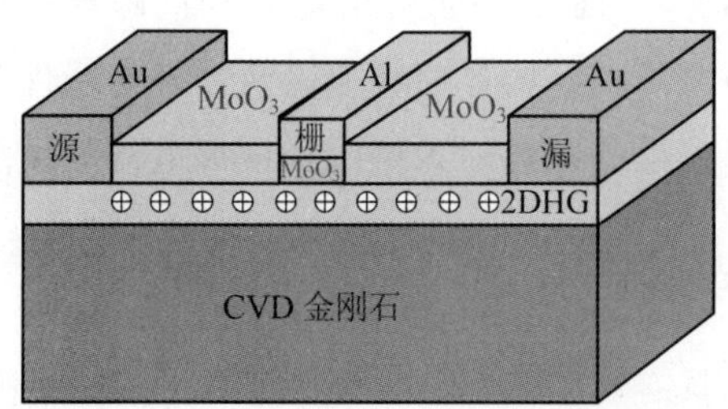

图 5-9 全钝化 MoO_3/氢终端金刚石 MOSFET 结构示意图[9]

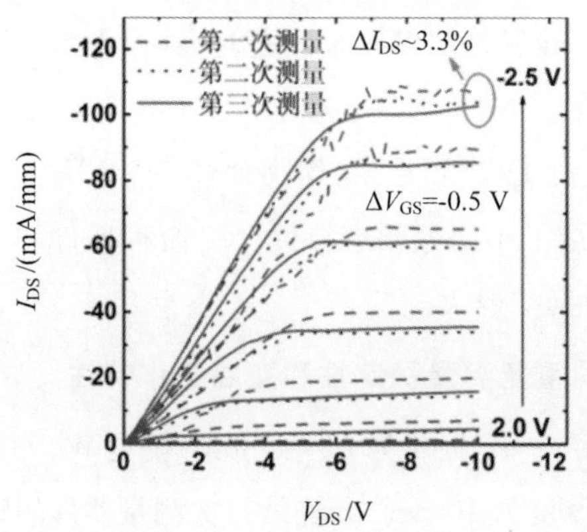

图 5-10 MoO_3/氢终端金刚石 MOSFET 连续三次测量的输出特性[9]

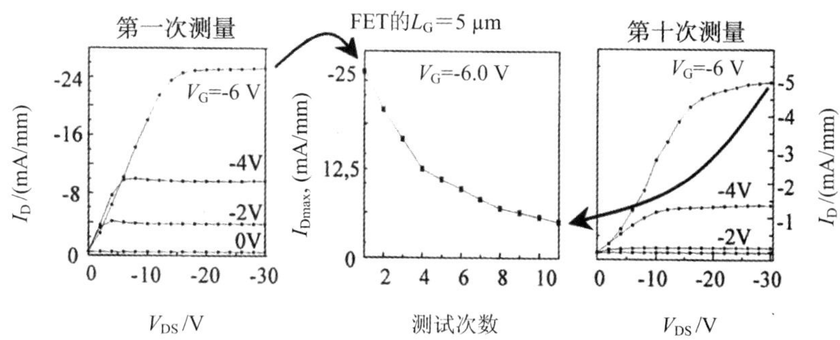

图 5－11　未钝化氢终端金刚石 MESFET 器件输出特性连续测量时的退化现象[11]

良好的高温工作特性对氢终端金刚石晶体管的广泛应用具有重要意义。为了避免高温下可能出现的不可逆的器件失效，测试另一组由相同工艺制备的多晶金刚石 FET。器件的栅长和栅宽分别为 4 μm 和 50 μm，在室温和 200℃下测量的输出特性如图 5－12 所示。饱和电流 I_{Dsat}从室温下的 40 mA/mm 增加到 200℃时的 48 mA/mm。与室温相比，器件的输出电流没有降低反而升高，这与预想的结果不同。在沟道载流子浓度不变，迁移率因升温而退化的前提下，温度升高电流应该会下降。K. Hirama[12]等人也报道了 Al_2O_3钝化的金刚石单晶 MOSFET 器件在 200℃下的输出特性，与室温下相比器件输出电流下降了 10%。

进一步分析图 5－12 所表现的器件行为，发现 I_{DS}在高温下增加的同时，伴随着 R_{on}和$|V_{DS}|$的增加以及$|V_{TH}|$的增大。对这些现象的一个可能的解释是，高温下沟道中空穴增加，因此 V_{TH}和 V_{DS}的绝对值增大，但是增强的晶格振动散射会导致迁移率降低，因此 R_{on}增加。空穴密度和迁移率的变化而产生的综合效应引起 I_{DS}增加。这里，沟道空穴密度增加应归因于 MoO_3在高温下增强的转移掺杂效应，而不是残余硼杂质的电离。这是因为，杂质电离释放的体空穴的迁移率普遍高于 2DHG，这会导致 R_{on}降低，而不是实测结果中 R_{on}增加的现象。

继续升温到 250℃，测得的晶体管的输出特性已没有饱和区，随后立刻发生不可逆的器件失效。另外需要注意的是，若器件长时间置于环境温度 200℃的空气气氛中，器件也会发生不可逆的失效。这是由于暴露在空气中的 MoO_3材料在高温下会发生性质改变(显微镜下可看到 MoO_3薄膜颜色发生改变)，导

致 MoO_3 钝化介质失效，进而导致器件失效。作为对比，未钝化的金刚石 MESFET 器件虽然升温到 200℃时输出电流下降，但是再度冷却到室温时，器件的特性可以恢复。

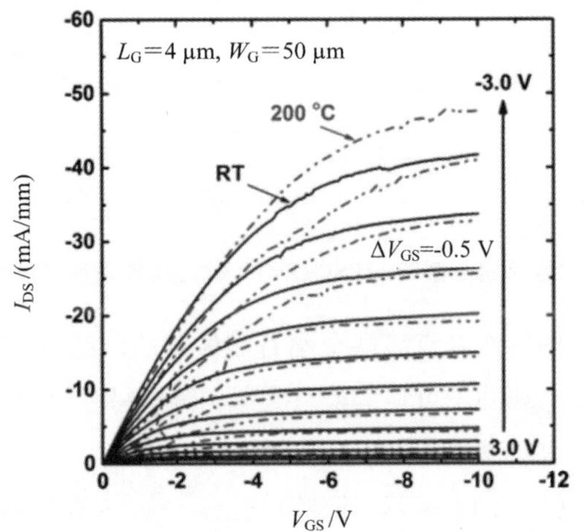

图 5-12　MoO_3/氢终端金刚石 MOSFET 室温和 200℃下的输出特性[9]

在这项器件变温工作特性的报道之后，国外研究者对氢终端金刚石进行真空高温退火再热蒸发淀积 100 nm 厚的 MoO_3 介质薄膜，并研究了其方块电阻在不同温度和环境气氛下的表现[13]。研究发现：在一个 80 分钟升温到 300℃再降温到室温的近似匀速变温过程中，空气气氛下方阻在升温至 200℃以下时近似稳定，随后继续升温和降温时方阻始终增大，降温过程也不会恢复到高温前的大小；而在真空中方阻在整个变温过程能够保持稳定。若在 MoO_3 介质表面再沉积一层约 600nm 厚的氢倍半硅氧烷（Hydrogen Silsesquioxane），则器件可在空气气氛中历经整个变温过程保持方阻稳定。

2. MoO_3/氢终端金刚石 MOSFET 器件的频率特性

为了能够测试 MoO_3/氢终端金刚石 MOSFET 器件的频率特性，研究者制作了共面波导型器件[10]，如图 5-13 所示。该器件的纵向结构与图 5-3 一致，单个栅条的栅长为 2 μm，栅宽为 25 μm。器件的输出特性如图 5-14 所示。栅极电压(V_{GS})为−5 V 时，I_{DS}为 150 mA/mm，R_{on}为 48.52 Ω·mm。在 V_{DS}=−8 V 时，器件的转移特性如图 5-15 所示。阈值电压为 1.7 V，跨导在 V_{GS}为−3 V 时达到最大值 27 mS/mm，器件的开关比大于 10^7，亚阈值摆幅 112 mV/dec。

图 5－13　具有共面波导型版图的 MoO_3/氢终端金刚石 MOSFET 器件

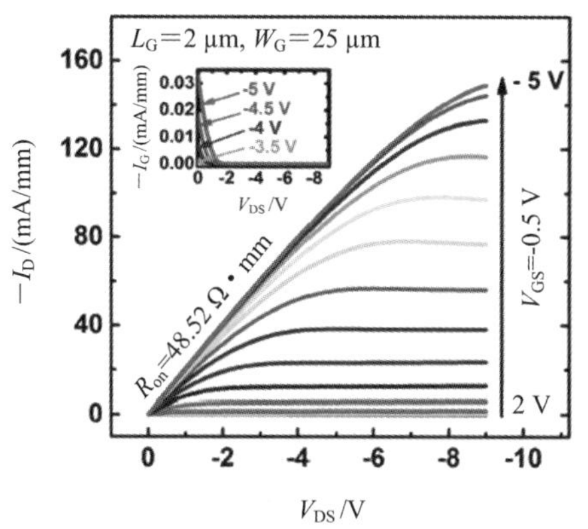

图 5－14　器件的输出特性

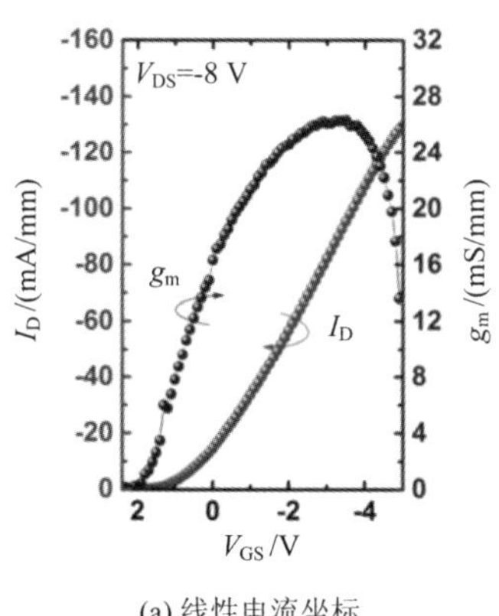

(a) 线性电流坐标

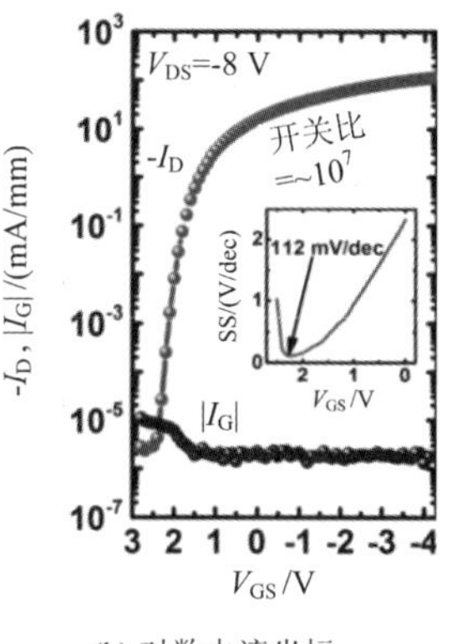

(b) 对数电流坐标

图 5－15　器件的转移特性

研究中首先测试了不同频率下栅源二极管的 $C-V$ 特性(图 5－16)。不同频率下曲线的分散性较小，说明 MoO_3 和氢终端金刚石表面之间的界面特性较好。从 100 kHz 和 1 MHz 下测得的 $C-V$ 曲线中提取得到平带电压的差值为

0.15 V，若从 1 MHz 增加至 10 MHz，则平带电压的差值增加至 0.48 V。100 kHz 至 10 MHz 范围内的最大电容为 0.352～0.383 μF/cm²。采用热蒸发法制备得到的 MoO_3 薄膜的 O/Mo 比一般小于 3，薄膜含有较多氧空位，这些氧空位可以在导带下方形成缺陷能级，从而引起 $C-V$ 曲线频率分散。此外，电容曲线在上方平台区(载流子累积区)的频率分散现象应归因于栅源之间较大的串联电阻的影响。

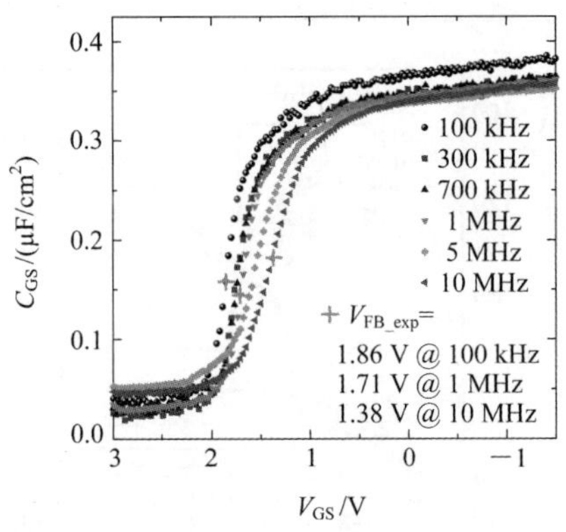

图 5-16　不同频率下器件栅源二极管的 $C-V$ 特性

此外，研究中测试了 0.1 GHz 到 3 GHz 频率范围内器件的交流小信号特性。测试之前对设备进行在片 TRL 校准。器件在栅压 $V_{GS}=-3$ V 时达到跨导的峰值，并且当 V_{DS}处于−8 V 到−12 V 之间，跨导随栅压变化的曲线上跨导峰值一直处于$-2.5\text{ V}<V_{GS}<-3.5\text{ V}$ 的范围内。在 $V_{GS}=-3$ V 和 $V_{DS}=-12$ V 下的小信号特性测试中得到的 f_T 为 1.2 GHz，f_{max} 为 1.9 GHz(图 5-17)。

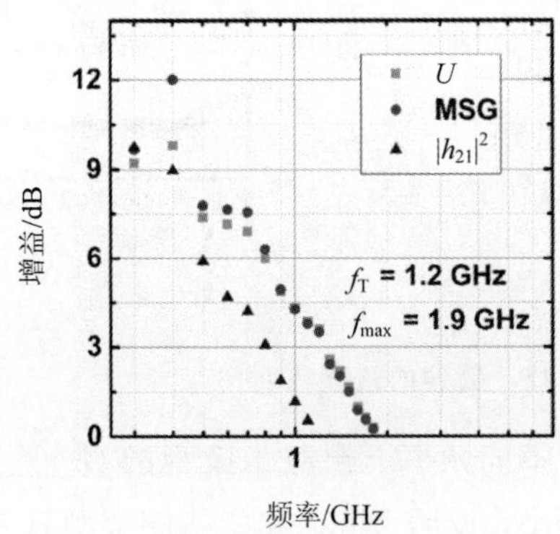

图 5-17　器件的交流小信号特性

由于同片上短路结构没能制作成功，该频率特性结果并没有做去嵌入处理，数值和通常文献报道的去嵌入结果相比偏低。同等栅长的金刚石 MISFET 已报道的频率特性有 C. Verona 等人报道的 V_2O_5/金刚石 MOSFET[14]，f_T = 2.1 GHz，最大跨导 80 mS/mm；以及 H. Matsudaira 等人报道的 GaF_2/金刚石 MISFET[15]，f_T > 2 GHz，最大跨导 50 mS/mm。本节的 MoO_3/氢终端金刚石 MOSFET 器件的最大跨导为 27 mS/mm，因此获得 f_T = 1.2 GHz 是合理的。进一步提高器件特性需要降低栅下沟道电阻和源漏串联电阻。

5.2 氧化铝

Al_2O_3是半导体器件中一种常用的高介电常数介质，生长工艺成熟，而且材料质量高，因此也被广泛应用于氢终端金刚石器件的研究中。Al_2O_3的电子亲和能较小，与具有高功函数的MoO_3等材料相比，理论上没有类似的转移掺杂作用可以在氢终端金刚石表面形成高的 2DHG 浓度，但是目前大多数高性能的氢终端金刚石 FET 都是采用 Al_2O_3作为栅介质或者钝化层来实现的。

5.2.1 国际研究进展

用于氢终端金刚石器件中的 Al_2O_3介质主要有两种制备方法。第一种是在氢终端金刚石表面沉积铝薄膜，然后在较低温度如 120℃以下在空气中自氧化。第二种是用 ALD 工艺，主要有低温和高温两种技术路线。低温 ALD 工艺是用于制备氢终端表面吸附物的保护性介质，工艺温度通常低于 150℃，有沉积单层 Al_2O_3用于栅介质或钝化层，也有作为缓冲层配合其他介质一起作栅介质的用法。高温 ALD 工艺是日本早稻田大学提出的，450℃下用水做氧化剂在氢终端金刚石表面沉积 Al_2O_3介质。450℃的工艺温度下，氢终端表面的吸附物已脱附，然而所制成的 Al_2O_3/氢终端金刚石 MOS 结构和 MOSFET 器件都表现出 p 型电导，说明在 ALD 工艺中金刚石表面形成了新的 2DHG。

除了保护氢终端表面吸附物以外，若器件表面需要带着光刻胶制备 Al_2O_3介质，如只在栅极下方引入介质这种情况，因为光刻胶加热温度受限，也需要低温 ALD 或自氧化工艺制备 Al_2O_3介质。低温工艺制备的 Al_2O_3介质的介电常数通常明显低于其理想值 9，可能是致密性不够好，但是从文献中的应用情况看，漏电还是比较低的。刘江伟等人制备的120℃ ALD Al_2O_3(25.4 nm)/氢终端金刚石MOS结构在−4.0~4.0 V电压下，漏电流密度低于1×10^{-7} A/cm²[16]。

ALD Al_2O_3/氢终端金刚石界面能带结构如图5-18所示，一般用XPS测量，其价带带阶(ΔE_V)在不同报道中有差异。刘江伟等人用120℃ ALD制备Al_2O_3，测得ΔE_V为2.9 eV[17]。K. Hirama等人在吸附NO_2的氢终端金刚石用150℃ ALD制备Al_2O_3，测得ΔE_V为3.9 eV[18]。

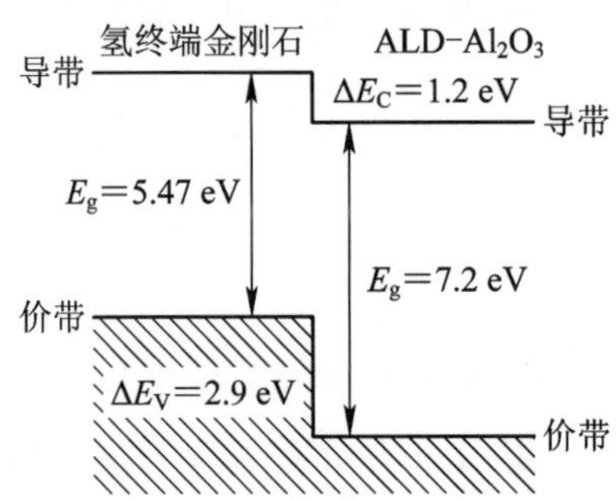

图5-18 Al_2O_3介质层与氢终端金刚石界面能带结构图[19]

表5-1给出了Al_2O_3/氢终端金刚石MOSFET器件的最好性能(其中只有f_{max}=120 GHz这一例是MESFET工艺)，这些性能也是所有氢终端金刚石FET的最佳器件性能报道。大电流、高跨导特性、高压特性研究和很多微波功率特性报道都采用了低温工艺制备的Al_2O_3介质。早稻田大学的最大微波输出功率密度的报道则采用了450℃ ALD Al_2O_3介质。

表5-1 Al_2O_3/氢终端金刚石MOSFET器件性能一览表

指标意义和参数值	器件结构	Al_2O_3介质制备方法	报道单位和数据来源
最大I_{Dmax}=1.35 A/mm	L_G=0.4 μm，氢终端多晶金刚石吸附NO_2后沉积17 nm厚Al_2O_3钝化介质	150℃ ALD	NTT基本研究实验室[20]
最大跨导g_{mmax}=430 mS/mm，第二大I_{Dmax}=1.2 A/mm	L_G=0.5 μm，(111)择优取向氢终端多晶金刚石上仅栅下形成3~5 nm厚Al_2O_3栅介质	自氧化	早稻田大学[21]

续表

指标意义和参数值	器件结构	Al_2O_3介质制备方法	报道单位和数据来源
最高 $f_T=70$ GHz ($g_{mmax}=206$ mS/mm，$f_{max}=80$ GHz)	$L_G=0.1$ μm，氢终端多晶金刚石上仅栅下沉积6 nm厚 Al_2O_3钝化介质	80℃ ICP-PEALD沉积	中国电子科技集团五十五所[22]
* 最高 $f_{max}=120$ GHz ($f_T=38$ GHz)	$L_G=0.1$ μm，氢终端多晶金刚石上直接形成肖特基栅(铝)	无	NTT基本研究实验室[23]
最高击穿电压：2608 V	$L_G=1.5$ μm，$L_{GD}=12.3$ μm，氢终端单晶金刚石表面吸附 NO_2，源漏间沉积 Al_2O_3钝化介质	120℃ ALD	佐贺大学[24]
1 GHz 最高输出功率密度：3.8 W/mm	$L_G=0.5$ μm，(110)择优取向氢终端多晶金刚石上沉积100 nm厚 Al_2O_3钝化介质	450℃ ALD (水做氧化剂)	早稻田大学[25]
2 GHz 最高输出功率密度：1.04 W/mm	$L_G=0.45$ μm，氢终端单晶金刚石上形成50 nm厚 Al_2O_3钝化介质	350℃ ALD (水做氧化剂)	中国电子科技集团五十五所[26]
10 GHz 最高输出功率密度：1.26 W/mm	$L_G=0.35$ μm，氢终端单晶金刚石上形成50 nm厚 Al_2O_3钝化介质	350℃ ALD (水做氧化剂)	中国电子科技集团五十五所[27]

* 该器件为MESFET工艺。

早稻田大学Kawarada研究组开发的450℃ ALD Al_2O_3介质在氢终端金刚石高压器件和微波功率器件应用中得到了验证，并且表现出非常好的高温(400℃)工作特性[28]。该工艺过程中之所以能够产生新的氢终端表面p型电导，Kawarada等人解释为 Al_2O_3中可能存在间隙氧点缺陷 O_i或铝空位 V_{Al}，其空能级可能低于氢终端金刚石表面的价带顶(O_i能级在 Al_2O_3价带上方约1 eV处，ALD Al_2O_3/氢终端金刚石界面能带结构参见图5-18)；若这些空能级被

电子占据，则由于电中性，会引起空穴在金刚石近表面处的积累。然而，Kawarada 研究组并未给出实验证据支持该理论。在热稳定性验证方面，他们在氢终端金刚石表面上用 ALD 制备了生长温度分别为 200℃、300℃、350℃、400℃和 450℃的 38nm Al_2O_3 薄膜，然后 550℃退火 1h 后观察样品的方块电阻和表面形貌[29]，发现生长温度越低，则方块电阻在退火后上升越多，同时样品表面观察到的类气泡图案越多(图 5-19)。据推测，这种类气泡图案与 Al_2O_3 薄膜中的氢浓度有关。ALD 生长温度越低则 Al_2O_3 薄膜中的氢浓度越小，因此，这种类气泡图案可能是 Al_2O_3 薄膜或界面局部出现氢的积累，或者出现了气态氢或者水的渗出。这个现象说明，在氢终端金刚石表面，ALD Al_2O_3 的生长温度越高，热稳定性越好。

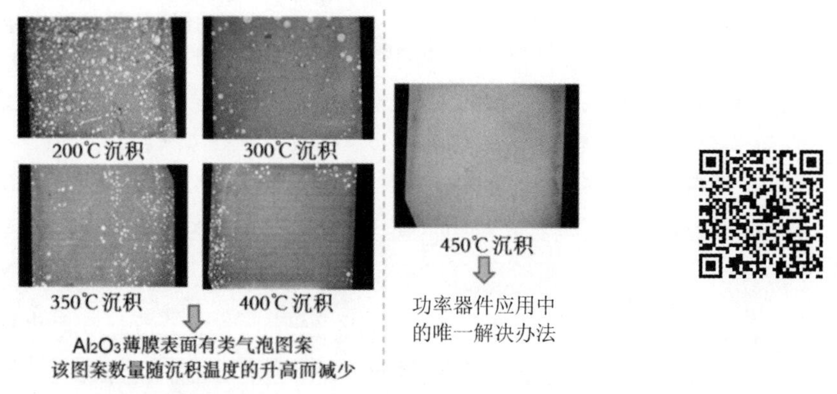

图 5-19　氢终端金刚石表面上用 ALD 制备的不同生长温度的 38nm Al_2O_3 薄膜在 550℃ 退火 1h 后的表面形貌[29]

5.2.2　基于不同温度 ALD-Al_2O_3 介质的金刚石 MOSFET 研究

国际上对 ALD-Al_2O_3 介质在氢终端金刚石器件中应用的研究现状显示：利用 150℃以下低温 ALD-Al_2O_3 介质获得的器件有利于实现大电流、高跨导，但是热稳定性略差；利用 450℃高温 ALD-Al_2O_3 介质获得的器件有利于实现高耐压、好的热稳定性，但是电流和跨导一般不高。本书作者所在的西安电子科技大学的研究者对 ALD 生长温度选取为 200℃和 300℃，做了 Al_2O_3/氢终端金刚石 MOS 结构和 MOSFET 器件研究，期望在电流、耐压等方面获得折衷优化的性能[30]。之后又进一步优化了 300℃ALD Al_2O_3/氢终端金刚石 MOSFET

器件，测量了 MOS 结构界面能带结构[31]。下面将具体展开介绍该研究。

在氢终端多晶金刚石衬底上，分别以 200℃（器件 A）和 300℃（器件 B）ALD 生长的 Al_2O_3 为介质层制备得到 MOSFET 器件[30]。器件栅长为 2 μm，栅宽为 50 μm，Al_2O_3 薄膜的厚度为 20 nm。

器件的输出特性和转移特性分别如图 5－20 和图 5－21 所示。在 $V_{GS}=-10$ V时，器件 A 和 B 的 I_{Dmax} 分别为－339 mA/mm 和－85 mA/mm，饱和区的阈值电压 V_{TH} 分别为＋7.4 V 和＋4.4 V。器件 A 的 V_{TH} 在同期报道的常开型器件中为第二高值，而最高值（＋11 V）来自吸附 NO_2 并以 Al_2O_3 钝化的氢终端金刚石 MOSFET 器件的报道[20]。高的 V_{TH} 表明栅下沟道中的载流子浓度较高。器件 A 与 B 的跨导峰值分别为 25 mS/mm 和 12 mS/mm，两者都在 $|V_{GS}-V_{TH}|=8$ V 附近获得，这表明器件 A 与 B 的有效空穴迁移率对栅压的依赖性近似相同。在 $V_{GS}\leqslant-8$ V 时，器件 A 的跨导意外地出现了二次增加，其原因仍需进一步的研究。器件 A 和 B 的开关比都是 10^4，这在常见的氢终端金刚石 FET 中是一个较小值。为了探究较低的开关比的成因，检查了器件中各种可能的泄漏电流。一方面注意到转移特性中的 I_G 至少比关态漏极电流（I_{off}）低三个数量级，另一方面注意到器件隔离工艺后在两个彼此隔离的金电极间施加－6 V 的电压时，获得的电流在 1×10^{-6} A 量级，与关态漏电流 I_{off} 相同。因此，较大的关态漏电流可能源于器件隔离工艺的不完善。

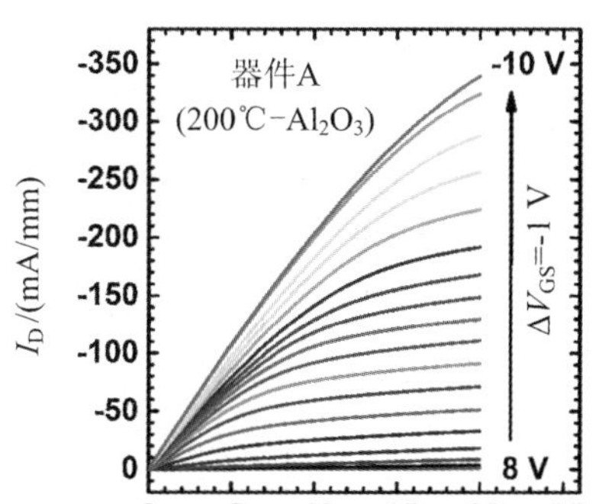

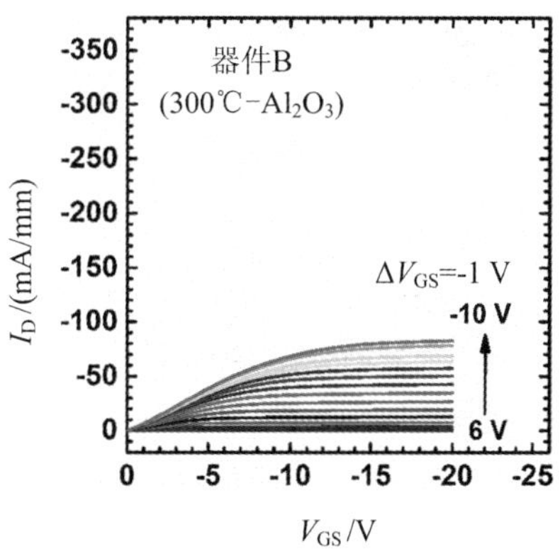

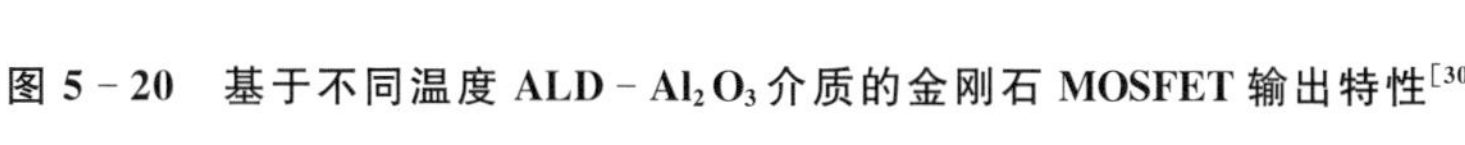
图 5－20　基于不同温度 ALD－Al_2O_3 介质的金刚石 MOSFET 输出特性[30]

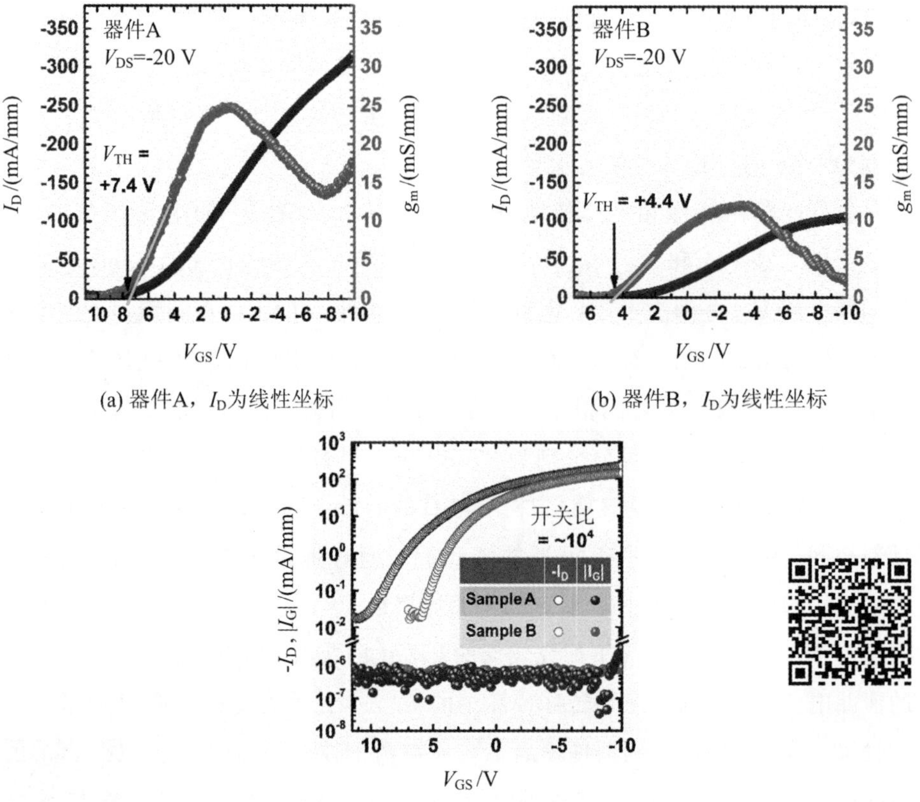

(a) 器件A，I_D为线性坐标

(b) 器件B，I_D为线性坐标

(c) 器件A和B，I_D为对数坐标

图 5-21 不同温度 ALD-Al_2O_3 介质金刚石 MOSFET 转移特性[30]

器件 A 与 B 的唯一区别是器件 A 在 Al_2O_3 薄膜的生长过程中采用更低的温度(200℃)。Al_2O_3生长工艺的改变会导致不同的介质/氢终端金刚石界面特性以及不同的介质特性，例如介电常数、漏电特性、缺陷和陷阱等。考虑到由吸附层的转移掺杂效应在氢终端金刚石表面形成的 p 型导电层的热敏特性，低温缓解了 ALD 生长 Al_2O_3 过程中氢终端金刚石的电导退化问题。另外，Kawarada 等人提出[32]，在金刚石价带边缘下方的 Al_2O_3 带隙中存在一些未被占据的能级，电子可能从氢终端金刚石表面转移过来占据这些能级，在 ALD-Al_2O_3/氢终端金刚石界面处形成新的 2DHG。和作者在同种多晶金刚石衬底上制备的栅长 2 μm 的 MESFET 的 $|I_{Dmax}|$(约 100～180 mA/mm)相比，器件 A 的 $|I_{Dmax}|$ 显著增大，这与 ALD 工艺后空穴密度的提高相一致。器件 B 的阈

值电压 V_{TH}低于器件 A，可能是由于沟道中空穴密度较低(或在 Al_2O_3层中较低的负电荷密度)。此外，300℃下 ALD 生长的 Al_2O_3栅介质拥有更高的介电常数，因此，即使空穴密度相同，也会导致更大的栅极电容和更小的阈值电压 V_{TH}。然而，大的栅电容或者说强的栅控制作用应导致高跨导出现，器件 B 的 g_m却更低，因此器件 B 的空穴密度应该较低，从而导致输出电流也较低。

为了进一步研究 Al_2O_3薄膜的特性，测试分析栅-源二极管的 $I-V$ 特性和 $C-V$ 特性，结果如图 5-22 所示。在反偏 V_{GS}下，器件 A 与 B 的栅电流 I_G低于 6×10^{-11} A。然而在正向偏置下，器件 A 的栅电流 I_G在 $V_{GS}=-7$ V 时开始增

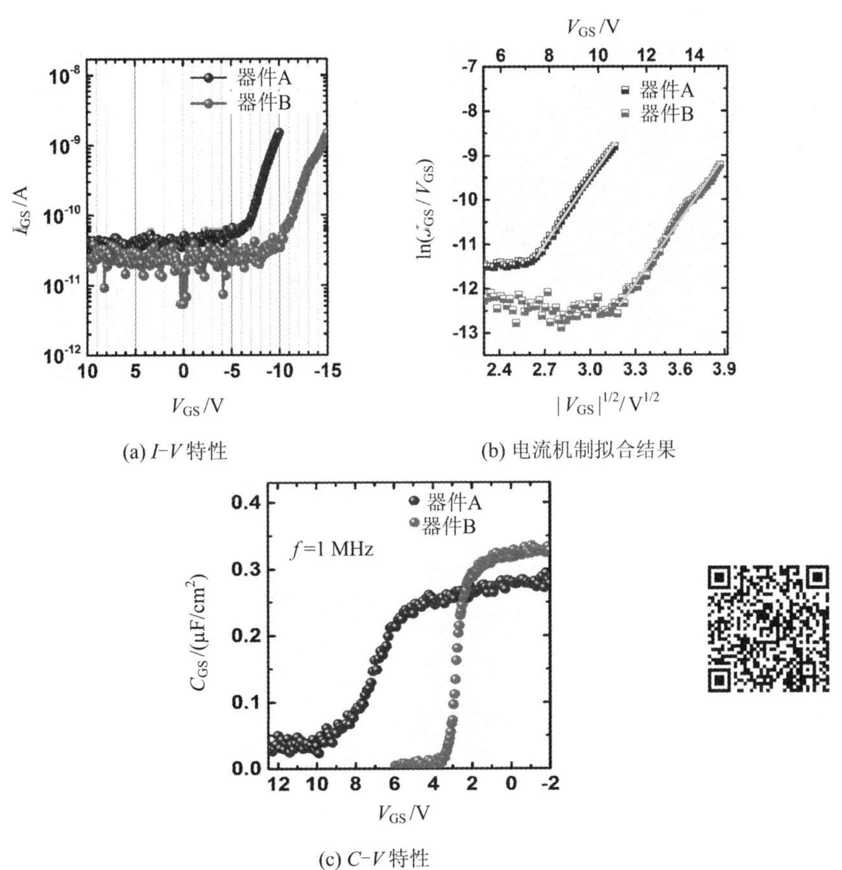

(a) $I-V$ 特性

(b) 电流机制拟合结果

(c) $C-V$ 特性

图 5-22　不同温度制备 ALD-Al_2O_3 介质的金刚石 MOSFET 栅源二极管[30]

加，器件 B 的栅电流 I_G 在 $V_{GS}=-10$ V 时开始增加。器件 A 在 $-7\text{ V}<V_{GS}<-10\text{ V}$ 的范围以及器件 B 在 $-10\text{ V}<V_{GS}<-15\text{ V}$ 范围内的正偏 $I-V$ 特性可以用 Frenkel-Poole (F-P) 发射机制进行拟合，如图 5-22(b)所示。拟合结果表明，高电场下氧化层中的陷阱将空穴发射进入氢终端金刚石的价带之中是正向泄漏电流形成的主要原因。器件 B 的最高电容大于器件 A，表明 300℃下 ALD 生长的 Al_2O_3 薄膜拥有更高的介电常数。然而，由 $C-V$ 曲线积分面积($\int CdV$)计算的空穴密度在器件 A 中明显较高。I_G-V_G 与 $C-V$ 特性结果相结合可以表明，300℃下 ALD 生长的 Al_2O_3 薄膜的质量更高，但是器件 A 中较高的空穴密度导致其 I_{Dmax} 更高。

进一步通过连续的 $I-V$ 测试评估器件的室温连续工作稳定性。为了避免在 Al_2O_3 栅介质中触发 F-P 发射，以-1 V 为步进量，连续 20 次测量器件 A 在 8 V 至-5 V 的栅压范围内和器件 B 在 5 V 至-10 V 的栅压范围内的输出特性。图 5-23 总结了器件 A 在 $V_{DS}=-20$ V，$V_{GS}=-5$ V 时的 I_{Dmax} 与 R_{on}，以及器件 B 在 $V_{DS}=-20$ V，$V_{GS}=-10$ V 时的 I_{Dmax} 与 R_{on}，在两个器件中这些量几乎都没有变化。结果表明，如果栅介质中没有高电场下增强的 F-P 发射，两种 ALD-Al_2O_3 介质钝化的氢终端金刚石 MOSFET 在连续工作中都表现出良好的稳定性。

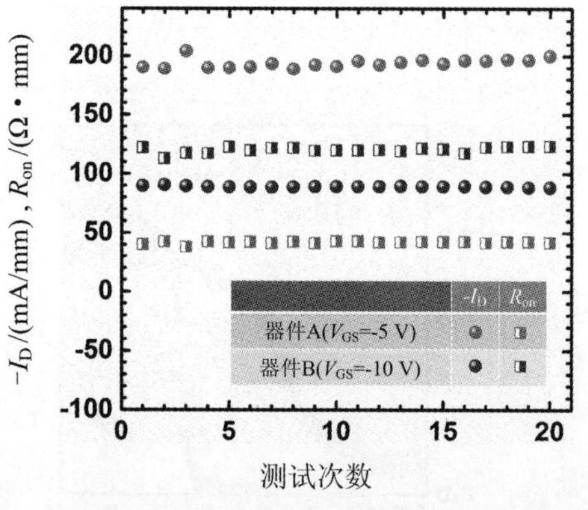

图 5-23　不同温度 ALD-Al_2O_3 介质金刚石 MOSFET 连续的输出特性测试结果(这里 I_D 指的是 I_{Dmax})[30]

5.2.3　基于 300℃ ALD - Al_2O_3 介质的器件优化

由 5.2.2 节中的研究结果可知，在 300℃下 ALD 生长的 Al_2O_3 薄膜拥有更高的介质质量，但是器件的电流和跨导偏小。本节主要介绍基于该结果开展的一项器件工艺优化和结构多样化的研究工作[31]。

首先，通过优化器件结构来提高器件性能。如图 5 - 24 所示，两种器件结构的源漏间距都是 6 μm。器件 A 的栅长为 2 μm，栅源、栅漏间距也是 2 μm；器件 B 的栅长为 6 μm，从而消除了常规器件中的栅源、栅漏间距，或者严格地讲，栅极和源极/漏极之间的间距等于 Al_2O_3 薄膜的厚度(25 nm)。器件 B 的结构以下称为零栅源间距结构。

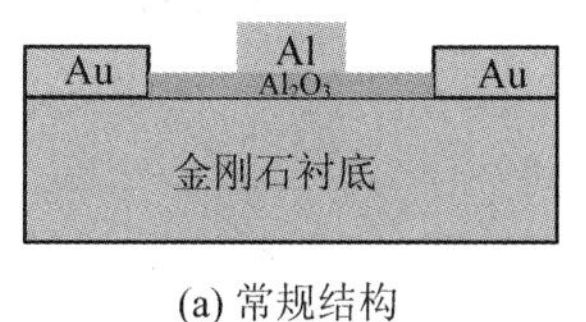

(a) 常规结构

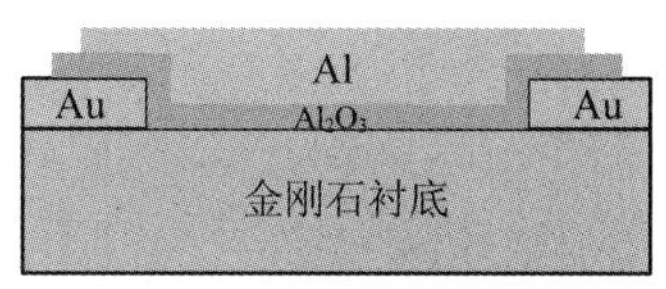

(b) 零栅源间距结构

图 5 - 24　基于 ALD - Al_2O_3 介质金刚石 MOSFET 的不同器件结构[31]

其次，氢终端处理配合 300℃ ALD 生长 Al_2O_3 薄膜的工艺也做了优化，令器件电流有了明显提升。器件的输出特性如图 5 - 25 所示，光学显微镜下观察到的单个器件栅极附近版图的俯视图如插图所示。器件 A 和 B 在 V_{GS} 为 −6 V 时的 I_{Dmax} 分别为 −176 mA/mm 和 −163 mA/mm，R_{on} 分别为 59.96 Ω · mm 和 46.20 Ω · mm。在同期发表的高温(≥300℃)下制备栅介质的氢终端金刚石 MOSFET 研究报道中，器件 B 的导通电阻 R_{on} 是最低值。

V_{DS} = −12 V 时器件的转移特性如图 5 - 26 所示。从漏极电流的平方根与 V_{GS} 的关系(图 5 - 26 的插图)中提取出器件 A 与 B 的 V_{TH} 分别为 11.1 V 和 10.1 V。最大跨导分别为 17.34 mS/mm 和 15.41 mS/mm。所有器件都表现出低于 10^{-10} A(图 5 - 27(a))的栅极电流，以及高达 10^{10} 的开关比(图 5 - 27(b))。高的开关比表明器件隔离良好，衬底漏电和栅漏电小。

输出和转移特性结果表明，L_{SD} = L_G = 6 μm 的器件 B 与器件 A 的 I_{Dmax} 和 g_{mmax} 近似相同，导通电阻 R_{on} 甚至比 L_{SD} = 6 μm，L_G = 2 μm 的器件 A 小。器件 B 的 R_{on} 值较小是意料之外的结果，因为器件 B 的栅长远大于器件 A。然而，如果忽略欧姆接触电阻，在 V_{GS} 为－6 V 时，可估算出栅极下方的方块电阻为 7.7 kΩ/sq，如果考虑欧姆接触电阻，该值甚至更小；这样则栅下方块电阻小于无栅的 Al_2O_3/氢终端金刚石区域的方块电阻(11.15 kΩ/sq)，也就是在源漏之间的沟道中，器件 B 的低阻沟道区所占比例比器件 A 更多，因此器件 B 的 R_{on} 值更小是合理的。

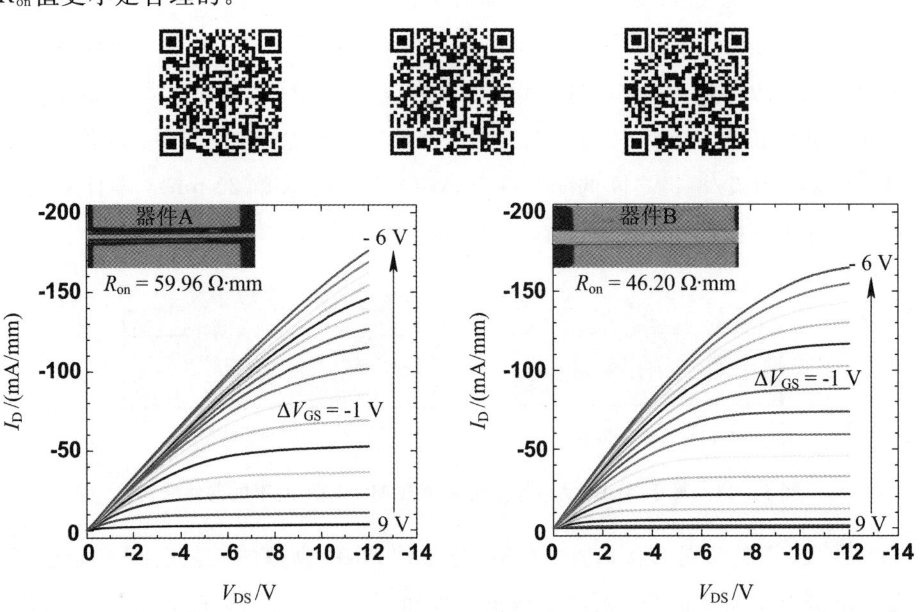

图 5-25　器件 A 与 B 的输出特性[31]

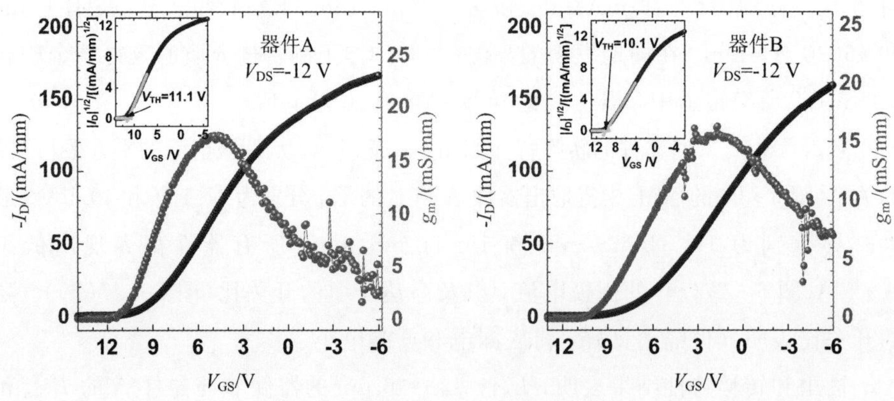

图 5-26　器件 A 与 B 的转移特性[31]

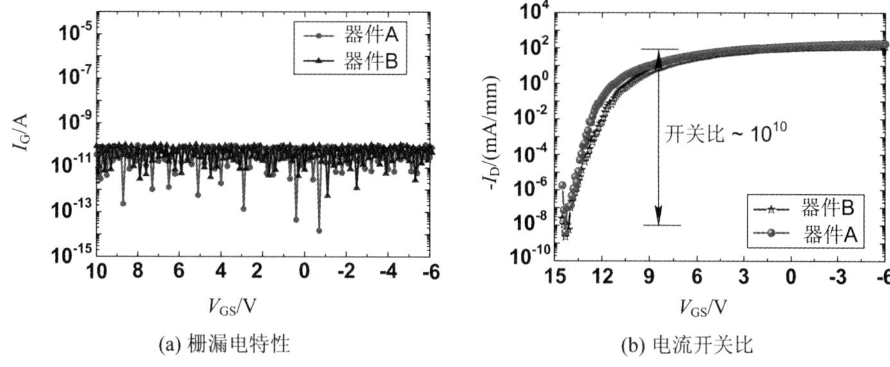

(a) 栅漏电特性

(b) 电流开关比

图 5-27 器件 A 与 B 的栅漏电特性和电流开关比[31]

器件 B 的栅长是器件 A 的三倍，但是其输出电流几乎与器件 A 相同，对此做一简要分析。在 $V_{GS}=-6$ V 时，器件 B 的线性区中很大一部分区域具有比器件 A 更大的漏极电流，而饱和漏极电流 I_{Dmax} 则略小于器件 A。假设器件 B 中源于欧姆接触、栅源间距以及栅漏间距的串联电阻为零，线性区的漏极电流可以表示为

$$I_D=\beta\left(V_{GT}-\frac{V_{DS}}{2}\right)V_{DS} \tag{5-3}$$

其中 $\beta=(\mu C_G W_G)/L_G$，C_G 和 μ 分别为栅极电容和载流子迁移率。假设饱和漏极电压 V_{Dsat} 满足典型的长沟道 MOSFET 中 $V_{Dsat}=V_{GT}$，在所考虑的 V_{DS} 范围内，两个器件中的 I_D 在 $V_{GS}=-6$ V 时不会饱和。

对于器件 A，源、漏的串联电阻无法忽视($R_S=R_D$)，假设施加于栅下沟道上的电压 $V_{ch}=xV_{DS}$，$0<x<1$，则漏电流为

$$I_D=\beta\left(V_{GT}-\frac{V_{ch}}{2}\right)V_{ch} \tag{5-4}$$

$$V_{DS}-V_{ch}=2R_S I_D \tag{5-5}$$

联立式(5-4)和式(5-5)中，可解得 I_D 和 V_{ch}。给定漏压 V_{DS}，解出不同栅长的器件 A 与 B 的漏极电流，结果如图 5-28 所示。式(5-3)、(5-4)和(5-5)表述的 I_D 模型复现了 $V_{GS}=-6$ V 两个器件的 I_D-V_{DS} 曲线。计算曲线与实验曲线在高漏压 V_{DS} 下的误差主要是由于采用了固定迁移率而不是实际情况下的平行场相关迁移率，但是原理上该误差并不影响电流相对大小的分析。

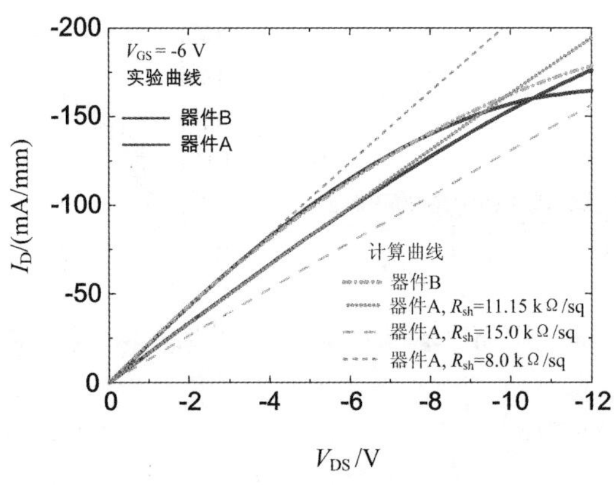

图 5-28 器件 A 与器件 B 的漏极电流实测曲线和理论计算曲线[31]

器件 B 的漏极输出电流高是因为 V_{DS}可以完全施加于栅下导电沟道上，产生一个强的横向电场来促进载流子漂移。但是，器件 A 在 0 V<V_{DS}<12 V 的范围内，计算可得整个栅下沟道上的电压 V_{ch}只占 V_{DS}的 25.7%～27.7%，而源极和漏极串联电阻上的压降几乎占 V_{DS}的四分之三。这显著降低了器件 A 栅极下的横向电场，使得器件 A 在中小漏压 V_{DS}下的漏极电流 I_D比器件 B 小。然而，$x=V_{ch}/V_{DS}$近似是一个约为 1/4 的常数，这也意味着，由栅下横向电场增强引起 I_D线性增加的行为将发生在更大的 V_{DS}范围内。因此，如输出特性所示，当器件 B 的 I_D趋于饱和时，器件 A 的 I_D可能超过器件 B，交点的位置取决于源极和漏极的串联电阻、无栅控沟道方块电阻、栅控沟道的特性以及 L_{SG}、L_{GD}和 L_G的大小。对于测量的外跨导 g_m(图 5-26)，因为器件 B 的 $R_S\approx0$，所以它基本上代表了器件 B 的本征跨导 g_{m0}，但是器件 A 的外跨导则明显小于本征 g_{m0}，因此器件 A 与 B 的外跨导 g_m近似处于相同的水平。

总而言之，$L_{SG}=L_{GD}=0$ 的器件 B 在强正向栅偏压下的 R_{on}明显低于 L_{SD}相同的器件 A。而由于串联电阻对器件 A 的负面影响，其输出电流和跨导近似与器件 B 相同。

击穿特性是氢终端金刚石 FET 的重要特性。器件 A 与 B 的击穿特性如图 5-29 所示。两种器件的击穿特性都是由于栅漏击穿引起的，因为栅极电流的增加趋势与 I_D相同。器件 A 的击穿电压高于 145 V，对于 2 μm 长的栅漏间距，平均电场强度超过 0.72 MV/cm，这表明器件具有良好的器件制造工艺和高质量的 Al_2O_3介质。同时，器件 B 的击穿电压为 27 V，这种击穿应发生在栅极与

漏极之间 25 nm 厚的 Al_2O_3 薄膜上，因此，可估算出 Al_2O_3 的平均击穿电场强度达到 10.8 MV/cm。

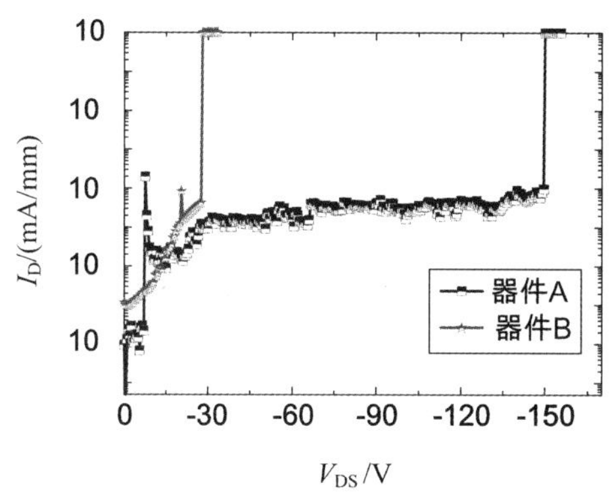

图 5 - 29　器件 A 与器件 B 的关态击穿特性[31]

以上研究可以看出，基于 300℃ ALD - Al_2O_3/氢终端金刚石制备的 MOSFET 可以同时获得较大的输出电流和击穿电压以及室温连续工作稳定性。

5.2.4　300℃ ALD - Al_2O_3/氢终端金刚石的能带结构

为了进一步研究 300℃ ALD - Al_2O_3/氢终端金刚石的界面特性，通过 XPS 表征技术分析 Al_2O_3/氢终端金刚石的能带结构[32]。

制备三片氢终端多晶金刚石样品，其中一片不进行任何处理以测试氢终端金刚石的表面特性，另两片分别通过 ALD 沉积 4 nm 和 20 nm 的 Al_2O_3 薄膜。Al_2O_3/氢终端金刚石界面处的价带带阶(ΔE_V)可由以下公式[34]计算：

$$\Delta E_V = (E_{CL} - E_{VBM})_{\text{H-diamond}} - (E_{CL} - E_{VBM})_{\text{oxide}} - \Delta E_{CL} \qquad (5-6)$$

其中，$(E_{CL} - E_{VBM})_{\text{H-diamond}}$、$(E_{CL} - E_{VBM})_{\text{oxide}}$ 和 ΔE_{CL} 分别是氢终端金刚石的 C 1s 芯能级和价带顶(VBM)之间、20 nm 厚的 Al_2O_3 薄膜的 $Al2p_{3/2}$ 芯能级和价带顶之间以及 4 nm 厚的 Al_2O_3 薄膜的 $Al2p_{3/2}$ 和 C1s 芯能级之间的结合能之差。XPS 测试结果如图 5 - 30 所示，测量条件和计算方法与所示相同[35]，计算得到 Al_2O_3/氢终端金刚石界面的价带带阶 ΔE_V 为 3.28 eV。

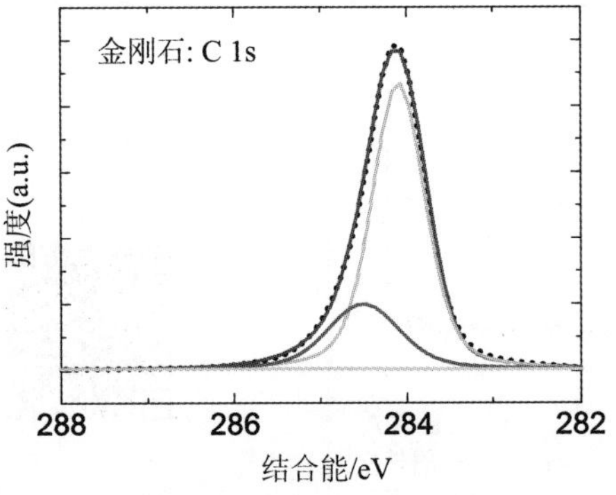

(a) 氢终端金刚石的C 1s芯能级

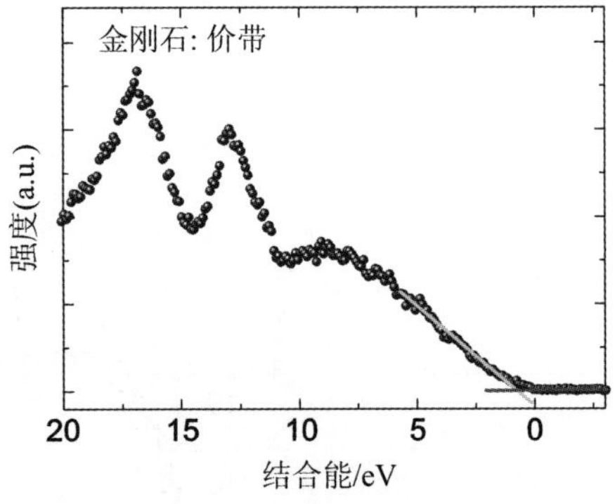

(b) 氢终端金刚石的价带顶

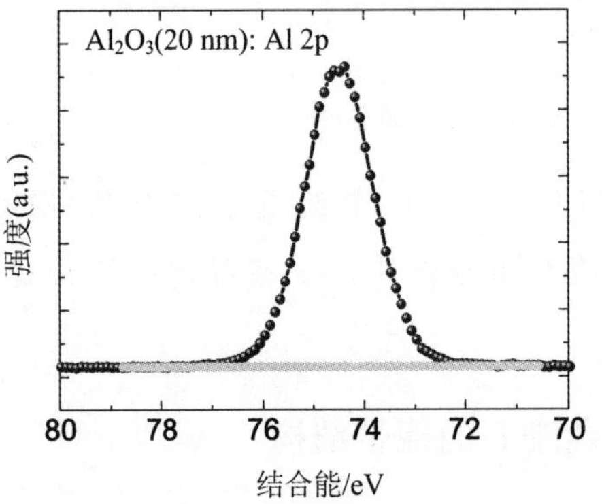

(c) 20 nm厚的Al_2O_3薄膜的$Al_{2p3/2}$芯能级

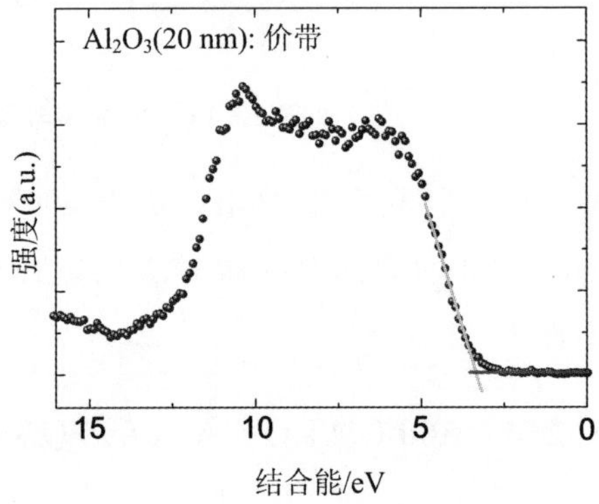

(d) 20 nm厚的Al_2O_3薄膜的价带顶

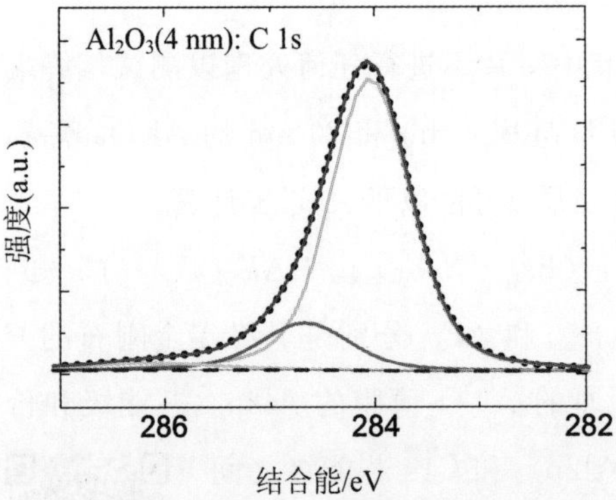

(e) Al_2O_3(4 nm)/氢终端金刚石的C1s芯能级

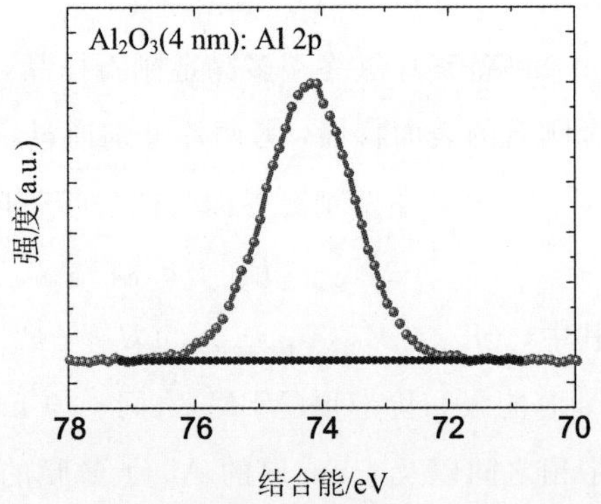

(f) Al_2O_3(4 nm)/氢终端金刚石的Al $2p_{3/2}$芯能级

图 5-30　三种样品的 XPS 光谱图[32]

图 5－31 为 Al_2O_3(4 nm)/氢终端金刚石的 O 1s 能量损失图谱。为了计算得到 Al_2O_3/氢终端金刚石的导带带阶 ΔE_C，先通过图 5－31 计算 Al_2O_3的禁带宽度(E_g)。将光电子能量损失峰边沿的线性拟合线延长至基线，其与基线的交点即是能量损失图谱的阈值点，为 537.70 eV，而 O 1s 芯能级结合能为 530.70 eV，通过 O 1s 能量损失峰与光电子能量损失峰的阈值之差，确定 Al_2O_3的禁带宽度 E_g值为 7.0 eV。

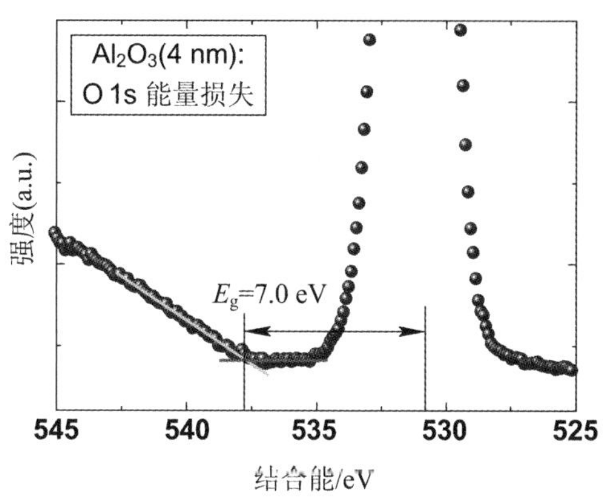

图 5－31　4 nm 厚 Al_2O_3薄膜的 O 1s 能量损失图谱[32]

导带带阶 ΔE_C可通过如下公式计算：

$$\Delta E_C = E_{g\_diamond} + \Delta E_V - E_{g\_oxide} \qquad (5-7)$$

其中，$E_{g_diamond}$为金刚石的禁带宽度 5.5 eV，E_{g_oxide}为 Al_2O_3的禁带宽度 7.0 eV，价带带阶 ΔE_V为 3.28 eV，因此计算得到的导带带阶 ΔE_C为 1.78 eV。图 5－32 展示了 Al_2O_3/氢终端金刚石界面处完整的能带结构。

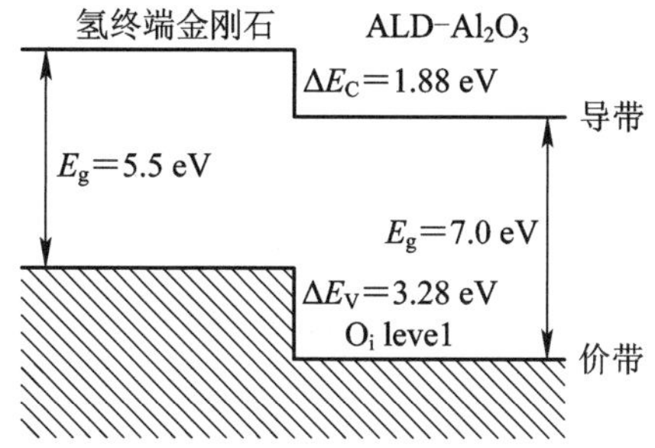

图 5－32　Al_2O_3/氢终端金刚石带阶结构[32]

Al_2O_3介质与氢终端金刚石之间具有较大的价带带阶，非常适合于p型氢终端金刚石FET，这决定了金刚石表面能够积累的空穴密度上限。同时，实际的2DHG密度主要取决于介质薄膜或介质/氢终端金刚石界面处的负电荷密度。对20 nm厚的Al_2O_3薄膜进行XPS测试，发现其O/Al比为1.679($>\frac{3}{2}$)，因此Al_2O_3薄膜中存在间隙氧原子(O_i)或铝空位(V_{Al})。这些缺陷能够在Al_2O_3的价带边缘上方引入未被占据的能级，并且通过接受从氢终端金刚石价带顶转移来的电子而带负电，这样则在Al_2O_3介质/氢终端金刚石界面的两侧出现负电荷和空穴堆积，在整个结构中建立起电中性平衡。因此，在氢终端金刚石表面生长的具有足够O_i或V_{Al}的ALD－Al_2O_3可以作为转移掺杂材料，在氢终端金刚石中引起空穴积累。并且，这种固态介质的转移掺杂生成的2DHG应具有高稳定性。

5.3 氧化铪

5.3.1 国外研究进展

氢终端金刚石表面2DHG的面密度可达10^{13} cm^{-2}以上，因此MOSFET需要高介电常数的栅介质来控制外加偏压下的大量电荷响应。迄今为止，已经有很多种电介质被用作氢终端金刚石MOSFET的栅介质，如AlN、GaF_2、Al_2O_3、Y_2O_3和ZrO_2等。HfO_2是一种典型的高介电常数(理想值为24)介质，由于其优异的介电性能和高击穿电场，在GaN等高频高功率器件中得到了广泛的应用。

原理上，HfO_2用于氢终端表面应当是作为吸附物的保护性介质，因此制备工艺应采用温度较低、避免氢终端退化的工艺。国际上主要是NIMS的刘江伟等人开展了HfO_2/氢终端金刚石MOS结构和MOSFET的制备和特性研究。他们采用120℃ ALD工艺制备了HfO_2/氢终端金刚石MOS结构[19]，测得界面能带结构如图5－33所示。HfO_2与氢终端金刚石的导带带阶为2.7 eV，价带带阶为2.6 eV，因此HfO_2介质对金刚石表面2DHG势阱能够形成高的边

界势垒，有利于形成低的漏电和高的击穿电压特性。

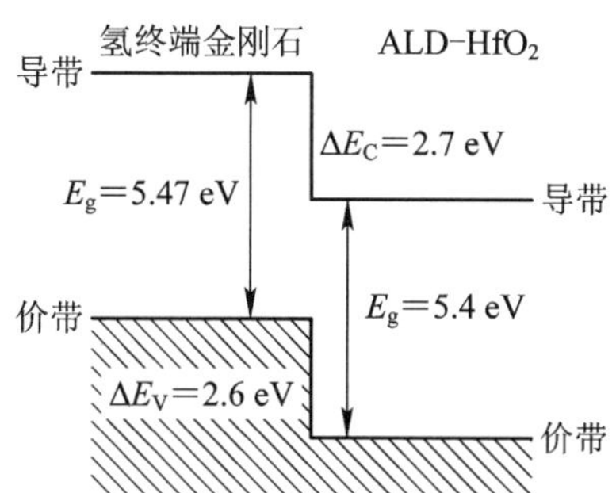

图 5-33 HfO_2介质与氢终端金刚石界面的能带结构图[19]

然而，120℃并不一定是 ALD 制备 HfO_2的优化工艺温度。如图 5-34 所示，HfO_2(27.3 nm)/氢终端金刚石 MOS 结构退火前漏电最低点为肖特基偏压−3.5 V 处[12]，再向负电压方向偏置 1.5V 则泄漏电流密度就上升到约 1×10^{-2} A/cm^2数量级，这样的泄漏电流不算小。300℃退火后，泄漏电流密度明显下降，在−5V 到+4V 电压范围均低于 1×10^{-8} A/cm^2。500℃退火后泄漏电流密度反而明显上升。300℃退火前后该结构的 $C-V$ 特性显示，平带电压比理论值负移约 4.5 V，说明 HfO_2介质层或与氢终端金刚石之间界面上存在高密度的正的固定电荷；$C-V$ 回线形状明显(回滞电压退火前 0.4 V，退火后 0.5 V)，说明 HfO_2薄膜中存在较高的陷阱电荷态密度，可能与 HfO_2中高的氧

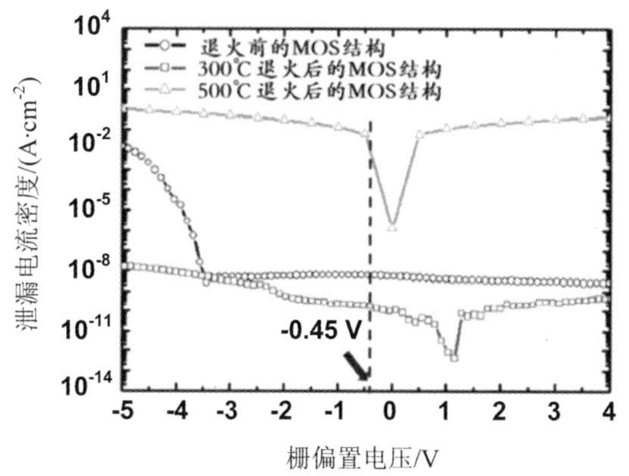

图 5-34 HfO_2/氢终端金刚石 MOS 结构退火前后的漏电特性[12]

空位密度有关。根据电容计算可得 300℃退火前后 HfO_2 介电层的介电常数分别为 12.1 和 11.2，这是 ALD 制备的无定形 HfO_2 常见的结果。

和 ALD 方法相比，磁控溅射获得的 HfO_2 薄膜晶体质量更好。可是磁控溅射等离子体对氢终端金刚石表面很可能会造成损伤，进而影响氢终端金刚石表面的导电性。刘江伟等人进一步研究了下层 120℃ ALD-HfO_2 薄膜(4 nm)与上层磁控溅射 HfO_2 薄膜(30.1 nm)结合的复合 HfO_2/氢终端金刚石 MOS 结构和 MOSFET 器件[36]。该 MOS 结构的 $J-V$ 与 $C-V$ 曲线如图 5-35 所示。在 −9 V 到 +2 V 电压范围，最大泄漏电流密 1.1×10^{-4} A/cm^2。由最大电容(0.244 μFcm^{-2})计算得到该复合介质的介电常数是 9.4，低于 ALD-HfO_2 介质介电常数，可能与磁控溅射沉积温度偏低(室温)有关。与 ALD-HfO_2/氢终端金刚石结构相比，$C-V$ 曲线平带电压比理论值正移约 0.5 V，表明固定电荷密度显著降低，且变为负电荷；$C-V$ 回线回滞电压 0.1 V，陷阱电荷密度也明显降低。

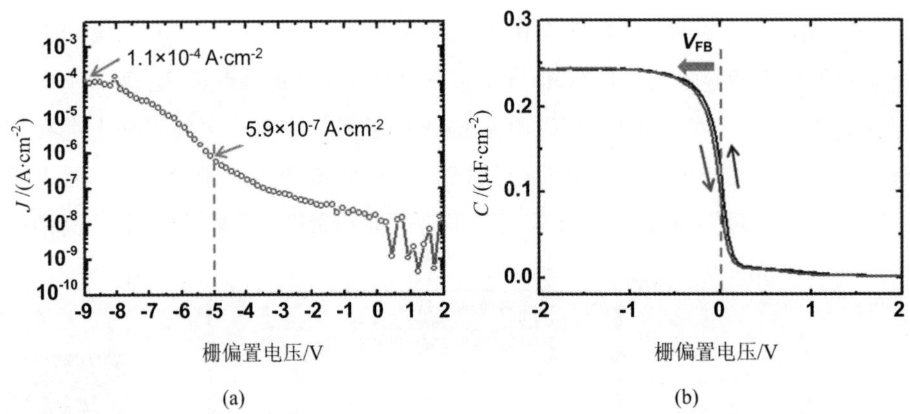

图 5-35　采用 ALD 与磁控溅射沉积制备的复合 HfO_2/氢终端金刚石 MOS 结构的 $J-V$ 与 $C-V$ 曲线[36]

基于该复合 HfO_2 介质制备的氢终端金刚石 MOSFET 为增强型器件，输出特性如图 5-36 所示。栅长 4 μm 的器件的 V_T 为 −1.3 V，I_{Dmax} 为 −37.6 mA/mm，g_{mmax} 为 11.2 mS/mm。增强型器件可用于金刚石逻辑电路，因此这种 HfO_2 介质制备方法提供了一种可行的方案。

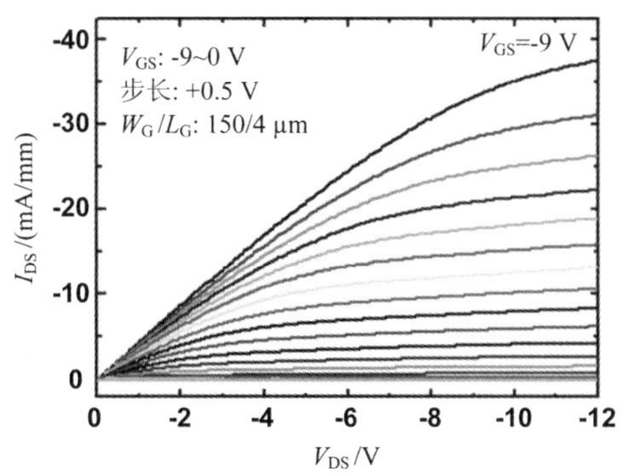

图 5－36　基于复合 HfO_2 介质的 MOSFET 直流输出特性[36]

5.3.2　国内的 HfO_2/氢终端金刚石 MOSFET 器件研究

国内在 HfO_2/氢终端金刚石材料和器件研究方面，主要是西安电子科技大学相关研究组做了一些研究工作。该研究组借鉴 ALD－Al_2O_3/氢终端金刚石 MOSFET 研究的经验，也采用高温(300℃)ALD、用水做氧化剂在氢终端多晶金刚石(10 mm×10 mm，元素六公司 TM200)上沉积 HfO_2 介质，制备出了性能较好的 MOSFET 器件[37]。

器件结构如图 5－37 所示。其中，器件 A 和器件 B 具有相同的源漏间距 6 μm，栅极长度分别为 2 μm 和 6 μm。器件 B 的栅极金属与源、漏极金属交叠，栅极和源极/漏极之间的间距等于 HfO_2 薄膜的厚度(28 nm)。器件 C 与器件 A 的结构相似，但具有更大的栅极长度(6 μm)和更大的源漏间距(10 μm)。所有器件的栅宽均为 50 μm。

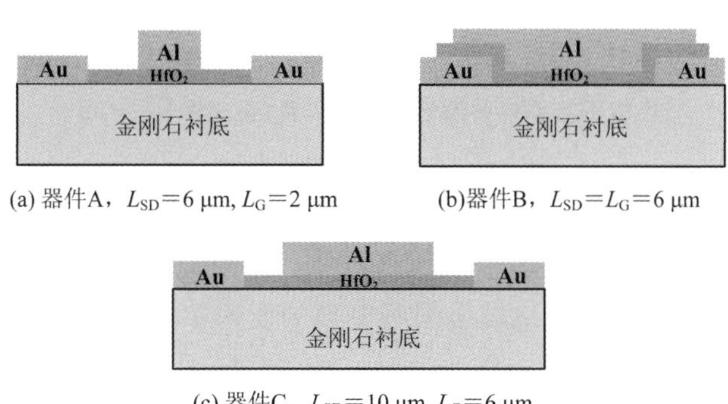

图 5－37　300℃ ALD－HfO_2/氢终端金刚石 MOSFET 器件结构[37]

图 5－38 展示了这三种器件的输出特性。所有器件的栅极电压(V_{GS})以－1 V 为步长从 3 V 增加至－8 V。由于器件 B 的栅源/栅漏的间距只有 28 nm，为避免发生击穿，器件 B 的 V_{DS}只加到－12 V，器件 A 和 C 的 V_{DS}加到－25 V。V_{GS}＝－8 V 时，器件 A、B 与 C 的 I_{Dmax}分别为 190.6 mA/mm、141.4 mA/mm 和 22.1 mA/mm，R_{on}分别为 110.28 Ω·mm、61.61 Ω·mm 和 820.89 Ω·mm。虽然器件 B 的栅长是器件 A 的三倍，但其 R_{on}仅为器件 A 的 1/2 左右。

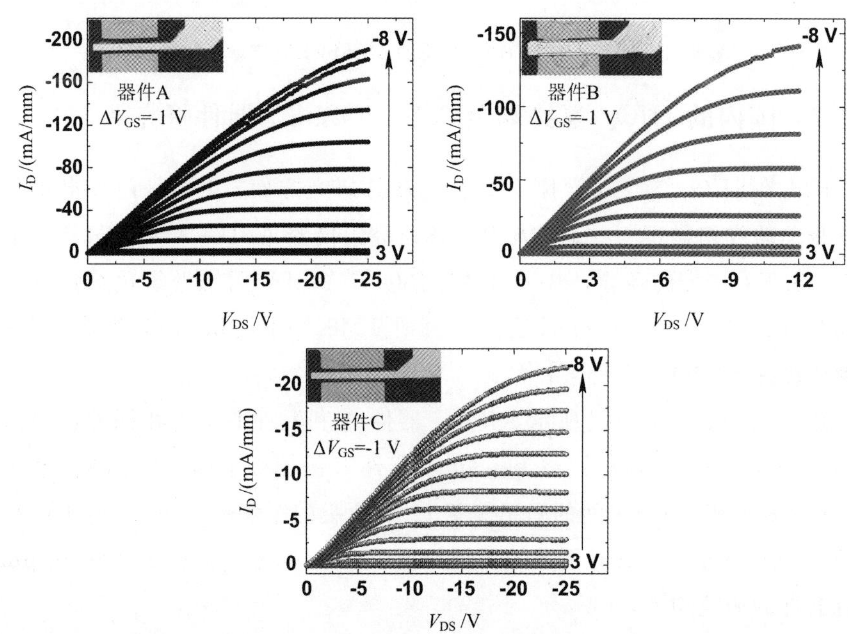

图 5－38　300℃ ALD－HfO_2/氢终端金刚石 MOSFET 器件的输出特性，内嵌图为器件有源区的光学照片(俯视图)[37]

器件的饱和区转移特性如图 5－39 和 5－40 所示。器件 A、B 以及 C 的 g_{mmax}分别为 19.06 mS/mm、18.00 mS/mm 和 1.86 mS/mm，V_{TH}分别为 1.49 V、1.32 V 和 2.43 V。由于氢终端金刚石电导的面内不均匀性，器件 V_{TH}发生轻微波动是正常的。此外，所有器件的 g_{mmax} 近似出现在相同的$|V_{GS}-V_{TH}|$值上，这表明所有器件的导电沟道中有效空穴迁移率对栅极电压的依赖关系都是类似的。然而，三者的 V_{TH} 值远低于同一研究组制备的 Al_2O_3/氢终端金刚石

MOSFETs，这表明栅下沟道中的空穴密度相对较低。所有器件的开关比均大于 10^9，且关态源漏电流大小主要由栅极泄漏电流决定，这表明衬底和器件隔离工艺绝缘性良好。

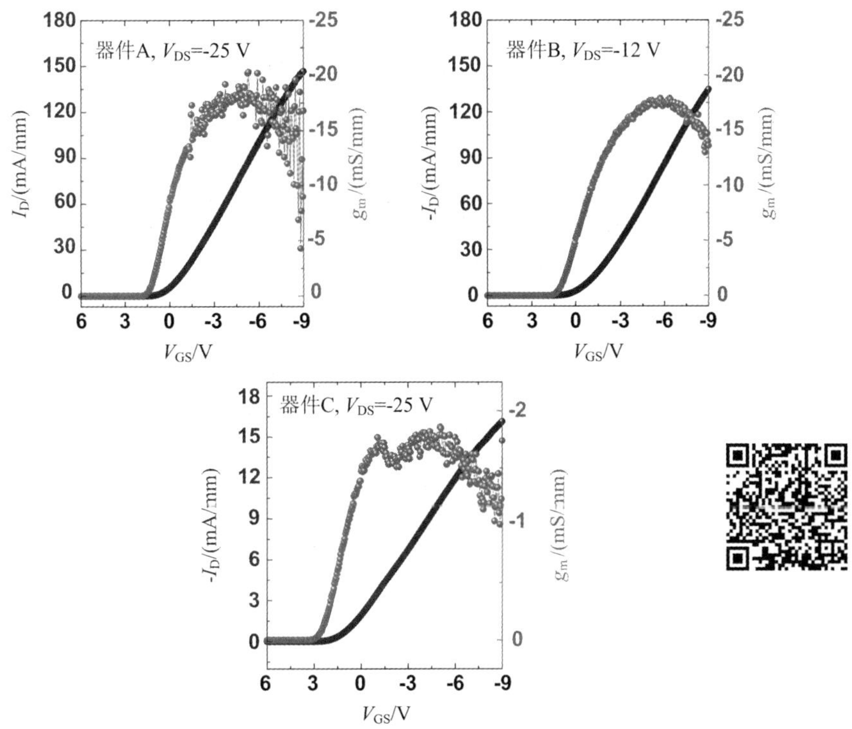

图 5-39　300℃ ALD-HfO_2/氢终端金刚石 MOSFET 器件的饱和区转移特性和跨导特性(I_D为线性坐标)[37]

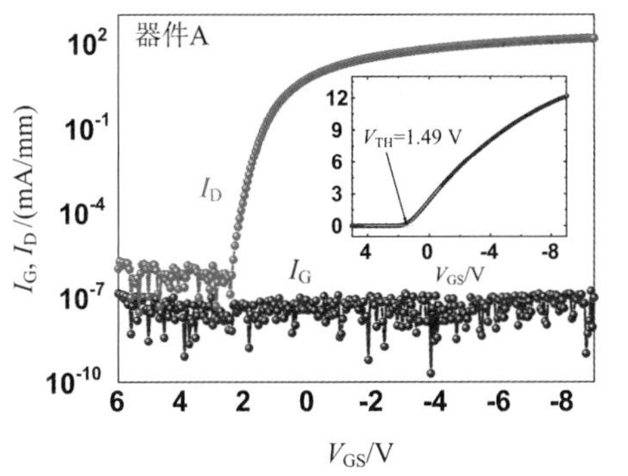

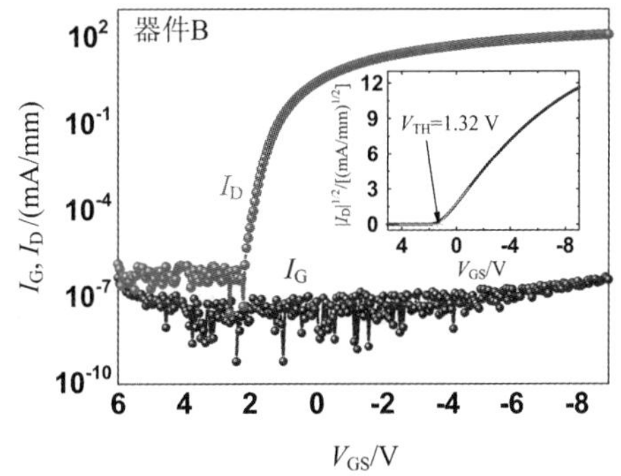

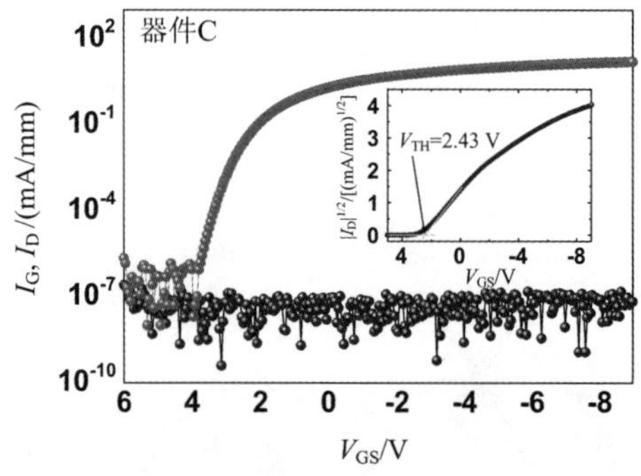

图 5-40　300℃ ALD-HfO_2/氢终端金刚石 MOSFET 器件的饱和区转移特性（I_D和 I_G为对数坐标，内插图给出了 V_{TH}）[37]

栅源二极管的泄漏电流和电容如图 5-41 所示。电容测试频率为 1 MHz。如图 5-41(a)所示，在 6 V～−8 V 范围的栅压下，器件 A、B 与 C 的栅电流都在 V_{GS}＝−8 V 时达到最大，分别为 8.82×10^{-12} A、4.34×10^{-11} A 和 8.28×10^{-12} A。V_{GS}小于−6 V 时，器件 B 的栅电流明显增大，由于器件 B 的栅极与漏极上下交叠，交叠区只有 28 nm 厚的 HfO_2层。因此，和器件 A 相比，器件 B 中更易发生越过介质层的栅极漏电。

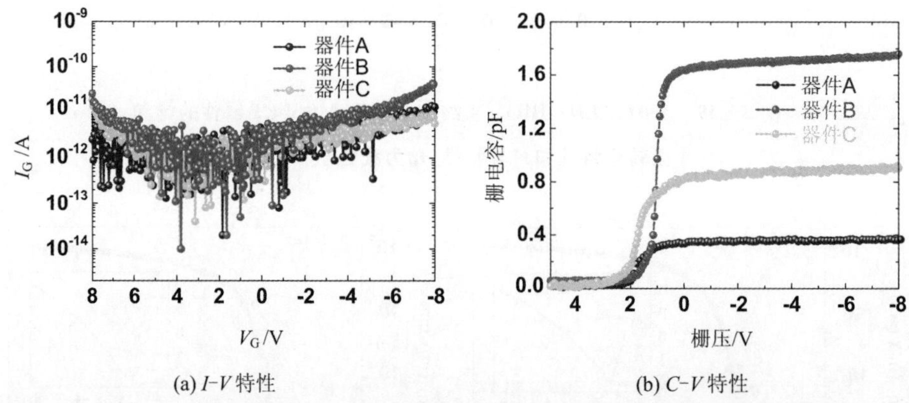

(a) I-V 特性　　(b) C-V 特性

图 5-41　300℃ ALD-HfO_2/氢终端金刚石 MOSFET 器件栅源二极管的特性[37]

如图 5-41(b)所示，HfO_2-MOS 结构的 C-V 曲线显示出明显的载流子积累和耗尽区域。器件 A、B 与 C 的最大电容值分别为 0.37 pF、1.76 pF 和

0.93 pF。器件 B 的栅极长度是器件 A 的 3 倍，而与器件 C 的栅极长度相同，但其电容约为器件 A 的 5 倍，且大于器件 C。器件 B 的这种电容增量应归因于栅极与源/漏极的交叠部分以及 28 nm 厚的 HfO_2 介质层共同形成的金属-绝缘体-金属(MIM)电容。通过比较器件 B 和 C 的 $C-V$ 特性，可以计算出该寄生电容约为 0.83 pF。由于器件 B 中存在较大的寄生电容，采用器件 A 的电容值计算介电常数和载流子密度。最大电容为 0.37 $\mu F/cm^{-2}$，根据 28 nm 的 ALD-HfO_2 层的厚度，可以计算出 HfO_2 的介电常数为 11.7，与国际上的报道相符[12]。

空穴迁移率对于进一步了解器件特性具有重要意义。器件 B 除了源极、漏极欧姆接触电阻 R_C 外，没有其他串联电阻，因此器件 B 适用于提取空穴迁移率。R_{on} 与 μ_{eff} 之间的关系为

$$R_{on}=R_{ch}+R_S=\frac{L_G}{W_G\times\mu_{eff}\times C_{ox}\times(V_{GS}-V_{TH})}+R_S \tag{5-8}$$

其中 $R_S=2R_C$ 是串联电阻，R_{ch} 是沟道电阻，L_G 和 W_G 是器件的栅极长度和宽度。图 5-42 为 R_{on} 与 $1/(V_{GS}-V_{TH})$ 的关系曲线，在 $-2\ V\leqslant V_{GS}\leqslant -8\ V$ 范围内，R_{on} 与 $1/|V_{GS}-V_{TH}|$ 近似呈线性关系，这表明沟道中的空穴具有恒定的迁移率，从拟合直线的斜率中提取出迁移率值为 37.1 $cm^2/(V\cdot s)$。器件在相对较大的 V_{GS} 范围内表现出恒定的迁移率，表明氢终端金刚石与 HfO_2 层之间具有良好的界面特性，这有助于实现高性能器件。

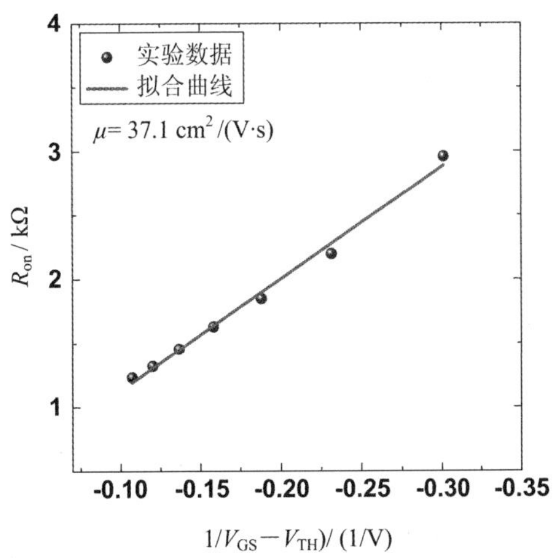

图 5-42　300℃ ALD HfO_2/氢终端金刚石 MOSFET 器件 R_{on} 与 $1/(V_{GS}-V_{TH})$ 的关系[37]

采用水做氧化剂的 300℃ ALD 工艺在氢终端金刚石上制备 HfO_2 介质，应该会让氢终端表面原吸附物感应的 p 型电导退化，而且 HfO_2 也不是高 EA 材料，所以这项工作中氢终端表面的 2DHG 应该也是在 ALD 工艺后新出现的，原理和在氢终端金刚石上用水做氧化剂的高温 ALD 制备 Al_2O_3 介质后得到 p 型电导的原理相似。进一步的研究工作将探索 300℃ ALD HfO_2/氢终端金刚石的界面能带结构和氢终端金刚石表面高温工艺后形成 p 型电导的原理。

5.4 铁电介质

5.4.1 国外的铁电介质/金刚石 MOSFET 器件研究进展

铁电栅场效应管(Ferroelectric Field Effect transistors，FeFETs)是以铁电材料为栅介质的场效应晶体管，由于其在非易失性存储器和负电容 FET 中的应用前景而引起了广泛的研究。FeFETs 的转移特性为回滞曲线，其最大宽度(电压轴方向)定义为记忆窗口，是 FeFETs 存储器应用最重要的参数之一。而负电容 FETs 具有很小的亚阈值摆幅(Subthreshold Swing，SS)，很有希望实现下一代超低功耗电路。

关于在金刚石上制备锆钛酸铅(PZT)铁电介质的实验研究有一些报道，发现直接在金刚石上淀积 PZT 难以形成铁电相材料[38]，提高铁电相的质量和残余极化以及减小介质漏电都需要在 PZT 和金刚石之间引入缓冲层，报道过的缓冲层有 Al_2O_3[39]、$Al_2O_3/SrTiO_3$[40]和 GaF_2[41]等。

基于金刚石实现 FeFETs 器件的研究报道非常少，主要是 R. Karaya 等人报道的在氢终端金刚石[42]和硼掺杂金刚石[43]上用有机铁电材料聚偏氟三氟乙烯(P[VDF-TrFE])做栅介质制备的器件。该介质用旋涂工艺制备，还做了 120℃氮气氛退火处理，厚度 150 nm。其中，在氢终端金刚石上制备的栅长 5 μm 的器件获得了输出电流密度 50 mA/mm，顺时针的转移特性曲线回线和 19 V 的记忆窗口，栅介质的绝缘性和铁电性得到了验证。

5.4.2 铁电 HZO 栅金刚石 MOSFET 研究

近年来，铪锆氧化物($HfZrO_x$)薄膜已被广泛应用于铁电存储器和负电容

FET 的制备，采用 300℃ ALD 工艺制备、沉积后不经退火处理的 $HfZrO_x$ 薄膜也展现出很强的铁电性能。与传统的铁电材料如 $Pb(Zr, Ti)O_3$(PZT)、$SrBi_2Ta_2O_9$(SBT)和聚偏氟三氟乙烯等相比，$HfZrO_x$ 铁电材料能克服不易集成，需要高温退火、高工作电压和大的厚度等缺点。2020 年，苏凯等人报道了国内首例铁电栅介质金刚石 MOSFET[44]，是在氢终端金刚石上以 300℃ ALD 沉积 4 nm 厚的 Al_2O_3 和 16 nm 厚的 $HfZrO_x$ 双层栅介质形成的金属-铁电体-绝缘体-半导体场效应管(MFISFET)，器件结构以及制备工艺流程如图 5－43 所示。

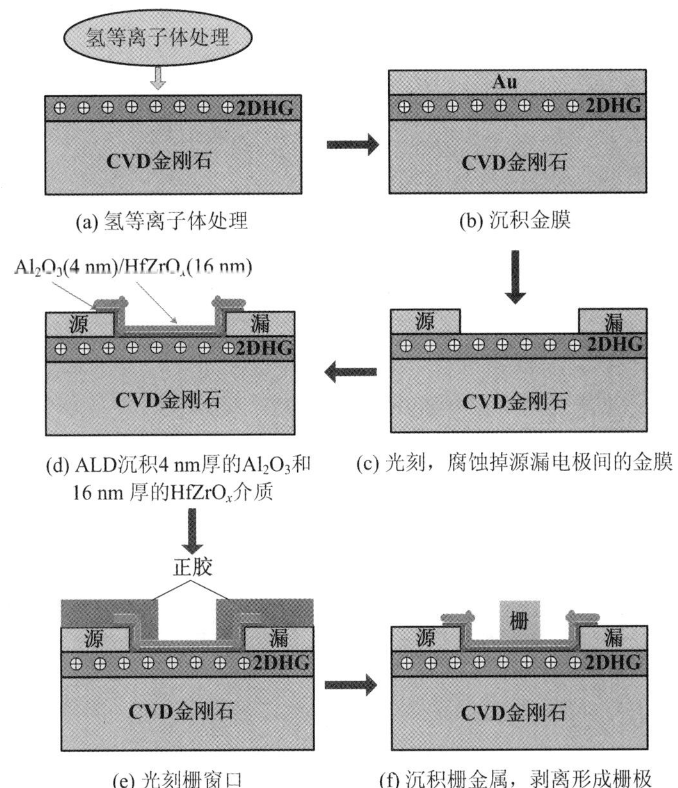

图 5－43　ALD 沉积 $HfZrO_x$(16 nm)/Al_2O_3(4 nm)/氢终端金刚石 MFISFET 制备工艺流程以及器件结构[44]

器件栅源二极管的 $I-V$ 特性如图 5－44 所示。在 $-4\ V < V_{GS} < 10\ V$ 时，泄漏电流密度(J_{GS})低于 $2.5\times10^{-5}\ A/cm^2$，并在 $V_{GS}=-10$ V 时增加至 7.1×

10^{-5} A/cm²。结果表明，沉积在氢终端金刚石表面的 $HfZrO_x/Al_2O_3$ 双层栅介质具有较高的质量。当栅压 $V_{GS} < -4.5$ V 时，$-V_{GS}\ln(J_{GS}/V_{GS}^2)$ 与 $V_{GS}^{3/2}$ 具有线性关系(图 5 - 44(b))，这表明高电场下的直接隧穿是产生泄漏电流的主要原因。采用 $HfZrO_x/Al_2O_3$ 双层栅介质有助于氢终端金刚石 MFISFET 获得良好的铁电效应，同时 Al_2O_3/氢终端金刚石界面上的价带带阶(2.9～3.9 eV)作为一个较高的势垒可以抑制栅极电流注入，并且该界面的固定电荷密度和陷阱电荷密度也较低。

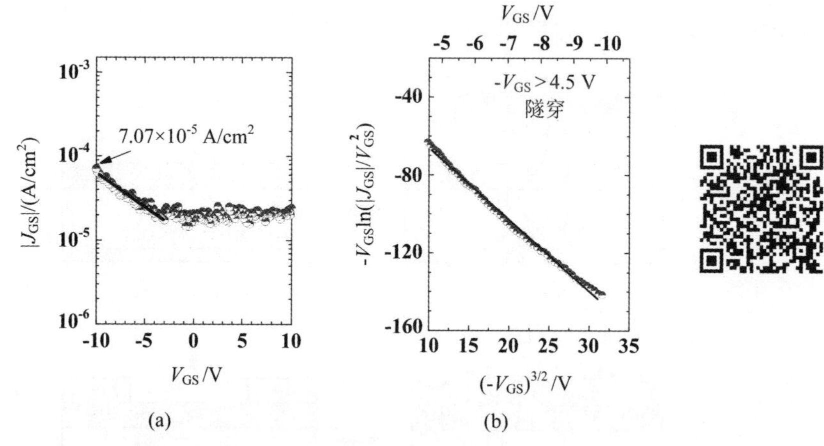

图 5 - 44 器件栅源二极管的 $I-V$ 特性[44]

图 5 - 45(a)展示了蓝宝石衬底上制备的金属/铁电 $HfZrO_x/Al_2O_3$/金属(MFM) 电容结构在不同扫描电压范围下的极化强度-电压($P-V$)回线，其中插图为 MFM 电容结构示意图。当扫描电压最大值从 3 V 增加至 9 V 时，回线的形状越来越饱满。扫描电压为 8 V 时，残余极化和矫顽电压分别为 6.62 μC/cm² 和 9.48 V。然而，由于缺乏高温退火工艺，该 $HfZrO_x$ 的残余极化强度低于 450～550℃生长的 $HfZrO_x$。考虑到串联电容的分压特性，$HfZrO_x/Al_2O_3$ 薄膜叠层需要较高的矫顽电压来实现回滞曲线。

MFM 电容器在不同扫描电压范围下的 $C-V$ 特性表现出典型的蝴蝶结形特征(图 5 - 45(b))，这是铁电性的典型特征之一。这些 $C-V$ 曲线的峰值与极化反转直接相关，极化反转发生于矫顽电压附近，与 $P-V$ 回滞曲线相似。上述结果表明，$HfZrO_x/Al_2O_3$ 薄膜叠层具有铁电性质。

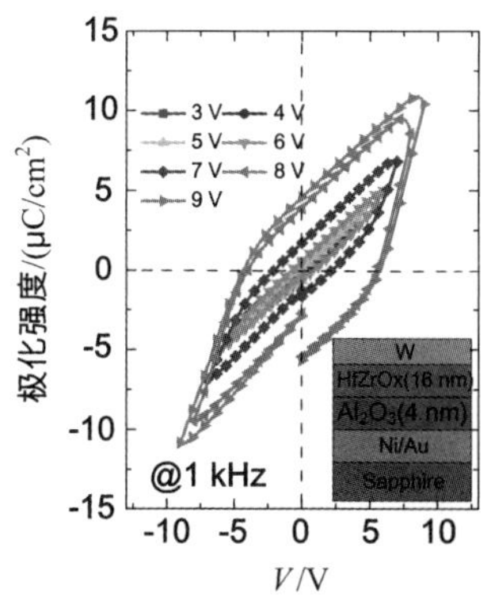

(a) 极化强度-电压($P-V$)回线，其中插图为MFM电容结构示意图

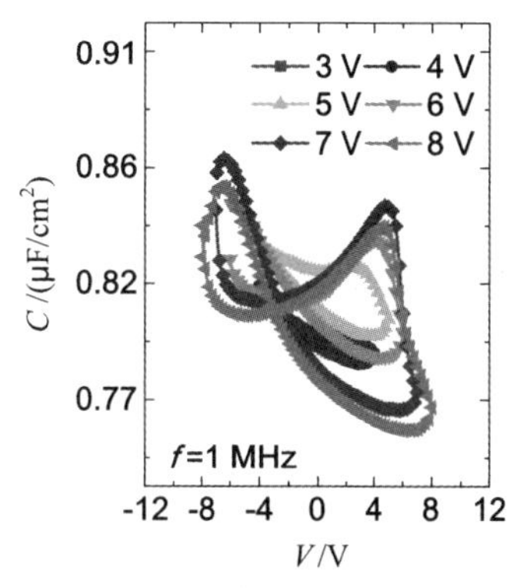

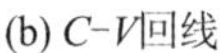

(b) $C-V$回线

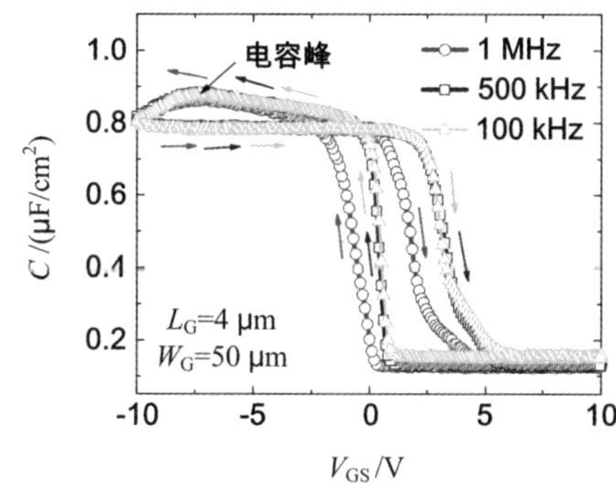

(c) $HfZrO_x/Al_2O_3$/氢终端金刚石二极管的变频$C-V$回线

图 5－45　铁电 $HfZrO_x/Al_2O_3$双层介质 MFM 电容结构[44]

同一 $HfZrO_x/Al_2O_3$/氢终端金刚石二极管在不同频率下的 $C-V$ 回线(回滞曲线)如图 5－45(c)所示，其中栅压先从正栅压扫向负栅压，然后反向扫描。在正、反向扫描曲线上，都有明显的空穴堆积和耗尽区。同时，$HfZrO_x/Al_2O_3$/氢终端金刚石 MFISFET 在所有频率下都出现了一个类似蝴蝶结的回滞现象，这直接证明了其铁电特性。近零偏压下 $C-V$ 曲线交点处的电容(C_i)为 0.777 μF/cm²。根据 300℃下生长的 ALD－Al_2O_3 的介电常数(7.8)和厚度(4 nm)可知，$HfZrO_x$(16 nm)对应于C_i的介电常数超过 25.6。具体地说，所有 $C-V$ 曲线在栅偏压由正向负扫描时都有一个峰值，这与极化反转有关。这种情况与图 5－45(b)中的 MFM 电容类似。图 5－45(c)中的电容峰值与图 5－45(b)中近似相等，约为 0.86 μF/cm²。

$HfZrO_x/Al_2O_3$/氢终端金刚石 MFISFET 在线性区($V_{DS}=-0.1$ V)的转移特性如图 5-46(a)所示。其中，器件的开关比高达 10^9。在对栅极做从正电压到负电压再到正电压的回线栅压扫描、栅压范围从−5～+5 V 扩大到−10～+10 V 的情况下，所有的 I_D-V_{GS}曲线均呈现顺时针的铁电回滞曲线。在具有铁电栅介质和低的介质/半导体界面态密度的 FET 器件中，I_D-V_{GS}的反向扫描(负压到正压)曲线的电流高于正向扫描(正压到负压)曲线，这是铁电极化切换造成。然而，沟道中载流子的不同极性将导致 $I-V$ 回线的不同回线方向，即 p 型沟道为顺时针回线而 n 型沟道则为逆时针回线。在最大扫描 V_{GS}为 10 V 时，由磁回滞线宽度估算得到记忆窗口约为 7.3 V，这取决于铁电氧化物的矫顽电场和测试转移特性的栅极电压范围。

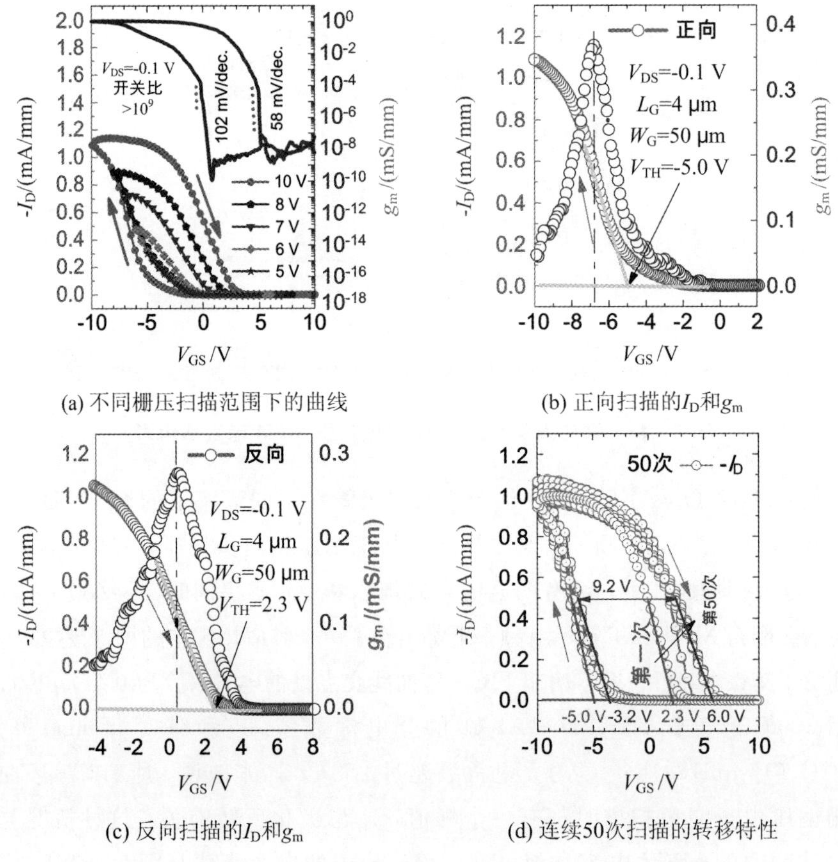

(a) 不同栅压扫描范围下的曲线

(b) 正向扫描的I_D和g_m

(c) 反向扫描的I_D和g_m

(d) 连续50次扫描的转移特性

图 5-46 $HfZrO_x/Al_2O_3$/氢终端金刚石 MFISFET 线性区转移特性[44]

随着 V_{GS}扫描电压范围的减小，记忆窗口宽度减小，反向扫描的 I_D-V_{GS}曲线逐渐接近于正向扫描的常关型 I_D-V_{GS}曲线。当 V_{GS}的扫描电压范围为 5 V 时，记忆窗口几乎缩小至 0 V。

正、反向 I_D-V_{GS}曲线的亚阈值斜率分别为 102 mV/dec 和 58 mV/dec。后者小于 MISFETs 的理论极限值(60 mV/dec)，这表现了典型的负电容特性。对于具有转移特性回线的负电容 FETs，反向 I_D-V_{GS}曲线的 SS 普遍小于正向 I_D-V_{GS}曲线。为了达到 60 mV/dec 以下的 SS 值，最重要的是实现铁电电容(负电容区的$|C_{Fe}|$)与 MFISFET 结构的半导体和绝缘层串联电容(C_{MIS})的匹配。要满足的条件是$|C_{Fe}|$必须大于 C_{MIS}，C_{MIS}应尽可能接近$|C_{Fe}|$。由于反向扫描时$|C_{Fe}|$和 C_{MIS}之间的匹配性更高，该器件表现出不对称的 SS 特性，并且 SS 值(58 mV/dec)优于正向扫描。SS 值(低于 60 mV/dec)通常只在有限的栅偏压范围内得到，这是因为很难在整个亚阈值区域或导通状态下保持电容匹配。

正向和反向扫描曲线的阈值电压分别为－5.0 V 和 2.3 V。其中，V_{TH}由 I_D-V_{GS}曲线最大斜率点处的切线在 V_{GS}轴的截距确定(图 5-46(b)和(c))。正向扫描跨导曲线与反向扫描跨导曲线在跨导大小、位置(相对于 V_{TH})和峰形上都很相似，这表明在极低 V_{DS}(－0.1 V)下，$HfZrO_x$铁电介质中所有极化畴的转换具有很好的均匀性。

为了测试铁电开关的可靠性，连续对 MFISFET 进行 50 个周期的 I_D-V_{GS}扫描(图 5-46(d))。由于铁电材料的唤醒现象，记忆窗口宽度逐渐增大，最终稳定在 9.2 V。记忆窗口宽度几乎与铁电 MFM 电容的矫顽电压相等。ΔV_{TH}也随着扫描次数的增加而逐渐增大，与记忆窗口的变化相似。因此，最终获得一个与记忆窗口近似相等的 ΔV_{TH}。

根据式(5-9)计算出器件的迁移率(μ)约为 18.7 $cm^2/(V \cdot s)$。

$$\mu=\frac{L_G g_{mmax}}{W_G C_i V_{DS}} \tag{5-9}$$

其中 g_{mmax}是 MFISFET 器件在 $V_{DS}=-0.1$ V 时的最大跨导。当 V_{GS}取值为 g_{mmax}对应的栅压时，由 $C_i(V_{GS}-V_{TH})$粗略计算可得 2DHG 的面密度为 8.74×10^{12} cm^{-2}，那么在该栅压下，栅下方块电阻约为 38 kΩ/sq。

该器件输出特性(图 5-47(a))显示器件为增强型。$V_{GS}=-7.0$ V 时，最大饱和漏电流约为－51 mA/mm，导通电阻为 175.1 Ω·mm，在 I_D-V_{DS}曲线上观察到了负微分电阻(Negative Differential Resistance，NDR)效应，该 NDR 效应归因于铁电介质 $HfZrO_x$的负电容特性[45]。器件饱和区 ($V_{DS}=-15$ V)的转移特性(图 5 - 47(b))也显示了顺时针铁电回线。然而，与图 5 - 46(a)相比，饱和区的回线窗口小于线性区的回线窗口，并且窗口一直在向 V_{TH}方向收缩。通过$(-I_D)^{1/2}$与$(V_{GS}-V_{TH})$曲线得到正向和反向扫描曲线的 V_{TH}值分别为−1.58 V 和−0.02 V。同时，如图 5 - 47(c)所示，跨导峰值 7.5 mS/mm(正向)和 11.3 mS/mm(反向)都出现在相同的 V_{GS}(约−5.9 V)。出现这种回线形状变化的原因可能是高 V_{DS}导致 V_{GS}和 V_{GD}的差异较大，因此，$HfZrO_x$铁电材料的铁电极化方向和强度出现沿沟道变化的分布，而不再是像线性区那样的均匀分布。结果表明，当栅下极化的不均匀性随着 V_{GS}向 V_{TH}方向扫描而增大时，回线窗口缩小，跨导峰值 g_{mmax}增加。

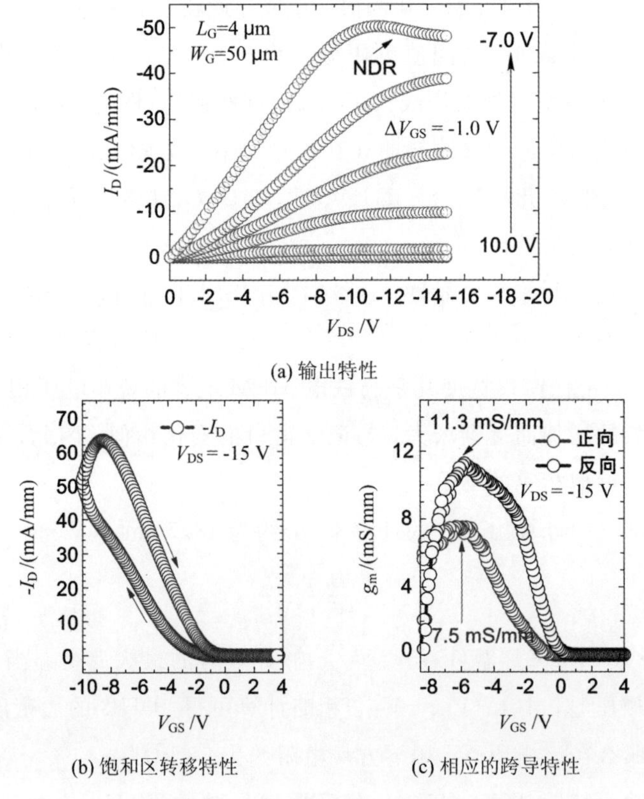

(a) 输出特性

(b) 饱和区转移特性

(c) 相应的跨导特性

图 5 - 47　$HfZrO_x/Al_2O_3$/氢终端金刚石 FET 的直流特性[44]

以上的研究结果显示，无退火 $HfZrO_x$ 栅介质在氢终端金刚石场效应管中的应用，将有利于金刚石基常关型场效应管、负电容 FET 和非易失性高密度集成存储器的发展，值得进一步的研究。

参考文献

[1] GREINER M T, HELANDER M G, TANG W M, et al. Universal energy-level alignment of molecules on metal oxides [J]. Nature Materials, 2012, 11(1): 76 - 81.

[2] CRAWFORD K G, CAO L, QI D, et al. Enhanced surface transfer doping of diamond by V_2O_5 with improved thermal stability [J]. Applied Physics Letters, 2016, 108(4): 4.

[3] RUSSELL SAO, CAO L, QI D, et al. Surface transfer doping of diamond by MoO_3: a combined spectroscopic and hall measurement study [J]. Applied Physics Letters, 2013, 103(20): 4.

[4] TORDJMAN M, SAGUY C, BOLKER A, et al. Superior surface transfer doping of diamond with MoO_3 [J]. Advanced Materials Interfaces, 2014, 1(3): 6.

[5] VARDI A, KALISH R, TORDJMAN M, et al. A diamond: H/MoO_3 MOSFET [J]. IEEE Electron Device Letters, 2014, 35(12): 1320 - 1322.

[6] REN Z Y, ZHANG J C, ZHANG J F, et al. Diamond field effect transistors with MoO_3 gate dielectric[J]. IEEE Electron Device Letters, 2017.

[7] LIU J W, LIAO M Y, IMURA M, et al. Normally-off HfO_2-gated diamond field effect transistors [J]. Applied Physics Letters, 2013, 103(9): 4.

[8] LIU J W, LIAO M Y, IMURA M, et al. Low on-resistance diamond field effect transistor with high-k ZrO_2 as dielectric [J]. Scientific Reports, 2014, 4(7416): 6395.

[9] REN Z Y, ZHANG J C, ZHANG J F, et al. Polycrystalline diamond MOSFET with MoO_3 gate dielectric and passivation layer [J]. IEEE Electron Device Letters, 2017, 38(9): 1302 - 1304.

[10] REN Z Y, ZHANG J C, ZHANG J F, et al. Polycrystalline diamond RF MOSFET with MoO_3 gate dielectric [J]. AIP Advances, 2017, 7(12): 7.

[11] ALEKSOV A, DENISENKO A, SPITZBERG U, et al. RF performance of surface channel diamond FETs with sub-micron gate length [J]. Diamond And Related Materials, 2002, 11(3): 382 - 386.

[12] LIU J W, LIAO M Y, IMURA M, et al. Electrical characteristics of hydrogen-

terminated diamond metal-oxide-semiconductor with atomic layer deposited HfO_2 as gate dielectric [J]. Applied Physics Letters, 2013, 102(11): 4.

[13] CRAWFORD K G, QI D, MCGLYNN J, et al. Thermally stable, high performance transfer doping of diamond using transition metal oxides [J]. Scientific Reports, 2018, 8(1): 9.

[14] VERONA C, CICCOGNANI W, COLANGELI S, et al. V_2O_5 MISFETs on H-terminated diamond [J]. IEEE Transactions On Electron Devices, 2016, 63(12): 4647 - 4653.

[15] MATSUDAIRA H, MIYAMOTO S, ISHIZAKA H, et al. Over 20 - GHz cutoff frequency submicrometer-gate diamond MISFETs [J]. IEEE Electron Device Letters, 2004, 25(7): 480 - 482.

[16] LIU J W, LIAO M Y, et al. Electrical properties of atomic layer deposited HfO_2/Al_2O_3 multilayer on diamond [J]. Diamond and Related Materials, 2015, 54(1): 55 - 58.

[17] LIU J W, Liao M Y, et al. Band offsets of Al_2O_3 and HfO_2 oxides deposited by atomic layer deposition technique on hydrogenated diamond [J]. Applied Physics Letters, 2012, 101(25): 4.

[18] TAKAHASHI K, IMAMURA M, HIRAMA K, et al. Electronic states of NO_2-exposed H-terminated diamond/Al_2O_3 heterointerface studied by synchrotron radiation photoemission and X-ray absorption spectroscopy [J]. Applied Physics Letters, 2014, 104(7): 4.

[19] LIU J W, YASUO K. An overview of high-k oxides on hydrogenated-diamond for metal-oxide-semiconductor capacitors and field-effect transistors [J]. Sensors, 2018, 18(6): 17.

[20] HIRAMA K, SATO H, HARADA Y, et al. Diamond field-effect transistors with 1.3A/mm drain current density by Al_2O_3 passivation layer [J]. Japanese Journal Of Applied Physics, 2012, 51(9): 5.

[21] KAWARADA H. High-current metal oxide semiconductor field-effect transistors on H-terminated diamond surfaces and their high-frequency operation [J]. Japanese Journal of Applied Physics, 2012, 51(9): 6.

[22] YU X X, ZHOU J J, QI C J, et al. A high frequency hydrogen-terminated diamond MISFET with $f_T f_{max}$ of 70/80 GHz [J]. IEEE Electron Device Letters, 2018, 39(9): 1373 - 1376.

[23] UEDA K, KASU M, YAMAUCHI Y, et al. Diamond FET using high-quality polycrystalline diamond with f_T of 45 GHz and f_{max} of 120 GHz [J]. IEEE Electron

Device Letters, 2006, 27(7): 570 - 572.

[24] SAHA N, KIM S W, OISHI T, et al. 345-MW/cm2 2608-V NO_2 p-type doped diamond MOSFETs with an Al_2O_3 passivation overlayer on heteroepitaxial diamond [J]. IEEE Electron Device Letters, 2021, 42(6): 903 - 906.

[25] IMANISHI S, HORIKAWA K, OI N, et al. 3.8 W/mm RF power density for ALD Al_2O_3-Based two-dimensional hole gas diamond MOSFET operating at saturation velocity [J]. IEEE Electron Device Letters, 2019, 40(2): 279 - 282.

[26] YU X X, HU W X, ZHOU J J, et al. 1 W/mm output power density for H-terminated diamond MOSFETs with Al_2O_3/SiO_2 Bi-layer passivation at 2 GHz[J]. IEEE Journal of the Electron Devices Society, 2020, 9: 160 - 164.

[27] YU X X, HU W X, ZHOU J J, et al. 1.26 W/mm output power density at 10 GHz for Si_3N_4 passivated H-terminated diamond MOSFETs[J]. IEEE Transaction on Electron Devices, 2021, 68(10): 5068 - 5072.

[28] KAWARADA H, TSUBOI H, NARUO T, et al. C-H surface diamond field effect transistors for high temperature (400℃) and high voltage (500 V) operation [J]. 2014, 105(1): 4.

[29] DAICHO A, SAITO T, KURIHARA S, et al. High-reliability passivation of hydrogen-terminated diamond surface by atomic layer deposition of Al_2O_3 [J]. Journal of Applied Physics, 2014, 115(22): 4.

[30] REN Z Y, YUAN G S, ZHANG J F, et al. Hydrogen-terminated polycrystalline diamond MOSFETs with Al_2O_3 passivation layers grown by atomic layer deposition at different temperatures[J]. AIP Advances, 2018, 8(6): 065026 - 1 - 065026 - 6.

[31] REN Z Y, HE Q, XU J M, et al. Low on-resistance H-diamond MOSFETs with 300℃ ALD-Al_2O_3 gate dielectric[J]. IEEE Access, 2020, PP(99): 1 - 1.

[32] KAWARADA H, YAMADA T, XU D C, et al. Durability-enhanced two-dimensional hole gas of C-H diamond surface for complementary power inverter applications[J]. Scientific Reports, 2017, 7: 8.

[33] REN Z Y, LV D D, XU J M, et al. High temperature (300 °C) ALD grown Al_2O_3 on hydrogen terminated diamond: band offset and electrical properties of the MOSFETs [J]. Applied Physics Letters, 2020, 116(1): 013503 - 1 - 013503 - 5.

[34] KRAUT E A, GRANT R W, WALDROP J R, et al. Precise determination of the valence-band edge in X-Ray photoemission spectra: application to measurement of semiconductor interface potentials [J]. Physical Review Letters, 1980, 44(24): 1620 - 1623.

[35] FAN J B, LIU H X, KUANG Q W, et al. Physical properties and electrical characteristics of H_2O-based and o_3-based HfO_2 films deposited by ALD [J]. Microelectronics Reliability, 2012, 52(6): 1043 - 1049.

[36] LIU J W, LIAO M Y, IMURA M, et al. Normally-off HfO_2-gated diamond field effect transistors [J]. Applied Physics Letters, 2013, 103(9): 4.

[37] REN Z Y, LV D D, XU J M, et al. Performance of H-diamond MOSFETs with high temperature ALD grown HfO_2 dielectric [J]. Diamond and Related Materials, 2020, 106: 5.

[38] DU H, JOHNSON D W, ZHU W, et al. Growth and measurements of ferroelectric lead zirconate titanate on diamond by pulsed laser deposition [J]. Journal of Applied Physics, 1999, 86(4): 2220 - 2225.

[39] WAN Q, ZHANG N L, WANG L W, et al. Preparation of PZT on diamond by pulsed laser deposition with Al_2O_3 buffer layer[J]. Thin Solid Films. 2002, 415(1 - 2): 64 - 67.

[40] LIAO M Y, IMURA M, FANG X S, et al. Integration of ($PbZr_{0.52}Ti_{0.48}O_3$) on single crystal diamond as metal-ferroelectric-insulator-semiconductor Capacitor [J]. Applied Physics Letters, 2009, 94(24): 3.

[41] LIAO M Y, IMURA M, NAKAJIMA K, et al Y. Improved ferroelectric properties of Pb(Zr0.52, Ti0.48)O_3 thin film on single crystal diamond using CaF_2 layer [J]. Applied Physics Letters, 2010, 96(1): 3.

[42] KARAYA R, FURUICHI H, NAKAJIMA T, et al. H-terminated diamond field effect transistor with ferroelectric gate insulator [J]. Applied Physics Letters, 2016, 108(24): 4.

[43] KARAYA R, BABA I, MORI Y, et al. B-doped diamond field-effect transistor with ferroelectric vinylidene fluoride-trifluoroethylene gate insulator [J]. Japanese Journal of Applied Physics. 2017, 56(10): 4.

[44] SU K, REN Z Y, PENG Y, et al. Normally-off hydrogen-terminated diamond field effect transistor with ferroelectric $HfZrO_x/Al_2O_3$ gate dielectrics [J]. IEEE Access, 2020, 8: 20043 - 20050.

[45] PAHWA G, DUTTA T, AGARWAL A, et al. Analysis and compact modeling of negative capacitance transistor with high on-current and negative output differential resistance-part II: model validation [J]. IEEE Transactions on Electron Devices, 2016, 63(12): 4986 - 4992.

第 6 章

金刚石高压二极管

6.1 金刚石 SBD 的基本原理

金刚石 SBD 是利用金属与金刚石接触形成肖特基结的原理制备而成的。一般而言，接触金属的功函数 W_M 和金刚石的功函数 W_D 存在差异。当金属与金刚石接触时，为了平衡其费米能级(图 6-1 中的 E_{FM} 和 E_{FD})，电子将从低功函数一边流向另一边，直到两边获得统一的费米能级 E_F 之后，达到平衡态。根据功函数大小的差异，金属与金刚石的接触可以分为欧姆接触和肖特基接触两种情况。SBD 的实现需要器件同时具备这两种接触，从而实现整流特性。

从电学上讲，理想的欧姆接触的接触电阻趋于 0，当有电流通过时，欧姆接触上的电压降可以忽略，不会影响器件的电流电压特性。金刚石 SBD 以 p 型导电为主(图 6-1)，对于 p 型金刚石，当金属功函数大于金刚石功函数时($W_M > W_D$)，金属与 p 型金刚石形成欧姆接触。但是，若金刚石表面为氧终端，则容易引入大量的表面态，对金刚石势垒造成钉扎，难以形成欧姆接触。为了形成良好的欧姆接触特性，通常采用重硼掺杂 p 型金刚石衬底，在其上沉积 Ti/Pt/Au 电极并退火来制备欧姆接触电极。

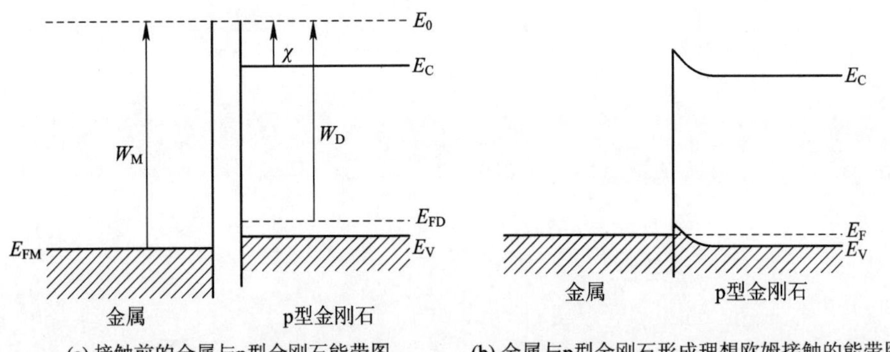

图 6-1 金属与 p 型金刚石形成欧姆接触的能带图($W_M > W_D$)

与欧姆接触不同的是，肖特基接触具有整流特性，其能带图如图 6-2 所示。对于 p 型金刚石，当金属功函数小于金刚石功函数时($W_M > W_D$)，金属与 p 型金刚石形成肖特基接触，从而在金刚石接近表面的地方形成耗尽区。当在

金属一侧施加正电压时，p 型金刚石表面的能带将下移，使界面处的势垒升高，阻止金属中的空穴向金刚石流动，二极管关断；在金属一侧施加负电压，p 型金刚石表面的能带将上移，从而减小能带弯曲程度，使金刚石中的空穴容易流向金属，二极管导通。

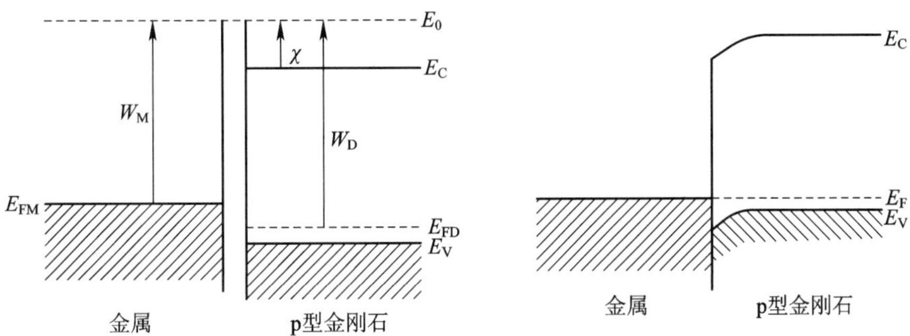

(a) 接触前的金属与p型金刚石能带图　　(b) 金属与p型金刚石形成理想肖特基接触的能带图

图 6-2　金属与 p 型金刚石形成肖特基接触的能带图($W_M>W_D$)

通过热离子发射模型能够较好地描述金刚石 SBD 的 $I-V$ 特性，即电流密度 J 和二极管偏压 V 之间有如下关系：

$$J=A^* T^2 \exp[-q\varphi/(k_B T)]\{\exp[qV/(nkT)]-1\} \tag{6-1}$$

其中，A^* 是有效理查德森常数，T 是绝对温度，q 是基本电荷电量，φ 为肖特基势垒高度，k_B是玻尔兹曼常数，n 是理想因子。在正向导通电流较大时，考虑到串联电阻 R 对电流密度的影响，若二极管电流为 I，则用 $V-IR$ 替换 V。反向偏置下 V 为负值，当$|qV|\gg k_B T$ 时，公式中的 $\exp[qV/(nkT)]$趋近于 0，此时二极管的反向泄漏电流的大小近似等于 $A^* T^2 \exp[-q\varphi/(k_B T)]$。所以，在理想状况下，二极管的反向漏电是温度的函数，电流会随着温度的升高而迅速增加，而与反向电压几乎没有关系。

6.2　SBD 的结构与优化

1. SBD 的结构

根据肖特基电极和欧姆接触电极空间位置的不同，金刚石 SBD 主要分为三种结构：横向型结构、准垂直型结构和垂直型结构。

横向型金刚石 SBD 结构指肖特基电极和欧姆接触电极均制备在轻掺杂外延层同一侧的结构。早期金刚石单晶合成技术受限，金刚石 SBD 多采用硅衬底上外延的 p 型轻掺杂多晶金刚石来制备，因此横向 SBD 结构研究居多[1-8]。随着金刚石单晶合成技术的突破，研究人员成功在单晶金刚石衬底上外延 p 型轻掺杂金刚石薄膜，并利用其制备横向结构 SBD。美国海军实验室 J. E. Butler 等人用 MPCVD 生长了高质量轻掺杂金刚石外延层，其硼掺杂浓度在 5×10^{14}～5×10^{16} cm^{-3}之间，在该外延层上制备的横向 SBD 的击穿电压大于 6 kV[8]。

准垂直型金刚石 SBD 结构涉及 p 型重掺杂(p^+)金刚石外延层和 p 型轻掺杂(p^-)金刚石外延层，其中，欧姆电极制备在 p^+ 金刚石外延层上而肖特基电极制备在 p^- 金刚石外延层上，并且欧姆电极和肖特基电极都处于样品上表面。该结构以单晶金刚石为主，首先是在未有意掺杂单晶金刚石衬底上依次生长 p^+ 金刚石外延层和 p^- 金刚石外延层，然后通过干法刻蚀形成台面结构，暴露出 p^+ 金刚石外延层，最后通过传统半导体加工工艺在 p^+ 和 p^- 外延层上分别制备欧姆电极和肖特基电极。目前，国际上有多个课题组研制了准垂直型金刚石 SBD 器件[9-15]。法国格勒诺布尔大学 A. Traoré 等人以锆作为肖特基电极在(100)取向氧终端 p^+/p^- 单晶金刚石外延层结构上制备了准垂直型金刚石 SBD[12]。器件的反向击穿电压大于 1000 V，而 p^- 层厚度为 1.3 μm，因此对应的击穿场强大于 7.7 MV/cm，是目前击穿场强最高的金刚石 SBD。此外，该 SBD 还具有大的正向电流密度，6 V 下达到了 1000 A/cm²。大的正向电流密度表明其具有低的导通电阻，计算可得功率品质因子为 244 MW/cm²，远大于硅的理论极限值。

垂直型金刚石 SBD 结构以单晶金刚石为主，也包含 p^+ 金刚石外延层和 p^- 金刚石外延层堆叠结构，只不过欧姆电极和肖特基电极设置在该堆叠结构的上下两侧。与准垂直型结构金刚石 SBD 相比，垂直型金刚石 SBD 制备流程较为简单：只需要在高温高压法合成的 p^+ 单晶金刚石衬底上外延一层 p^- 单晶金刚石外延层，再在两边分别制备欧姆电极和肖特基电极即可。

准垂直型金刚石 SBD 和垂直型金刚石 SBD 在正向偏压下的电流传输路径是不同的。准垂直型金刚石 SBD 需要刻蚀出台面结构，肖特基电极位于台面上而欧姆电极位于台面下，其电流路径较长且电流分布不均匀。相反，对垂直

型金刚石 SBD 而言，器件中导通电流在欧姆电极和肖特基电极之间垂直传输，不同位置的电流密度基本一样大[10]。基于同样的 p^- 区厚度，显然垂直型金刚石 SBD 比准垂直型金刚石 SBD 的导通电阻更小，因此垂直型金刚石 SBD 目前研究最广[16-25]。

2. SBD 的优化

影响金刚石 SBD 的一个重要因素是边缘电场集中效应。理想情况下，金刚石肖特基电极与欧姆电极分别覆盖整个材料表面，如图 6-3(a)所示。此时，材料内部电场均匀分布，无电场集中点。但是实际应用中，材料晶片外延层边缘通常缺陷较多，电极制备要避开这种区域以免引起较大的泄漏电流，并且大的晶片上一旦要划片，应该避免划到电极，因此电极尺寸通常要小于材料表面尺寸，如图 6-3(b)所示。在此情况下，肖特基电极的边缘会存在电场集中效应，造成电极边缘附近的泄漏电流密度增加，降低器件的反向击穿电压。为了缓解电场集中效应，可采用介质材料和电极一起形成场板结构，来优化 p^- 金刚石层内部电场的分布。图 6-3(c)是普通场板结构金刚石 SBD，首先在 p^- 金刚石表面选择性沉积一层氧化物介质层，然后通过光刻对准在无氧化物介质层区域制备肖特基电极，其电极边缘覆盖到氧化物介质层之上，盖在介质层上方的电极形成场板。此外，还可以在 p^- 层中刻蚀出台面，然后将氧化物介质层沉

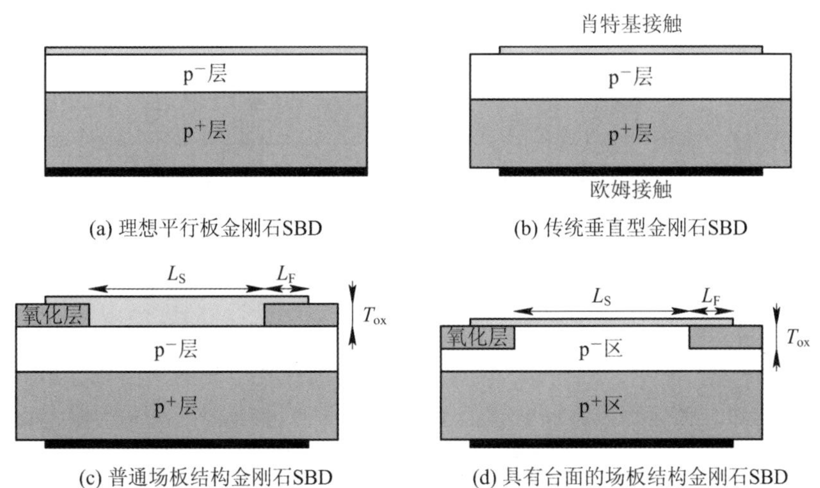

图 6-3　采用不同场板的金刚石 SBD 结构图[18]

积到被刻蚀区域，使其与 p⁻层平行，再制备出比台面大一圈的肖特基电极，盖在台面边缘介质层上方的电极形成场板(图 6-3(d))。与普通场板结构相比，台面场板结构具有更加优异的反向电学性能，因为该结构能够消除肖特基电极下方拐角处的电场集中[18]。

6.3 金刚石 SBD 的新进展

随着研究的进一步开展，近几年出现了许多金刚石 SBD 的新研究成果。2018 年，K. Driche 等人采用了一种浮动金属保护环终端结构来改善 p^- 层内电场分布，其结构如图 6-4 所示[26]。该 SBD 为准垂直结构，制备肖特基电极的同时，在其边缘制备一定数量的浮动金属保护环。因为浮动金属保护环和肖特基电极为同一种材料，所以可通过一次掩膜沉积而成，工艺流程比较简单。浮动金属保护环的存在对正向电学特性没有影响。在反向偏压下，根据电子束感应电流强度分布，可以发现反向漏电流密度与环数无关。但是，局域电场分布却在环间距较小时得到了有效的改善。因此，通过减小环间距和添加钝化层可以获得更好的结果。

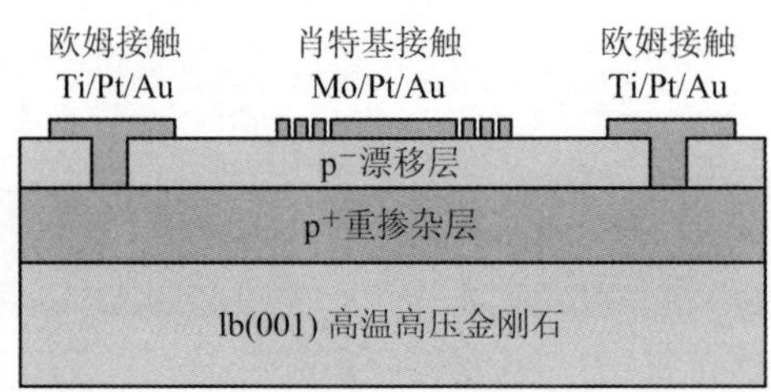

图 6-4　浮动金属保护环结构金刚石 SBD[26]

西安交通大学王宏兴教授课题组在金刚石 SBD 研究方面做了一系列工作，本节将做一简介。2018 年，该课题组采用选择性生长方法制备了横向型金刚石 SBD[27]，其制备流程如图 6-5 所示。首先在高温高压单晶金刚石衬底上生长一层本征外延层，然后利用钨作为掩膜再选择性生长一层金刚石外延层。由于钨与金刚石在高温生长条件下会形成欧姆接触，因此只需要在选择性生长的金刚石外延层上制备肖特基电极，从而得到横向型金刚石 SBD。通过测试，该器件的击穿电压为 640 V，对应的击穿场强为 4.57 MV/cm。由于该器件为氢终端，表面电导和体内电导同时存在，因此漏电流密度较大。为了降低漏电流密度，进一步将表面氢终端处理成氧终端[28]，使漏电流降低了 3 个数量级，击穿电压提高到 1316 V，对应的击穿场强为 6.3 MV/cm。

(a) 清洗金刚石衬底

FEL
Ib (100)

(b) 生长金刚石第一外延层(First Epitaxial Layer，FEL)

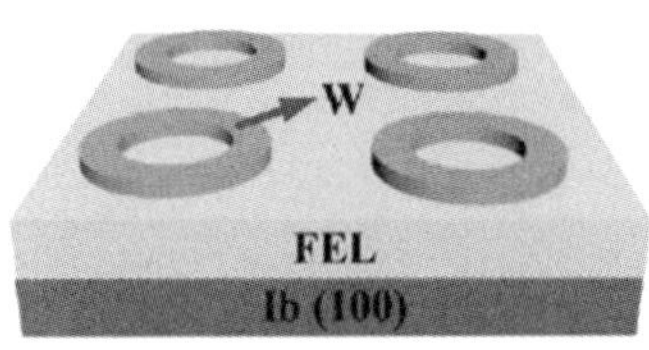

(c) 制备环形钨电极

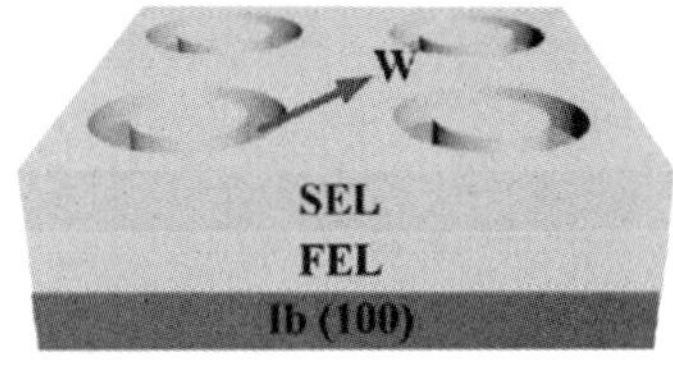

(d) 生长金刚石第二外延层(Second Epitaxial Layer，SEL)

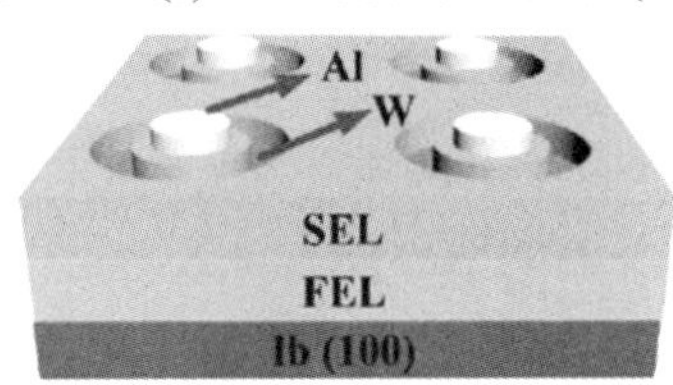

(e) 制备铝电极，铝电极与SEL形成肖特基接触，钨电极与铝电极的水平距离为50 μm

图 6-5　采用选择性生长方法制备横向型金刚石 SBD 的流程图[27]

利用不同的表面处理工艺，可以在金刚石表面形成不同的终端，如采用氢、氧、氮、氟、氯等离子体处理可以形成氢终端、氧终端、氮终端、氟终端和氯终端[29-32]。不同的终端具有不同的表面电子亲和能和功函数，与肖特基电极接触时具有不同的势垒高度，从而影响器件的电学性能。2018 年，利用金属与不同终端金刚石表面接触形成不同势垒高度，该课题组提出了垂直型高低势垒 SBD，其制备流程如图 6-6 所示[33]。先用紫外臭氧处理金刚石表面得到氧终端，再利用金属掩膜，在感应耦合等离子体(Inductively Coupled Plasma，ICP)腔体中将未遮掩区域处理成氟终端，最后制备 Au 肖特基电极，构成氟-氧双终端 SBD。由于 Au 和氟终端、氧终端接触势垒的不同，在外延层上形成了高低势垒交错的结构，因此该二极管也称为双势垒 SBD。在正向偏压下，器件呈现出低势垒 SBD 导通特性；在反向偏压下，呈现出高势垒 SBD 关断特性。在高势垒肖特基接触和低势垒肖特基接触比例变化的同时，器件的电学特性也在变化，其中在低势垒肖特基接触与高势垒肖特基接触比为 0.2 时可得到最优化的电学特性。

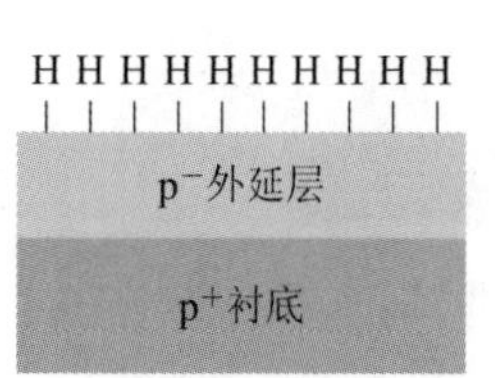

(a) 样品初试结构

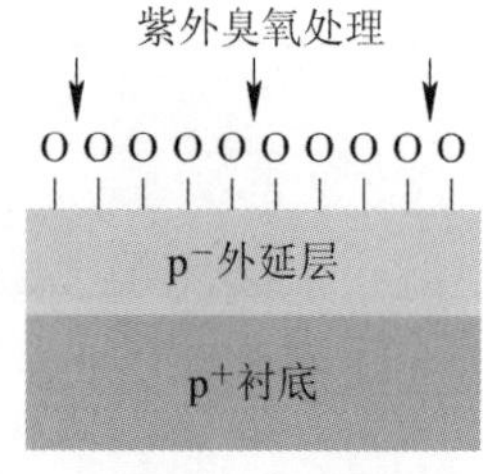

(b) 制备氧终端表面

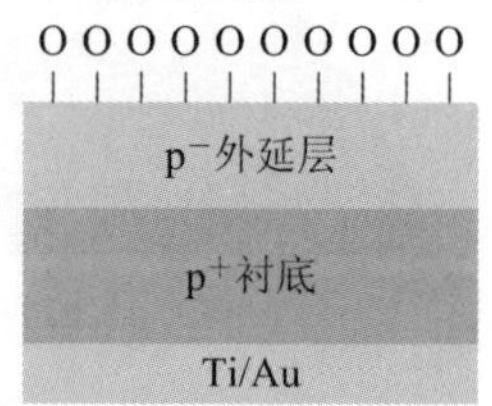

(c) 在衬底下表面制备欧姆接触

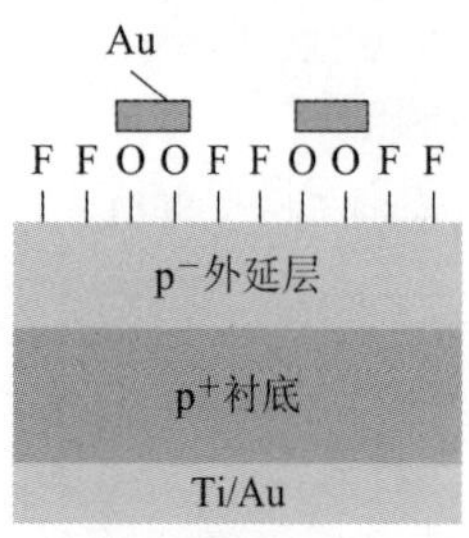

(d) 在氧终端金刚石上制备金掩膜

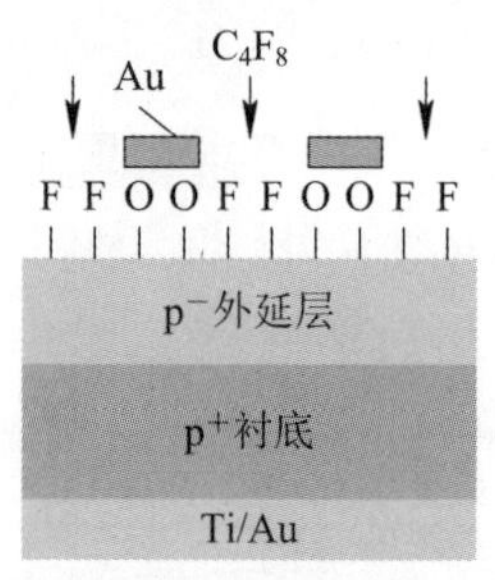

(e) 采用C_4F_8等离子体将掩膜窗口区域氧终端金刚石转化为氟终端金刚石

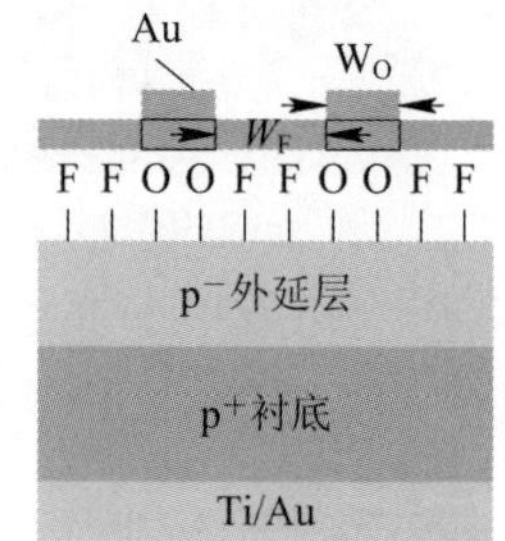

(f) 光刻沉积金电极以覆盖氟终端金刚石表面和金掩膜

图 6-6　氟-氧双终端双势垒金刚石 SBD 的制备流程[33]

2019 年，在表面氟终端改性的基础上，该课题组进一步提出了采用氟终端场板结构的金刚石 SBD，其器件结构截面图和 SEM 俯视图如图 6-7 所示[34]。在 p^- 金刚石外延层上，利用掩膜图案在圆形氧终端区域边缘处理获得一圈环形氟终端区域，最后制备肖特基电极时覆盖整个氧终端区域并延伸到氟终端区域中。由于氧终端和氟终端区域处在同一平面，因此肖特基电极平滑过渡到氟终端表面上。p^+ 金刚石衬底的厚度约为 300 μm，欧姆接触为 Ti/Pt/Au 电极，其厚度均为 50 nm。根据金刚石外延层的生长速率，结合生长时间，控制 p^- 金刚石外延层厚度约为 350 nm。肖特基电极为 Zr/Ni/Au，厚度均为 50 nm。场板结构的内圆和外圆半径分别为 40 μm 和 100 μm，氟终端场板的长度定义为

L_{FT}。为了优化场板长度，设计了几个不同的场板长度，分别为 0 μm、10 μm、20 μm，其对应的 SBD 命名为 D_1、D_2 和 D_3。没有氟终端场板结构的金刚石 SBD 则命名为 D_4、D_5 和 D_6。其中，D_4 和 D_1 面积相同，D_5 和 D_2 面积相同，D_6 和 D_3 面积相同。

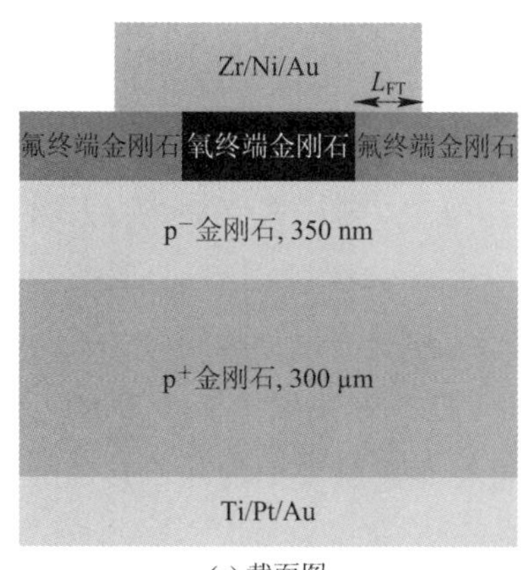

(a) 截面图

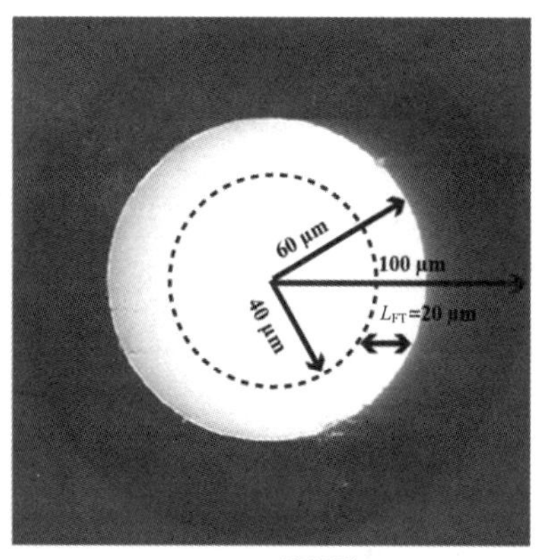

(b) SEM俯视图

图 6 7　氟终端场板结构金刚石 SBD[34]

图 6-8 展示了所有 SBD 的正向电流密度与电压曲线（$J-V$），由图可见所有 SBD 均展现出良好的整流特性，在±8 V 时的整流比达到 9 个数量级，反向

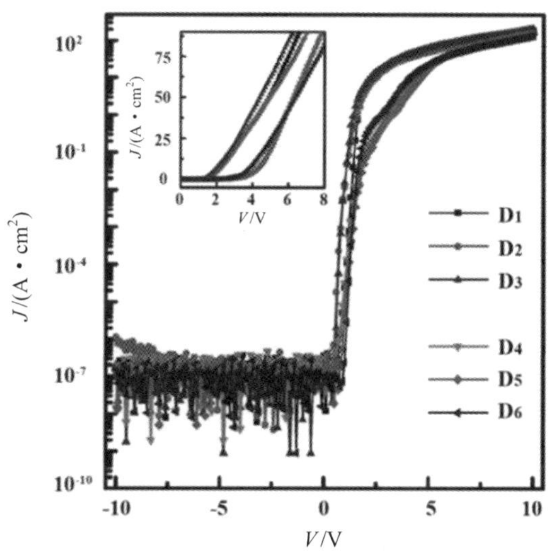

图 6-8　有无氟终端场板结构 SBD 的正向电学特性[34]

漏电流密度低于 10^{-6} A/cm²。D_1、D_2 和 D_3 的导通电压在 1.6～1.8 V 之间，D_4、D_5 和 D_6 的导通电压在 3.2～3.8 V 之间。

图 6-9 展示了有无氟终端场板结构金刚石 SBD 的反向电学特性，D_1～D_6 的反向击穿电压分别为 93 V、113 V、117 V、81 V、73.5 V 和 85 V。结合耗尽层厚度，电场强度分别为 2.7 MV/cm、3.2 MV/cm、3.3 MV/cm、2.3 MV/cm、2.1 MV/cm 和 2.4 MV/cm。结果表明氟终端场板结构可以改善 SBD 的反向电学特性。即使 D_1 的氟终端场板结构为 0 μm，其反向击穿电压也比 D_3 的大，说明氟终端场板结构确实可以改善边缘电场。而且，随着氟终端场板长度的增加，反向击穿电压没有明显的变化关系。在 0～25 V 区间，D_1～D_3 的漏电流大于 D_4～D_6 的漏电流，这是由于 D_1～D_3 的肖特基电极异质结构导致的低势垒高度所引起的。另外，当反向电压大于 25 V 时，D_1～D_3 的漏电流小于 D_4～D_6 的漏电流，这是由于和 D_4～D_6 相比，D_1～D_3 肖特基接触界面的热稳定性能更加良好。

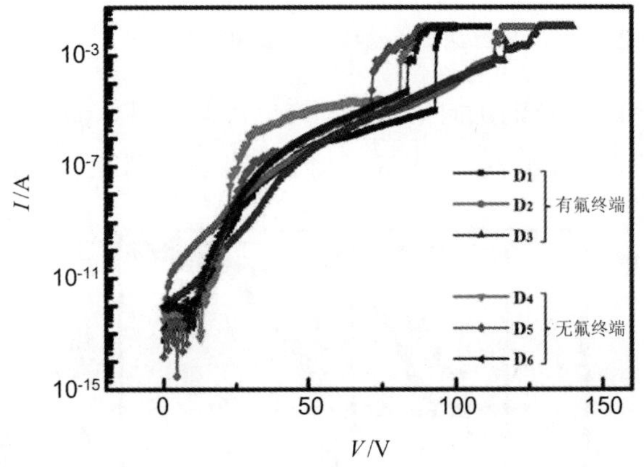

图 6-9　有无氟终端场板的金刚石 SBD 的反向电学特性[34]

除了表面处理形成肖特基电极的边缘终端，还可以利用离子注入的方式制备边缘终端结构，优化器件电学性能。2019 年，该课题组与南京电子器件研究所郁鑫鑫等人合作，采用硼离子注入的方式在肖特基电极边缘制备终端结构，改善垂直型金刚石 SBD 的反向电学特性[35]。图 6-10 是器件的截面图和俯视图。首先，在掺硼 p^+ 单晶金刚石衬底上制备了 310 nm 厚的 p^- 金刚石外延层。通过蒸发镀膜的方式在 p^+ 金刚石背面制备了 Ti/Au 电极，并在 700℃下

退火形成了良好的欧姆接触，获得了 $2.3\times10^{-5}\ \Omega\cdot cm^2$ 的低欧姆接触电阻。然后通过硼离子注入的方式在肖特基接触边缘下形成了非导电非晶区，这也是一种边缘终端结构。器件的电学特性测试结果表明，该硼离子注入区对正向电流没有贡献，但是会引起漏电流的减小。与无边缘终端的器件相比，平均击穿电压从 79 V 提高到 125 V，提高了 50%以上。对击穿特性的重复测量(图 6－11)表明，无边缘终端的器件在每次扫描后击穿电压迅速下降，而有边缘终端的器件击穿电压没有明显下降。因此，采用注硼边缘终端是提高金刚石 SBD 击穿电压和稳定性的有效方法。

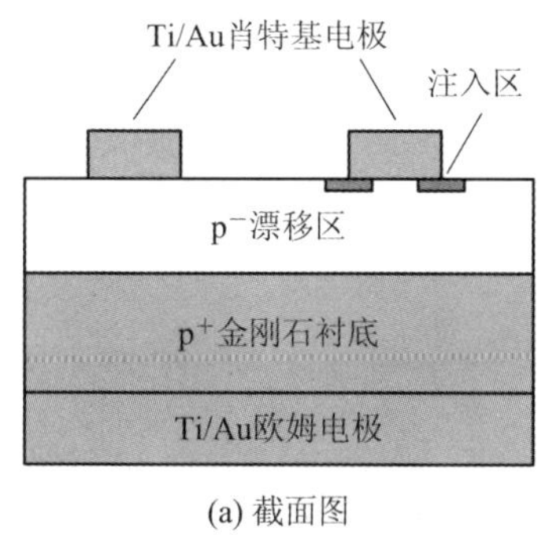

(a) 截面图

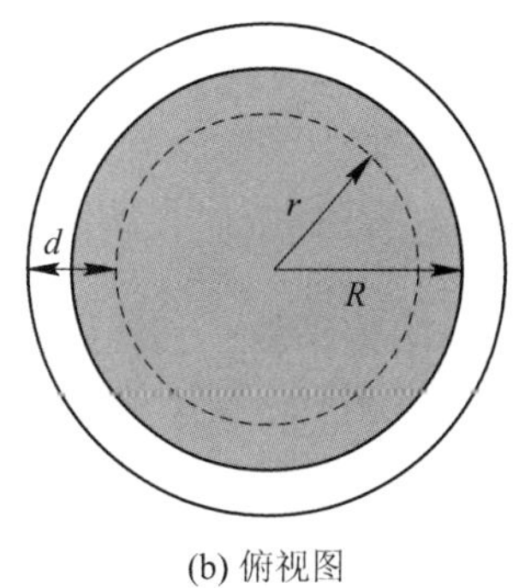

(b) 俯视图

图 6－10　有离子注入边缘终端的金刚石 SBD[35]

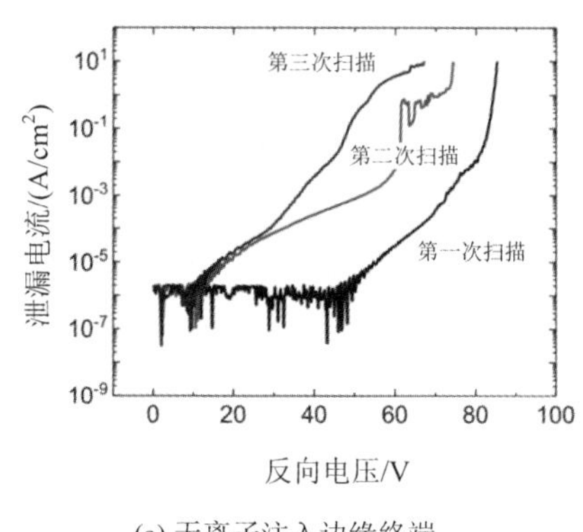

(a) 无离子注入边缘终端

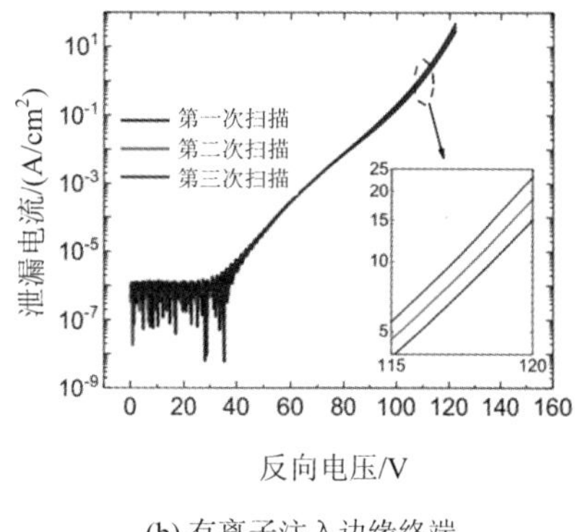

(b) 有离子注入边缘终端

图 6－11　金刚石 SBD 的反向电学特性[35]

2019 年，为了提高击穿电压，研究人员制备了带有浮动金属环结构的垂直

型金刚石 SBD，并系统研究了环间距 R_S、环宽度 R_W 和环个数对金刚石 SBD 电学特性的影响。器件的结构如图 6-12 所示[36]。首先，通过 MPCVD 技术在 p^+ 重掺杂衬底上外延一层非故意掺杂的 p^- 层；其次，将外延层在紫外臭氧下处理半小时形成氧终端表面；然后沉积 Ti/Ni/Au 并在高温下退火形成欧姆接触；最后，通过光刻和剥离制备具有不同浮动金属环参数的 Zr/Ni/Au 肖特基电极。具有单个金属环时，随着环间距的增加，击穿电压先增大后降低；最优的环间距为 5 μm，在此条件下击穿电压达到 109.5 V，和普通的 SBD 相比击穿电压提高了 19%。同时，击穿电压随着环宽度的增加而增加。因此，在最优环间距下，环宽度的增加可以最大程度地提高击穿电压。在相同的环间距和环宽度下，击穿电压也随着环个数的增加而增加。

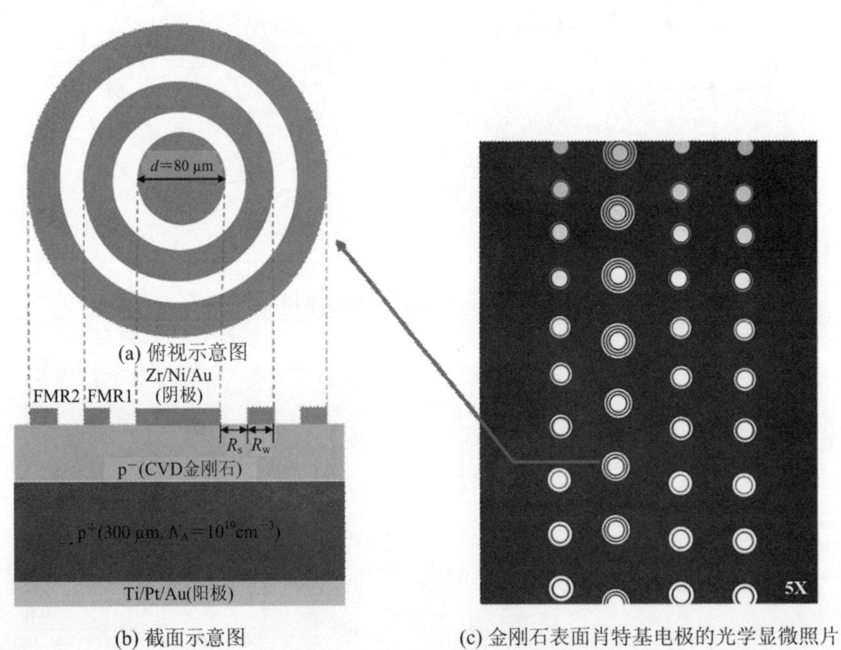

(b) 截面示意图　　(c) 金刚石表面肖特基电极的光学显微照片

图 6-12　带有两个浮动金属环结构的金刚石 SBD[36]

6.4　其他金刚石高压二极管

6.4.1　金刚石肖特基 pn 结二极管

pn 结二极管具有击穿电压大、开关速度慢的特性，可应用于高功率等应用场合，而不适用于高频应用场合[37]。结合 SBD 开关速度快的特性，科研人员研发了肖特基 pn 结二极管，可克服 SBD 和 pn 结二极管的缺点。2009 年，日本先进工业科学技术研究所（National Institute of Advanced Industrial Science and Technology，AIST）T. Makino 等人首次报道了国际上第一只金刚石肖特基 pn 结二极管[38]，该器件 p^+ 层掺杂浓度和厚度分别为 4×10^{20} cm^{-3} 和 1.3 μm，p^- 层掺杂浓度和厚度分别为 6×10^{18} cm^{-3} 和 700 nm，n 层掺杂浓度和厚度分别为 7×10^{16} cm^{-3} 和 70 nm。最大电流密度超过 4 kA/cm^2，导通电阻 R_{on} 在常温下只有 0.04 mΩ·cm^2。其器件结构和电学特性如图 6-13 所示。

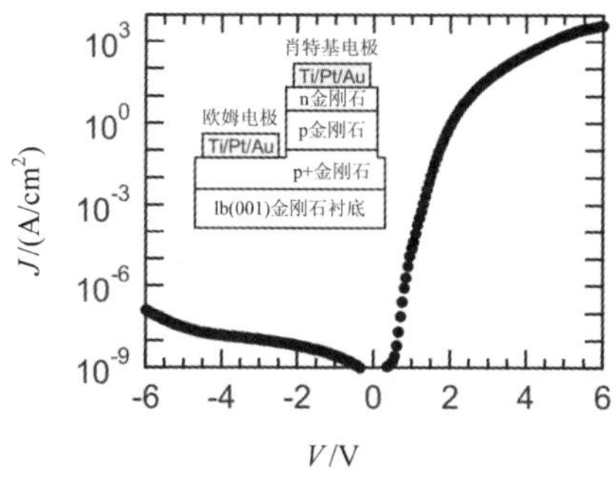

图 6-13　金刚石肖特基 pn 结二极管的器件结构和典型电学特性[38]

肖特基 pn 结二极管的关键结构是完全耗尽的 n 型有源层，能带图如图 6-14所示。E_V、E_C、E_F、E_A 和 E_D 分别是价带顶、导带底、费米能级、受主能级和施主能级。φ_B 是金属与 n 型金刚石的接触势垒高度。V_f 和 V_r 分别是正偏和反偏电压。$E_C-E_V=5.47$ eV，$E_A-E_V=370$ meV，$E_C-E_D=570$ meV，φ_B 约为 4.3～4.5 eV。图 6-14(a)展示了热平衡时的能带图，肖特基结和 pn 结空间电荷区中 n 型有源层完全耗尽。随着 pn 结正偏电压增加，pn 结空间电荷区变窄，相比之下肖特基结空间电荷区变宽，n 型层仍维持完全耗尽的状态。事实上，如图 6－14(b)所示，完全耗尽的 n 型层中没有平带区且 p 型层电势变平。由于高 φ_B 的缘故，金属中的电子不能注入到 n 型层，仅 p 型层中的空穴向 n 型层中漂移。n 型层的高阻特性并不影响此种导电机制。金刚石空穴的漂移速度和其他半导体材料相比较快(硼掺杂浓度 $10^{17}\ cm^{-3}$ 时漂移速度为 1700 $cm^2/(V\cdot s)$)，这是金刚石肖特基 pn 结二极管作为空穴导电单极型器件的优势之一。图 6－14(c)展示了肖特基 pn 结二极管在 pn 结反偏条件下的能带图，肖特基结的空间电荷区变窄，然而 pn 结的空间电荷区变宽。因此，金刚石肖特基 pn 结二极管的耐压主要由 n 型层的厚度决定。

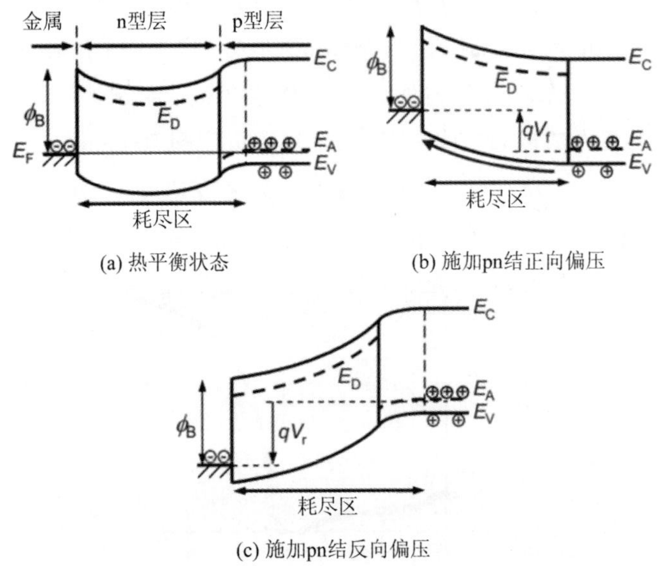

(a) 热平衡状态　(b) 施加pn结正向偏压

(c) 施加pn结反向偏压

图 6－14　金刚石肖特基 pn 结二极管的能带图[38]

传统的 p 型 SBD 的反向耐压和正向导通电流一般需要折中考虑。高的反向耐压需要宽的空间电荷区，要求 p 型层中的受主浓度低，然而高的正向电流密度要求 p 型层中的受主浓度高。从图 6－14 中，我们可以看出，肖特基 pn 结二极管的正向电流密度由 p 型层中的受主浓度决定，反向耐压不仅与 p 型层中的空间电荷区宽度有关，而且主要受到完全耗尽的 n 型层宽度的影响。因此，肖特基 pn 结二极管的反向耐压和正向电流密度可独立设计，这是肖特基 pn 结二极管相较于传统 SBD 最大的优点。为了同时得到高的反向耐压和高的正向电流

密度，需要受主浓度高的 p 型层和厚的 n 型层。2010 年，T. Makino 等人再次报道了正向电流密度超过 60 kA/cm^2、常温下导通电阻只有 0.03 mΩ·cm^2、反向击穿电压为 55 V、反向击穿电场强度约为 3.4 MV/cm 的肖特基 pn 结二极管[39]。该器件的击穿电场强度已高于 Si 和 SiC 材料的击穿电场强度极限。

6.4.2　金刚石 pin 结二极管

pin 结二极管是常见的高压器件，其 i 型层的结晶质量高，厚度可调，能够承受较高的电压。由于金刚石 n 型掺杂比较困难，因此关于金刚石 pin 结高压二极管的研究较少。2009 年，K. Oyama 等人利用 p 型和 n 型重掺杂技术制备了(111)取向的准垂直型单晶金刚石 pin 结二极管[40]，±10 V 下的整流比达到了 10^8，35 V 正向偏压下电流密度达到了 15 000 A/cm^2。器件具有很大的正向电流密度，展现了其在大电流场景应用的可能性，但是其反向耐压特性的研究并未深入进行。2013 年，M. Suzuki 等人进一步研究了金刚石 pin 结二极管的高压应用能力[41]。他们制备了垂直型金刚石 pin 结二极管，该器件结构如图 6-15 所示。为了使器件具有较高的耐压，其本征层厚度达到了 4 μm。

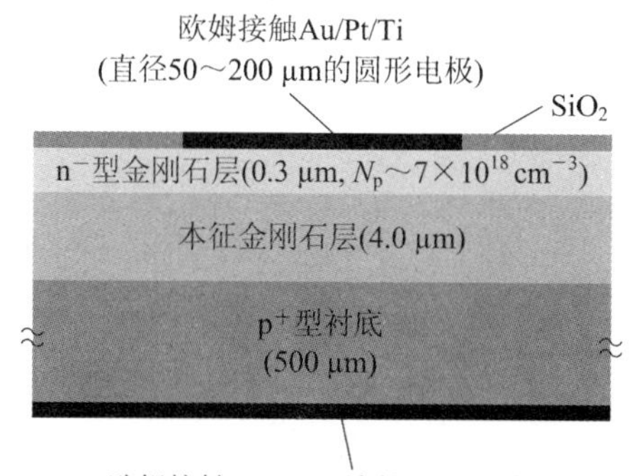

图 6-15　垂直型金刚石 pin 结二极管的结构[41]

图 6-16 给出了该 pin 结二极管的电学特性，图中呈现出明显的整流接触特性。在反向偏压下，器件的泄漏电流密度很低，击穿电压达到了 920 V。由于漂移层厚度为 4 μm，因此计算可得击穿场强为 2.3 MV/cm。该器件无结构优化，但是其击穿场强却能与 SiC 器件的理想击穿场强相差无几，这说明金刚石 pin 二极管在高压器件领域具有独特的优势。图 6-17 给出了垂直型金刚石

pin 结二极管在不同温度下的反向电学特性。由图可见，随着温度的增加，击穿电压和击穿场强也在增加，说明该器件的击穿机理主要是雪崩击穿。这种击穿机理保证了器件高压工作的安全性和可靠性，有利于研制超高压器件。

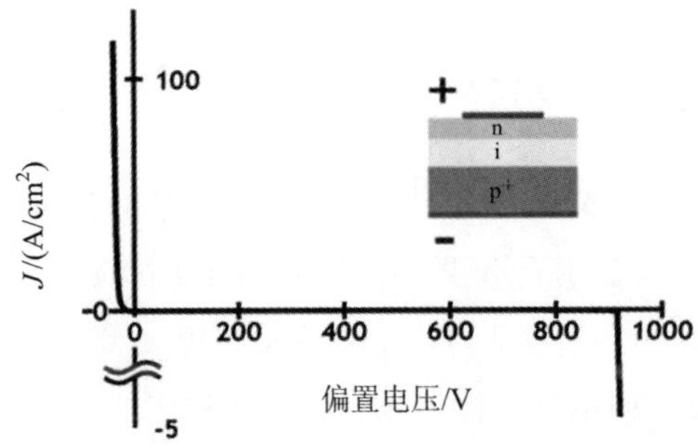

图 6-16 垂直型金刚石 pin 结二极管的电学特性[41]

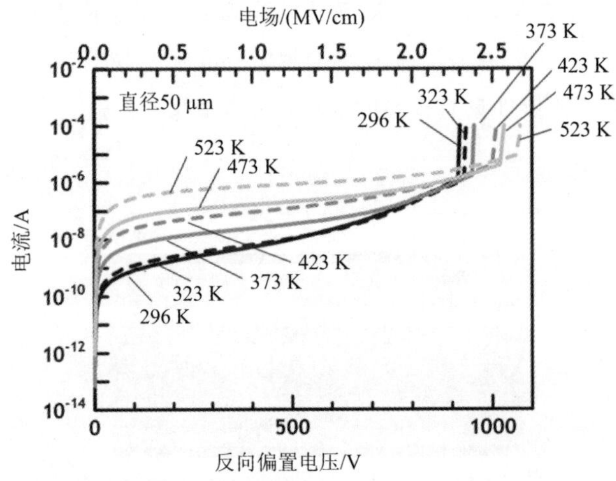

图 6-17 不同温度下垂直型金刚石 pin 结二极管的反向电学特性[41]

参 考 文 献

[1] TERAJI T, LIAO M Y, KOIDE Y. Localized mid-gap-states limited reverse current of diamond Schottky diodes [J]. Journal of Applied Physics, 2012, 111(10):1246.

[2] FIORI A, TERAJI T, KOIDE Y. Diamond Schottky diodes with ideality factors close

[J]. Applied Physics Letters, 2014, 105(13):269.

[3] KATO Y, UMEZAWA H, SHIKATA S I. X-ray topographic study of defect in p$^-$ diamond layer of Schottky barrier diode [J]. Diamond & Related Materials, 2015, 57: 22 - 27.

[4] UMEZAWA H, TATSUMI N, KATO Y, et al. Leakage current analysis of diamond Schottky barrier diodes by defect imaging [J]. Diamond & Related Materials, 2013, 40 (6):56 - 59.

[5] UEDA K, KAWAMOTO K, SOUMIYA T, et al. High-temperature characteristics of Ag and Ni/diamond Schottky diodes [J]. Diamond & Related Materials, 2013, 38(6): 41 - 44.

[6] UEDA K, KAWAMOTO K, ASANO H. High-temperature and high-voltage characteristics of Cu/diamond Schottky diodes [J]. Diamond & Related Materials, 2015, 57:28 - 31.

[7] JENG D G, TUAN H S, SALAT R F, et al. Thin film Al/diamond Schottky diode over 400 V breakdown voltage [J]. Journal of Applied Physics, 1990, 68:5902.

[8] BUTLER J E, GEIS M, KROHN K, et al. Exceptionally high voltage Schottky diamond diodes and low boron doping [J]. Semiconductor Science and Technology, 2003, 18:S67 - S71.

[9] UMEZAWA H, MOKUNO Y, YAMADA H, et al. Characterization of Schottky barrier diodes on a 0. 5-inch single-crystalline CVD diamond wafer [J]. Diamond & Related Materials, 2010, 19(2):208 - 212.

[10] KUMARESAN R, SHIKATA S, UMEZAWA H. Vertical structure Schottky barrier diode fabrication using insulating diamond substrate [J]. Diamond & Related Materials, 2010, 19(10):1324 - 1329.

[11] KUMARESAN R, UMEZAWA H, SHIKATA S. Parasitic resistance analysis of pseudovertical structure diamond Schottky barrier diode [J]. Physica Status Solidi, 2010, 207(8):1997 - 2001.

[12] TRAORÉ A, MURET P, FIORI A, et al. Zr/oxidized diamond interface for high power Schottky diodes [J]. Applied Physics Letters, 2014, 104(5):19.

[13] UMEZAWA H, SHIKATA S I. Leakage current analysis of diamond Schottky barrier diodes operated at high temperature [J]. Japanese Journal of Applied Physics, 2014, 53(4S):04EP04.

[14] DRICHE K, UMEZAWA H, ROUGER N, et al. Characterization of breakdown

behavior of diamond Schottky barrier diodes using impact ionization coefficients [J]. Journal of Applied physics, 2017, 56(4S):04CR12.

[15] DRICHE K, RUGEN S, KAMINSKI N, et al. Electric field distribution using floating metal guard rings edge-termination for Schottky diodes [J]. Diamond & Related Materials, 2018, 82:160 - 164.

[16] UMEZAWA H, NAGASE M, KATO Y, et al. High temperature application of diamond power device [J]. Diamond & Related Materials, 2012, 24(24):201 - 205.

[17] NAWAWI A, TSENG K J, RUSLI, et al. Characterization of vertical Mo/diamond Schottky barrier diode from non-ideal $I-V$, and $C-V$, measurements based on MIS model [J]. Diamond & Related Materials, 2013, 35(5):1 - 6.

[18] NAWAWI A, TSENG K J, RUSLI, et al. Design and optimization of planar mesa termination for diamond Schottky barrier diodes [J]. Diamond & Related Materials, 2013, 36(6):51 - 57.

[19] UMEZAWA H, KATO Y, SHIKATA S I. 1 Ω on-resistance diamond vertical-Schottky barrier diode operated at 250℃ [J]. Applied Physics Express, 2013, 6(1):1302.

[20] NAGASE M, UMEZAWA H, SHIKATA S I. Vertical diamond Schottky barrier diode fabricated on insulating diamond substrate using deep etching technique [J]. IEEE Transactions on Electron Devices, 2013, 60(4):1416 - 1420.

[21] UMEZAWA H, SHIKATA S I, FUNAKI T. Diamond Schottky barrier diode for high-temperature, high-power, and fast switching applications [J]. Japanese Journal of Applied Physics, 2014, 53(5S1):05FP06.

[22] BLANK V D, BORMASHOV V S, TARELKIN S A, et al. Power high-voltage and fast response Schottky barrier diamond diodes [J]. Diamond & Related Materials, 2015, 57:32 - 36.

[23] ZHAO D, HU C, LIU Z, et al. Diamond MIP structure Schottky diode with different drift layer thickness [J]. Diamond & Related Materials, 2017, 73:15 - 18.

[24] TERAJI T, FIORI A, KIRITANI N, et al. Mechanism of reverse current increase of vertical-type diamond Schottky diodes [J]. Journal of Applied Physics, 2017, 122 (13):135304.

[25] BORMASHOV V S, TERENTIEV S A, BUGA S G, et al. Thin large area vertical Schottky barrier diamond diodes with low on-resistance made by ion-beam assisted lift-off technique [J]. Diamond & Related Materials, 2017, 75:78 - 84.

[26] DRICHE K, RUGEN S, KAMINSKI N, et al. Electric field distribution using floating metal guard rings edge-termination for Schottky diodes [J]. Diamond & Related Materials, 2018, 82:160 - 164.

[27] ZHAO D, LIU Z, ZHANG X, et al. Analysis of diamond pseudo-vertical Schottky barrier diode through patterning tungsten growth method [J]. Applied Physics Letters, 2018, 112(9):092102.

[28] ZHAO D, LIU Z, WANG J, et al. Schottky barrier diode fabricated on oxygen-terminated diamond using a selective growth approach [J]. Diamond & Related Materials, 2019, 99:107529.

[29] REZEK B, WATANABE H, NEBEL C E, et al. High carrier mobility on hydrogen terminated (100) diamond surfaces [J]. Applied Physics Letters, 2006, 88:042110.

[30] TSUGAWA K, NODA H, HIROSE K, et al. Schottky barrier heights, carrier density, and negative electron affinity of hydrogen-terminated diamond [J]. Physical Review B, 2010, 81:045303.

[31] MAIER F, RISTEIN J, LEY L. Electron affinity of plasma-hydrogenated and chemically oxidized diamond (100) surfaces [J]. Physical Review B, 2001, 64:165411.

[32] RIETWYK K J, WONG S L, CAO L, et al. Work function and electron affinity of the fluorine-terminated (100) diamond surface [J]. Applied Physics Letters, 2013, 102:091604.

[33] ZHAO D, LIU Z C, WANG J, et al. Fabrication of dual-termination Schottky barrier diode by using oxygen-/fluorine-termianted diamond [J]. Applied Surface Science, 2018, 457:411 - 416.

[34] ZHAO D, LIU Z C, WANG J, et al. Performance improved vertical diamond Schottky barrier diode with fluorination-termination structure [J]. IEEE Electron Device Letters, 2019, 40 (8):1229 - 1232.

[35] YU X X, ZHOU J J, WANG Y F, et al. Breakdown enhancement of diamond Schottky barrier diodes using boron implanted edge terminations [J]. Diamond & Related Materials, 2019, 92:146 - 149.

[36] WANG J, ZHAO D, WANG W, et al. Diamond Schottky barrier diodes with floating metal rings for high breakdown voltage [J]. Materials Science in Semiconductor Processing, 2019, 97:101 - 105.

[37] TAJANI A, TAVARES C, WADE M, et al. Homoepitaxial {111}-oriented diamond pn juctions grown on B-doped Ib synthetic diamond [J]. Physica Status Solidi A, 2004, 201:2462 - 2466.

[38] MAKINO T, TANIMOTO S, HAYASHI Y, et al. Diamond Schottky-pn diode with high forward current density and fast switching operation [J]. Applied Physics Letters, 2009, 94:262101.

[39] MAKINO T, KATO H, TOKUDA N, et al. Diamond Schottky-pn diode without trade-off relationship between on-resistance and blocking voltage [J]. Physica Status Solidi A, 2010, 207:2105 - 2109.

[40] OYAMA K , RI S G , KATO H , et al. High performance of diamond $p^+ - i - n^+$ junction diode fabricated using heavily doped p^+ and n^+ layers[J]. Applied Physics Letters, 2009, 94(15).

[41] SUZUKI M , SAKAI T , MAKINO T , et al. Electrical characterization of diamond pin diodes for high voltage applications[J]. Physica Status Solidi A, 2013, 210(10): 2035 - 2039.

第7章

石墨烯/金刚石复合器件

2004 年，英国曼彻斯特大学的 A. K. Geim 等人采用胶带从块状石墨中分离出单层二维石墨烯材料，震撼了学术界，从此掀起了石墨烯的研究热潮，并带动了其他多种二维材料的快速发展。A. K. Geim 教授和 K. S. Novoselov 博士也因此共同获得了 2010 年诺贝尔物理学奖。石墨烯是一种由碳原子以 sp^2 杂化组成的单层六元环结构材料[1]，二维的石墨烯薄膜可以包裹成零维的富勒烯，卷曲成一维的碳纳米管以及堆叠成三维的石墨[2]。石墨烯的特殊结构赋予其非凡的力学、电学、光学等性质[3-6]。金刚石是碳材料大家族中一种以 sp^3 杂化组成的材料，也具有优异的力学、热学、光学、电学等综合性能，特别是在电学领域被誉为终极半导体。近年来有理论和实验表明，基于石墨烯与金刚石的复合结构可以产生多种特殊的物理现象与电学特性，为石墨烯/金刚石电子器件的设计与发展提供了新的动力。

7.1 石墨烯的结构与性质

7.1.1 石墨烯的原子结构

广义的“石墨烯”包括单层、双层和少层(3～9 层)3 种不同类型的石墨烯晶体。与之相对的多层石墨烯是指厚度 10 层及以上、10 nm 以下的六角形蜂巢结构周期性紧密堆积形成的碳材料。相比而言，只有单层和双层石墨烯具有相似的、简单的电子能带谱，均为零带隙半导体。3 层以上的石墨烯就变成了复杂的电子能带谱，出现多种电荷载流子，导带和价带开始出现明显重叠。以下除非特别指出，石墨烯就是指单层石墨烯，厚度约为 0.335 nm。

石墨烯是单原子层的石墨，是由六角形的碳原子原胞紧密排布形成的二维(2D)蜂窝状晶体结构，如图 7－1 所示[7]。石墨烯晶格包括两层相互嵌套的三角形晶格，将每一个晶格单元中的两个原子设定为 A 和 B，A 晶格的格点都位于另一子晶格 B 确定的三角形的中央。每个碳原子的配位数是 3，每个晶胞中有 2 个碳原子。AB 和 BA 的夹角是恒定的 120°，相邻碳原子间的键长约为0.142 nm。

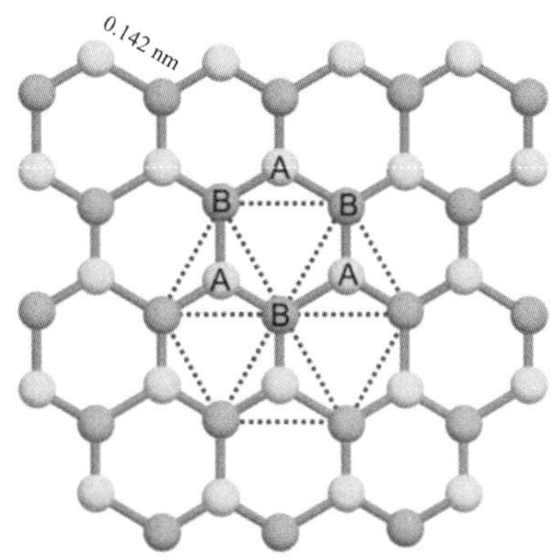

图 7-1　石墨烯晶格结构图[7]

由于每个碳原子具有 4 个核外电子，与其他 3 个碳原子形成的共价键包括 1 个 s 轨道成键和同一平面内的 2 个 p 轨道成键，3 个键形成杂化（即 sp^2 杂化），即所谓 σ 键。剩余另外一个 p 轨道方向与碳原子平面垂直，在平面的上方或下方出现，并混杂成 π（价带）和 π′（导带），石墨烯的电子能带结构图如图 7-2 所示[8]。

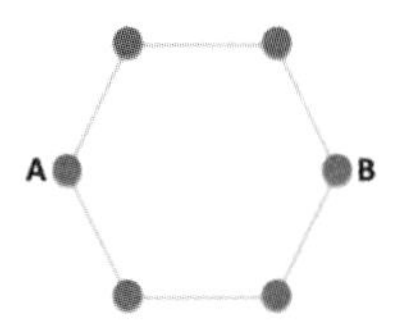

(a) 石墨烯晶格结构，具有两个不等价的位置A和B

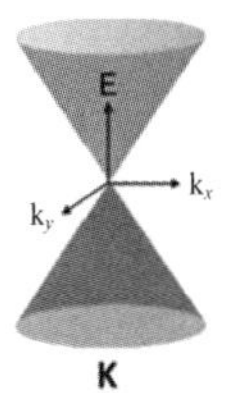

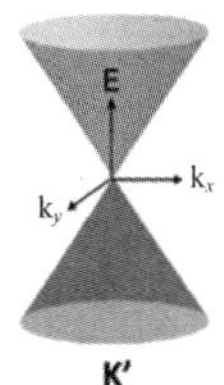

(b) 布里渊区π键电子色散关系

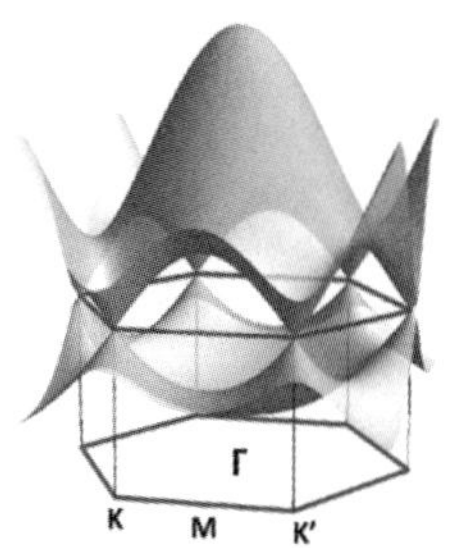

(c) K和K′点的狄拉克锥结构，具有线性能量动量色散关系

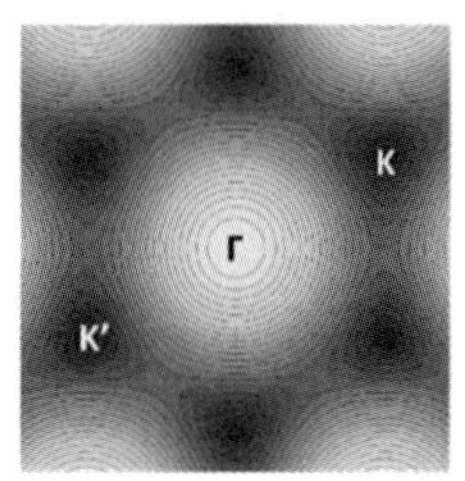

(d) 导带的等能线示意图

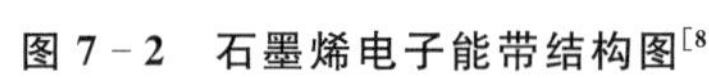

图 7-2　石墨烯电子能带结构图[8]

7.1.2 石墨烯的物理和化学性质

力学性质方面，石墨烯采用 σ 键成键，具有很强的刚性和强度。但是由于石墨烯具有独特的二维结构，基于实验方法测试其力学性能存在载荷与变形量难以精确测量的问题[9]。目前仅有 AFM 纳米压痕实验可获得可靠结果，但仍需借助理论才能得到有效的力学性能参数。由于石墨烯的杨氏模量等力学性能参数是属于连续介质框架下的力学概念，其厚度必须采用连续介质假设计算才有意义[10]。因此石墨烯厚度的选择成为决定其性能的关键。目前多数采用石墨烯晶体厚度 0.335 nm 进行计算。如 C. Lee 等将石墨烯置于孔状结构的硅衬底表面，采用 AFM 纳米压痕实验获得了石墨烯的弹性性质与断裂强度，并计算得到了石墨烯的杨氏模量为(1.0±0.1) TPa，理想拉伸强度 (130±10) GPa[10]。

热学性质方面，不同于金属的电子传热，石墨烯主要依靠晶格振动的声子模式进行热传输[11-12]。石墨烯的热导率可以由公式 $k=\frac{1}{3}Cvl$ 计算，其中 C 为声子热容，v 为声速，l 为平均自由程。由于石墨烯的 C—C 共价键强而碳原子质量小，其声子具有较高的声速[11]。声子平均自由程与石墨烯尺寸有关，当石墨烯尺寸大于声子平均自由程，热输运以扩散输运为主，反之当石墨烯尺寸小于声子平均自由程，热输运则是弹道输运。声子热容则主要与温度相关，随着温度的升高而增大[13]。石墨烯实际的热导率性质受测试方法、单层石墨烯尺寸效应(与平均自由程的关系)、测试温度(影响声子热容)以及石墨烯依附的基底材料(耦合与散射)等因素的影响。A. A. Balandin 最先采用激光拉曼光热法实验测试了悬空石墨烯的热导率，通过拟合拉曼位移获得热分布，进而计算得到的石墨烯热导率最高为 5300 W/(m·K)，并得到了室温下石墨烯声子的平均自由程约 775 nm[14]。由于悬空或者部分悬空石墨烯减小了与衬底的耦合以及界面缺陷杂质的散射，热导率最高可达 5000 W/(m·K)以上。一旦石墨烯依附在一些衬底上，如 SiO_2/Si，其热导率只有 600 W/(m·K)[13]。此外，对于少层石墨烯，热导率往往受到石墨烯晶体非简谐振动和声子与边界的散射和缺陷散射的影响。随着层数逐渐增加至 4 层，其热导率将逐渐降低到下限，接近石墨材料的热导率[15]。

光与石墨烯的相互作用从能带跃迁的角度看主要有两种：带间跃迁和带内跃迁[16]，跃迁方式取决于光子的能量，即光谱范围。在远红外和 THz 光谱区域，石墨烯的响应主要为电子带内跃迁，类似金属中的自由电子响应，可激发表面等离子激元(Surface Plasmon)。在近红外及可见光波段，石墨烯的响应主要为带间跃迁，光的吸收表现为与波长无关的普遍吸收。石墨烯的自由载流子响应使它能够像金属一样支持表面等离子激元的传播。由于石墨烯中的电子为无质量的狄拉克费米子，石墨烯等离子激元与传统的重金属等离子激元相比具有以下特点：① 具有更强的局域性，衍射极限可降低为原来的$\frac{1}{10^6}$；② 等离子激元谱可通过电学或化学的方法调控；③ 具有更长的等离子激元寿命，可以达到几百个光学周期，突破了传统等离子激元具有大的欧姆损耗的瓶颈。此外，当入射光的强度超过某一临界值时，石墨烯对其的吸收会达到饱和，即可饱和吸收。当光的强度足够高时，电子被源源不断地激励到导带，光生载流子将整个导带和价带填满，阻止光的进一步吸收，表现为完全透光。石墨烯饱和吸收过程中，带间跃迁弛豫时间在 0.4～1.7 ps 范围内，具有启动锁模作用；带内载流子散射和复合弛豫时间在 70～120 fs 范围内，可以有效压缩脉冲，稳定锁模，产生飞秒脉冲，因此可以应用于光纤激光器和固态激光器中。

特殊的原子与能带结构造就了石墨烯独特的电学特性。石墨烯结构中存在离域 π 键，π 电子在石墨烯平面内可以自由移动，使石墨烯具有良好的导电性。从石墨烯的能带结构看，导带和价带相交于一点即狄拉克点，形成了狄拉克锥型能带结构，故石墨烯的带隙为零。石墨烯独特的载流子特性和无质量的狄拉克费米子属性使其在室温下能够观察到霍尔效应和异常的半整数量子霍尔效应。石墨烯中的载流子有效质量非常小，因此迁移率很高，这对高频电子器件来说是非常优异的性能。在 SiO_2 上的石墨烯，迁移率高达 1.5×10^4 $cm^2/(V\cdot s)$[17]；外延石墨烯的迁移率达到 2.7×10^4 $cm^2/(V\cdot s)$[18]，悬浮的石墨烯的迁移率则可达到 2.0×10^5 $cm^2/(V\cdot s)$以上[19]。石墨烯的高载流子迁移率特性的成因一方面是受到外来缺陷与外来原子影响小，不易发生散射；另一方面是石墨烯具有特殊的量子隧道效应，即 Klein 隧穿效应[20]，在室温下，该隧穿效应会导致微米尺寸内的弹道式传输。即使有外加电压诱导的势垒，石墨烯依然会发生 Klein 隧

穿效应，载流子通过率可达100%。石墨烯在电子迁移率上另一个优异性质是它的迁移率大小几乎不随温度变化而变化，这是由于其晶格振动对电子的散射很少。

石墨烯的化学性质与石墨类似，C—C键具有牢固的结构，因而化学惰性良好。但石墨烯表面一个独立的悬挂键可以与多种原子相连接，能吸附并脱附多种原子和分子。表面修饰的石墨烯具有良好的生物相容性和活性官能团，这增加了其与生物和细胞的反应活性。其中氧化石墨烯是一种通过氧化石墨得到的层状结构，是目前产量最大的石墨烯类型，市面上常见的氧化石墨烯产品有粉末状、片层装以及溶液状。氧化石墨烯含有大量的含氧官能团，包括羟基、羧基、羰基、环氧官能团等。其中羟基和环氧官能团主要位于石墨的基面上，而羰基和羧基则处在石墨烯的边缘处。氧化石墨烯可以作为聚合物添加剂应用于燃料电池储氢材料、合成化学工业中微孔催化剂载体、导电塑料和涂料以及建筑业的防火阻燃材料等。此外，氧化石墨烯还可应用于生物传感器、生物成像、药物输运、抗菌材料等领域。

7.1.3 石墨烯的带隙打开机理

尽管石墨烯具有高的载流子迁移率，但石墨烯的带隙为零，由此带来了FET器件沟道关不断、开关比低等问题。与其他半导体材料特别是硅相比，零带隙是限制其作为半导体直接使用的一大原因。因此，如何打开和调控石墨烯的带隙成为石墨烯的一个研究热点。总体而言，根据是否破坏石墨烯的本征对称性，调控石墨烯带隙的手段可以分为两类，即所谓的“化学调控”和“物理调控”。

1. 化学调控

如前所述，石墨烯的狄拉克锥型能带结构来源于其自由π电子引起的sp^2杂化。当sp^2杂化的化学结构被改变时，相应地，石墨烯的几何结构也可能出现改变，进而打破石墨烯本征的对称性，使石墨烯的能带结构中出现非零的带隙，即化学调控。化学调控常用的方法有晶格掺杂[21]、表面吸附掺杂、引入量子限域效应等。

晶格掺杂是在石墨烯晶格结构中引入掺杂原子，替换石墨烯平面六角晶格中的碳原子。从掺杂的导电类型看，可分为n型掺杂、p型掺杂以及单层或双

层石墨烯的 p/n 共掺杂。引入掺杂原子将直接破坏石墨烯的化学结构，但只有掺杂原子的分布呈现一定的几何规律才能有效地打开带隙。理论计算表明，Si、P、S、B、N 等掺杂均可打开石墨烯的带隙[21]。实验方面，研究者已制备出 B 掺杂 p 型石墨烯，N 掺杂 n 型石墨烯，以及使用 B、N 的复合掺杂实现 p/n 掺杂特性的石墨烯[22]。

表面吸附掺杂是通过掺杂剂和石墨烯之间发生电荷转移实现掺杂的。电荷的转移方向由吸附物质的电子最高占据轨道和最低未占据轨道与石墨烯费米能级的相对位置决定。如果吸附物质的电子最高占据轨道高于石墨烯的费米能级，那么电荷由吸附物质转移到石墨烯，此时吸附物质是施主，形成 n 型掺杂。如果吸附物质的电子最低未占据轨道低于石墨烯的费米能级，那么电荷由石墨烯转移到吸附物质，此时吸附物质是受主，形成 p 型掺杂。表面吸附包括化学吸附和物理吸附。从原子级层面看，化学吸附是指原子直接与石墨烯中的碳原子成键，而物理吸附的原子与石墨烯通过分子间作用力进行连接。最常见的石墨烯化学吸附原子为氢，吸附过程即氢化过程。早期第一性原理计算结果表明，完全饱和的氢化，氢原子在石墨烯两侧与碳原子成键，碳原子以 sp^3 杂化成键，形成所谓的石墨烷，此时可打开超过 3.5 eV 的带隙[23]。物理吸附方面，石墨烯二维结构具有大的比表面积(约 2600 m^2/g)，因而其表面很容易吸附一些小分子如 H_2O、O_2、N_2、NO_2等，这些小分子会对石墨烯产生显著的 p 型掺杂作用。石墨烯功函数约为 4.5 eV[24]，因此功函数高的金属和石墨烯接触时，会对石墨烯产生 p 型掺杂。

准一维的石墨烯纳米带根据边缘碳原子的排列不同被分为两种经典的结构：锯齿型石墨烯纳米带(Zigzag Graphene NanoRibbons，ZGNRs)和扶手椅型石墨烯纳米带(Armchair Graphene NanoRibbons，AGNRs)[25]，如图 7-3 所示。石墨烯纳米带中的电子具有量子限域效应，被限制在长度方向作一维运动。基于紧束缚和第一性原理的局域密度近似方法的计算结果显示，AGNR 能带带隙反比于宽度，取决于纳米带中的二聚线条数，呈现金属绝缘行为；而 ZGNR 呈现半导体性质，且带隙值与纳米带宽度成反比。对于双层石墨烯，实验已证实了带状量子限制会打开带隙[26]。

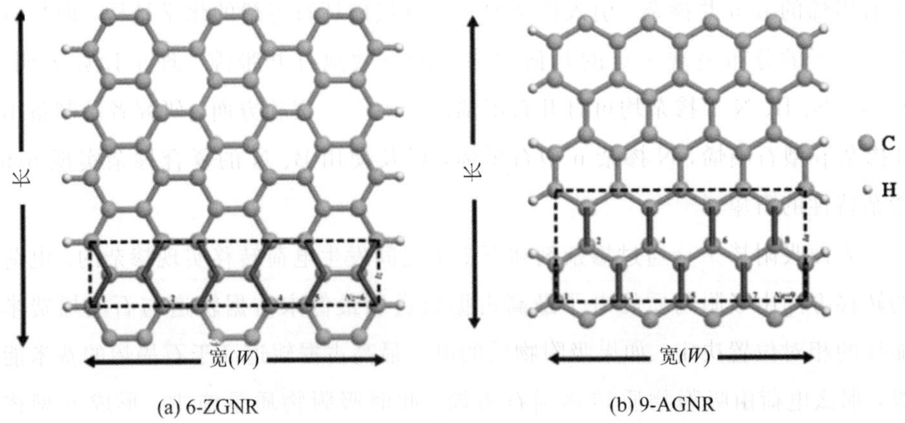

图 7-3　石墨烯纳米带的晶格结构示意图[25]（图中纳米带边界处的小圆圈表示钝化原子，如氢原子）

2. 物理调控

物理调控是指通过衬底效应、施加外场或应力调控石墨烯的带隙。

衬底效应是指通过直接打破石墨烯的 A/B 亚晶格对称性打开带隙，最简单的机制是使 A、B 原子感受到不同的化学势。外延生长于衬底上的石墨烯容易受此机制的影响。此外，石墨烯规律性地与衬底成键，或石墨烯与衬底之间的电荷转移过程也可以起到相同的效果。外延生长在 SiC、g-C_3N_4、h-BN 等衬底上的石墨烯均被预言或证实可打开带隙。

通过施加外场可以直接打破石墨烯的时间反演对称性或空间反演对称性，从而打开石墨烯的带隙。施加垂直于石墨烯平面的磁场，石墨烯中的近自由电子会形成朗道能级，电子由低到高填充朗道能级。这使石墨烯成为一种特殊的绝缘体。对于双层和三层石墨烯，诸多理论和实验工作表明，施加垂直于石墨烯平面方向的电场可以打开带隙，并且带隙的大小随外加电场的变化可调[27]。

由于石墨烯仅有一个原子层厚度，因此很容易通过引入额外应力改变形状。理论计算和实验结果表明，剪切应力和单轴应力都会使石墨烯产生带隙[28]。施加双轴应力可能带来手征对称性的破缺，进而打开带隙[29]。运用压力可调控层间的相互作用，在极端压力环境下三层石墨烯将从半金属态转变为半导体状态，可使三层石墨烯的带隙打开至 2.5±0.3 eV[30]，带隙打开的主要原因是压力诱导的 sp^2—sp^3 结构转变。

7.1.4　石墨烯中的缺陷

由于二维晶体在热力学上的不稳定性，现实中的石墨烯无论是以自由状态存在还是依附于基底，都不会是完全平整的，存在本征的微观尺寸的褶皱。这种微观褶皱横向上的尺寸在 8～10 nm 范围内，纵向尺寸大概在 0.7～1.0 nm。除了表面褶皱之外，实际中的石墨烯还会存在各种形式的缺陷，影响其电学和力学性能等。

石墨烯的缺陷可以分为两大类，第一类缺陷为本征缺陷[31]，由石墨烯上非 sp^2 轨道杂化的碳原子造成，包括点缺陷、单空位缺陷、多重空位缺陷、线缺陷和面外碳原子引入缺陷(图 7－4～图 7－8)[32-34]；第二类缺陷为引入缺陷，也可以称之为不纯缺陷，这些缺陷是由与石墨烯碳原子共价结合的非碳原子导致的(图 7－9 和图 7－10)[35-36]。

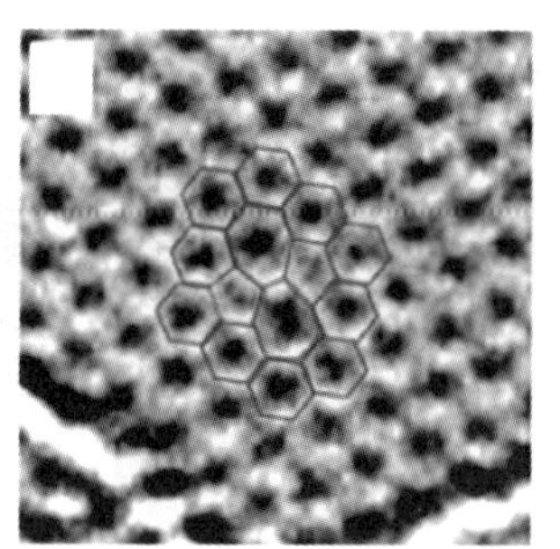

(a) TEM图像

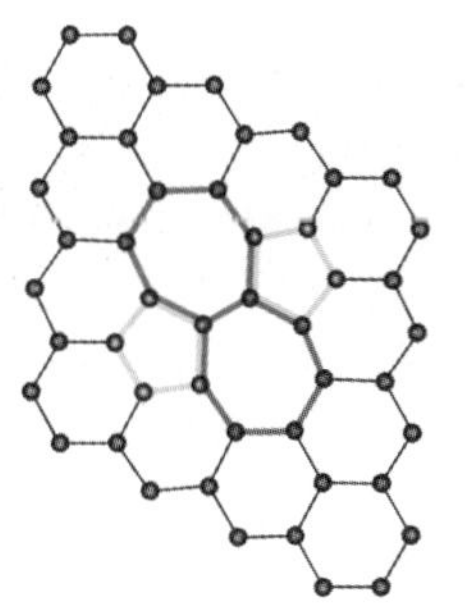

(b) 计算所得的原子结构图

图 7－4　石墨烯中的点缺陷

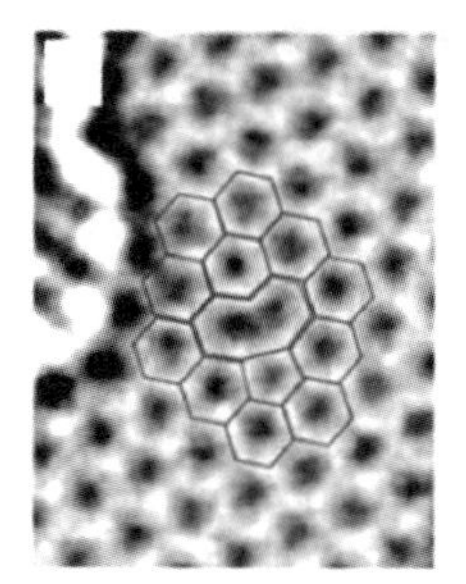

(a) TEM图像

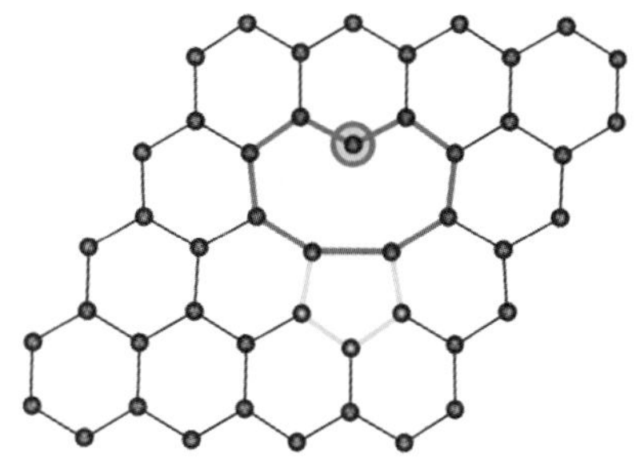

(b) 计算所得的原子结构图

图 7－5　石墨烯单空位缺陷

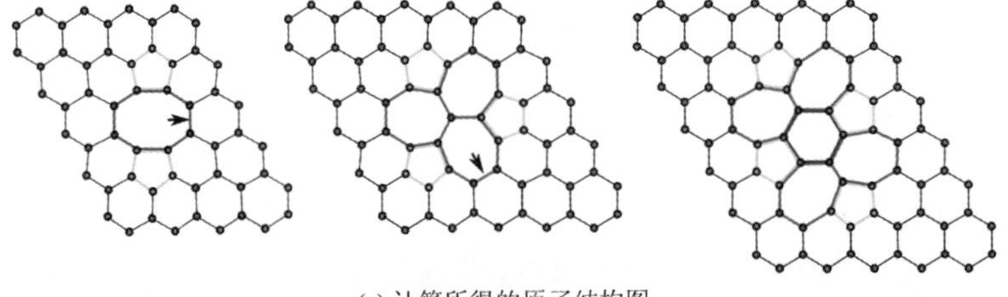

(a) 计算所得的原子结构图

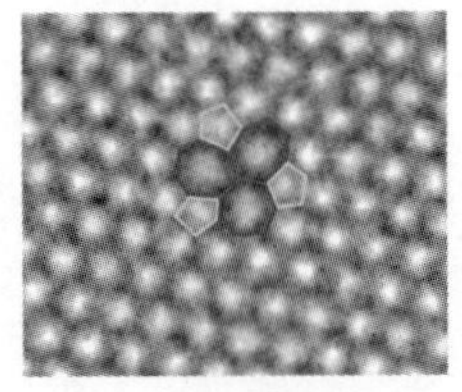

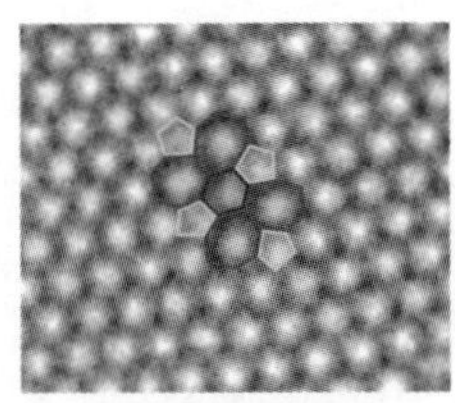

(b) TEM图像

图 7-6　石墨烯多重空位缺陷

(a) STM图形

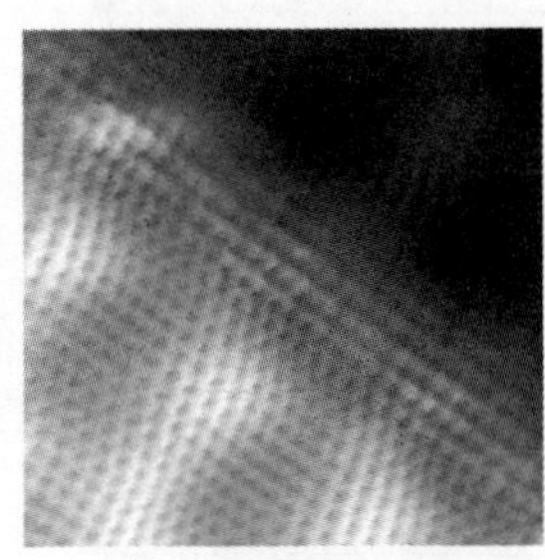

(b) 线缺陷放大图像

图 7-7　石墨烯线缺陷

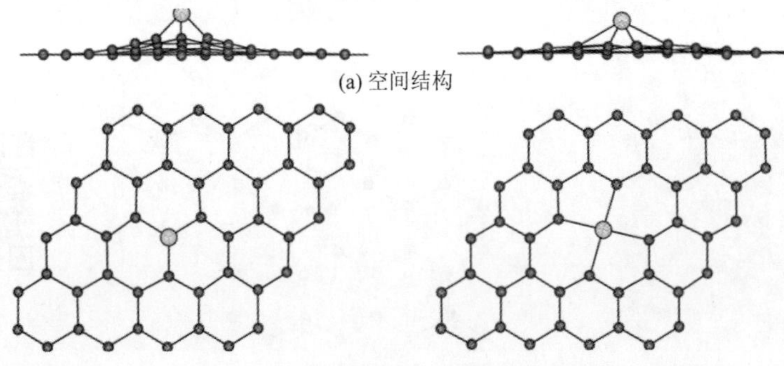

(a) 空间结构

(b) 碳原子引入位置

图 7-8　石墨烯面外碳原子引入缺陷

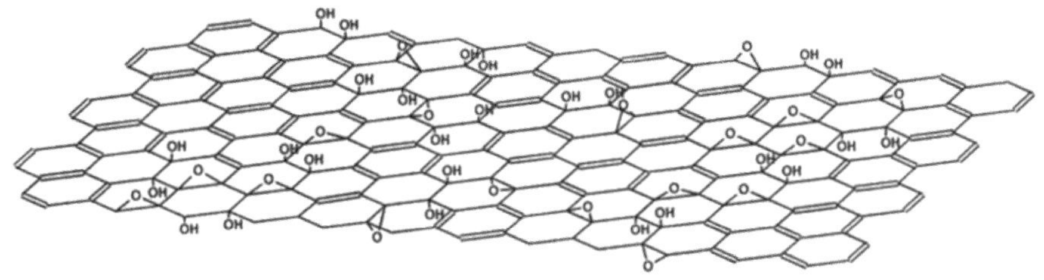

图 7-9　石墨烯的面外氧原子引入缺陷结构

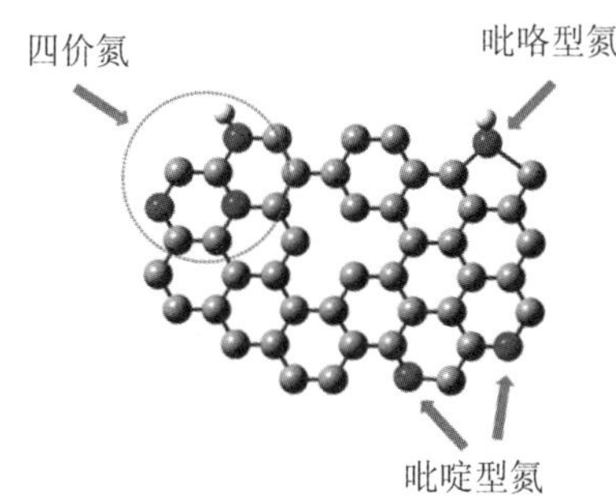

(a) 氮掺杂原子缺陷

(b) 硼掺杂原子缺陷

图 7-10　石墨烯面内替位式掺杂原子缺陷模型

石墨烯中的缺陷改变了本征石墨烯 C—C 键的键长，同时改变了部分碳原子杂化轨道的类型，键长和轨道类型的变化使得石墨烯缺陷区域的电学性质发生了变化。石墨烯点缺陷和单空位缺陷在石墨烯表面形成电子波散射中心，影响电子的传递[37-39]，使石墨烯的导电性下降。目前制备石墨烯的众多方法中，点缺陷和单空位缺陷往往无法避免，这也是现阶段制备出的石墨烯导电性与理想值具有差距的原因。只有减少石墨烯的本征缺陷才能够提高其导电性。

和本征缺陷对石墨烯电学性质的影响相比，杂质原子引入缺陷对石墨烯电学性质的影响更加复杂。研究表明，氧化石墨烯不是导电材料，其方块电阻可以达到 10^{12} Ω/sq 甚至更高[40-41]。由此推测，氧原子及含氧官能团引入到石墨烯中形成的缺陷应使石墨烯的导电性下降。但是，另有理论研究表明，石墨烯上的氧原子缺陷如 C—O—C 缺陷，如果位置合理，则可能让石墨烯依旧保持金属导电特性[42]。与氧原子引入缺陷不同，氮、硼原子形成的石墨烯面内替位

式掺杂原子缺陷可以提高石墨烯的导电性。原因是氮原子和硼原子在石墨烯上会引起共振散射效应，进而影响石墨烯的电学性质。而且这种导电性质还受到氮原子和硼原子的位置、石墨烯的二维宽度及自身的对称性等的综合影响[43]。石墨烯缺陷的理论研究目前多集中于单一缺陷结构，实际石墨烯样品的性质往往是多种缺陷共存的结果，因此对于多种缺陷的复合研究仍需开展大量的工作。

7.2 石墨烯/金刚石复合技术

传统的石墨烯制备方法包括机械剥离法、氧化还原法、CVD 法等等。CVD 法具有成本低廉及工艺重复性好等优点，而且可以制备大面积、高质量石墨烯薄膜。然而 CVD 法制备石墨烯时绝大多数都是在过渡金属镍和铜等导电的金属箔上制备的，需要把这些石墨烯转移到绝缘衬底上才能进行器件的制备。通常依托聚甲基丙烯酸甲酯(PolyMethyl MethAcrylate, PMMA)作为中间介质，采用悬空转移的方法，将 CVD 法制备的石墨烯转移至 SiO_2/Si 衬底上(图 7-11)[44]。CVD 法制备的石墨烯转移至其他衬底上后，由于转移过程中难免会引入 PMMA 污染和新的缺陷，再加上衬底本身热导率可能较低，因此所制备的电子

图 7-11　CVD 法制备并转移到 SiO_2/Si 衬底上的石墨烯[44]

器件往往出现显著的性能下降。图 7－12 是采用 SiO_2/Si 作为衬底的石墨烯 FET 器件工作时的温度分布与散热路径示意图。由于 SiO_2/Si 上的石墨烯热导率仅为 600 W/(m·K)，FET 器件产生了较强的自热效应[45]。

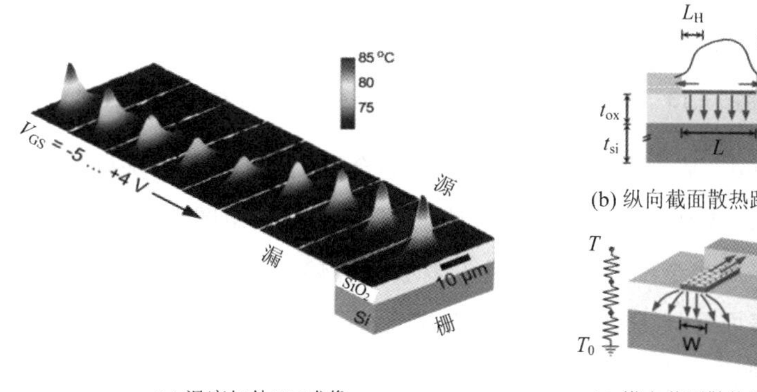

(a) 温度红外(IR)成像

(b) 纵向截面散热路径

(c) 横向截面散热路径

图 7－12　SiO_2/Si 作为衬底的石墨烯 FET 器件工作时的温度分布与散热路径示意图[45]

石墨烯和金刚石都属于碳元素家族，而且金刚石和石墨烯为同素异形体，二者的性能既相互补充又相互促进。金刚石表面的悬挂键少，对石墨烯的掺杂影响比较小，不会破坏石墨烯的结构。因此，近年来有关金刚石和石墨烯形成的全碳复合结构材料和器件的研究引起了研究者的广泛关注。金刚石原位诱导反应生成石墨烯的技术可以将金刚石表面直接转变成石墨烯，形成全碳复合结构，避免由转移工艺带来的 PMMA 残留与转移缺陷，具体包括以下两种方法。

7.2.1　金刚石表面直接转变成石墨烯

在真空退火条件下，金刚石表面可以形成石墨。如果能够对石墨的层数进行精确控制，则可以得到石墨烯/金刚石复合结构。特别是金刚石的(111)晶面与石墨烯之间只有约 2% 的键长差异(金刚石键长 0.145 nm，石墨烯键长 0.142 nm)，晶体结构匹配性良好(图 7－13)[46]，因此有望将金刚石表面直接转变为石墨烯。

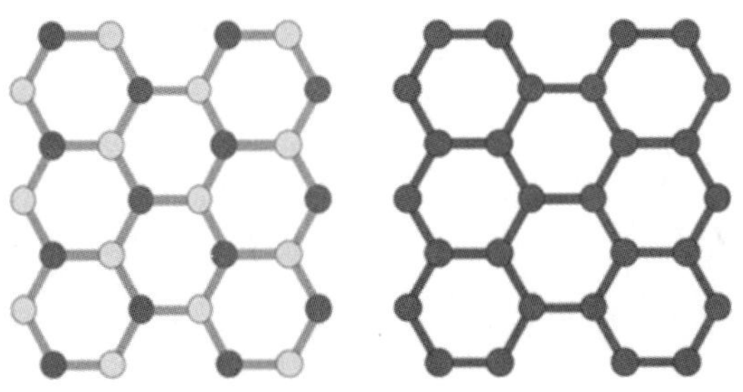

图 7-13 金刚石(111)晶面(左)与石墨烯表面(右)的俯视图[46]

N. Tokuda 等[46]在获得原子级平整的金刚石(111)表面基础上，采用高温真空退火的方式获得了石墨烯/金刚石复合结构。如图 7-14 所示，高分辨 TEM 照片显示出金刚石表面形成了多层石墨烯。其相应的机理是初始阶段金刚石(111)表面悬挂键被氢原子终结，随后在真空退火过程中，大约 850 ℃时，氢原子开始脱附，金刚石表面悬挂键发生重构，形成洁净的、原子级平整的金刚石表面，最后进一步在高温下实现向石墨烯的转变，如图 7-15 所示。由于真空度不高(10^{-3} Pa)，环境中存在的氧化性气氛会对金刚石发生刻蚀，从而使得表面粗糙度略有增加。S. Ogawa 等[47]采用实时 XPS 通过测试 C1s 芯能级谱的变化研究氢终端金刚石(111)表面不同温度下快速退火的石墨烯转变机理，认为在转变过程中，在石墨烯与金刚石(111)表面之间首先存在一层 sp^2 键缓

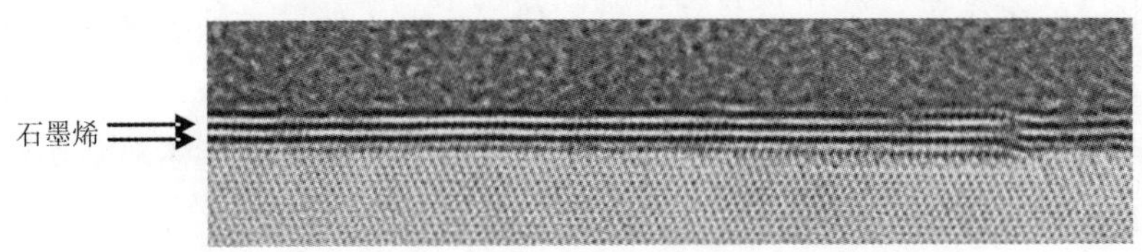

图 7-14 金刚石(111)表面退火后的截面高分辨 TEM 照片[46]

图 7-15 原子级平整的金刚石(111)表面向石墨烯转化过程的示意图[46]

冲层，随后在 950 ℃以上发生石墨化转变。

采用直接转化的方式在金刚石表面获得高质量石墨烯，一方面要求金刚石具有原子级平整的表面，另一方面要求在转化过程中形成非常洁净的表面。前者对于硬度较高的(111)面而言难度较大，后者对设备以及工艺的要求非常严格。采用氢终端金刚石表面自然快速退火的方式获得的石墨烯通常单层化率并不高，因此更多的研究转向使用催化剂获得高质量单层或双层石墨烯。

7.2.2　金刚石表面催化形成石墨烯

近年来，使用催化剂在 SiO_2、h－BN、SiC 等衬底上获得石墨烯的报道较多，均采用外来碳源实现石墨烯的生长。而金刚石表面催化形成石墨烯，是以金刚石作为含碳前驱体，在催化剂覆盖金刚石后快速高温退火，令金刚石中碳原子形成碳自由基，在催化剂表面迁移或向催化剂内扩散和溶解，随后在降温过程中析出并生成石墨烯，或者在催化剂的作用下使金刚石表面转变成石墨烯。催化剂种类、加热温度和时间、冷却速度等均对金刚石表面石墨烯的形成有显著影响。

S. P. Cooil 等人[48]采用(111)单晶金刚石，以 Fc 作为催化剂，对比了 SiC 衬底与金刚石表面在高温退火下形成石墨烯的转变机理的差异，如图 7－16 所示。SiC 衬底在退火过程中优先形成 FeSi 相，随着碳的过饱和，在表面形成石墨烯。而(111)金刚石则是在退火时 Fe 催化剂的作用下发生石墨化，通过控制退火时间可形成石墨烯。(111)金刚石和 Fe 催化剂均可与石墨烯形成良好的晶格匹配，因此此法获得的石墨烯质量更好。相对于 SiC 衬底，(111)金刚石在 Fe 催化剂的作用下发生石墨化的温度为 600℃，显著低于 SiC 的 1000℃，可通过控制退火时间与温度两个变量，很好地实现对于石墨烯层数的精确调控。

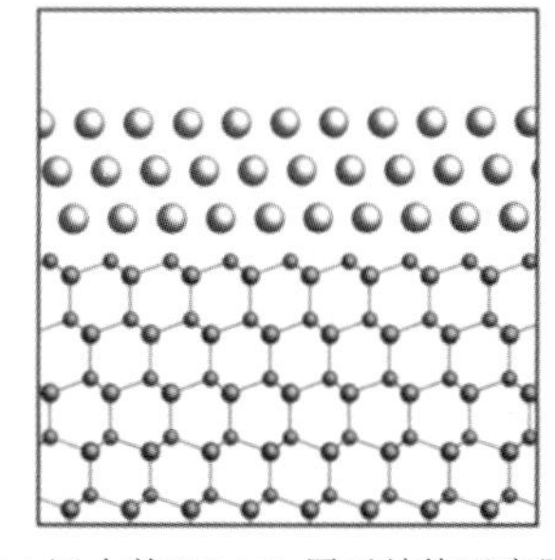

(a) 退火前SiC＋Fe原子结构示意图

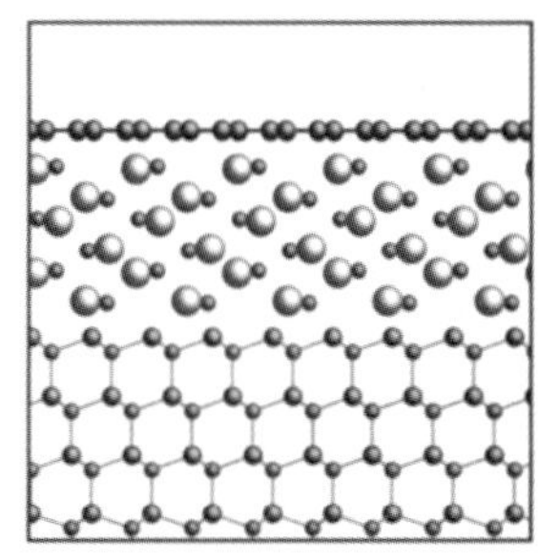

(b) 退火后的SiC＋Fe结构示意图，反应产物为$FeSi_x$(图中显示为FeSi)和石墨烯

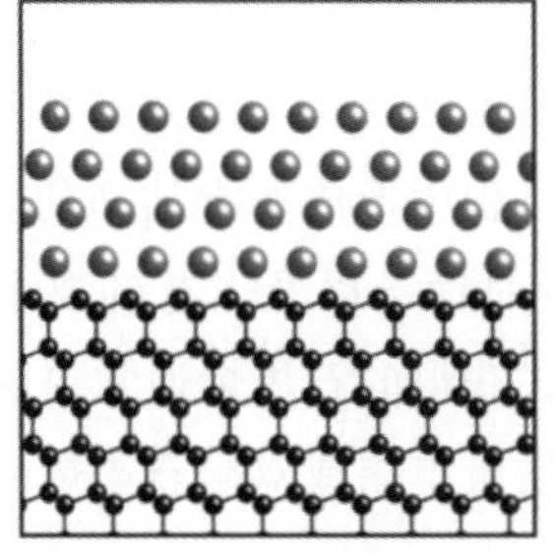

(c) 金刚石＋Fe原子结构示意图

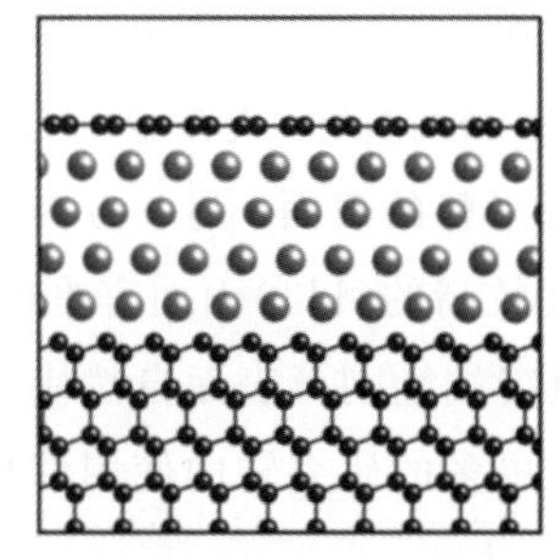

(b) 退火后的金刚石＋Fe结构示意图，表面上形成石墨烯薄膜

图 7-16　SiC 衬底与金刚石表面在高温退火下形成石墨烯的转变机理[48]

J. M. Garcia 等人[49]报道了在(100)金刚石上采用 Ni 作为催化剂(300 nm 厚)，通过快速退火的方式(退火温度 800℃)，获得金刚石/多层石墨烯复合结构。同时认为，与金刚石相比，采用非晶碳作碳源在 Ni 催化剂作用下很难形成石墨烯。

与 Ni 催化剂不同，Cu 的催化效应体现在促进金刚石结构转变而不是溶碳析出的机制，因此能够在金刚石表面催生石墨烯。K. Ueda 等人[50]采用 Cu 作为催化剂(厚度 150～300 nm)，研究了不同退火温度和退火时间影响石墨烯转变的规律，发现在 950℃退火 90 分钟获得了接近 85%的单层石墨烯覆盖率，且石墨烯的导电性堪比 SiC 衬底上的石墨烯性能，如图 7-17 所示。当退火温度低于 850℃时无石墨烯

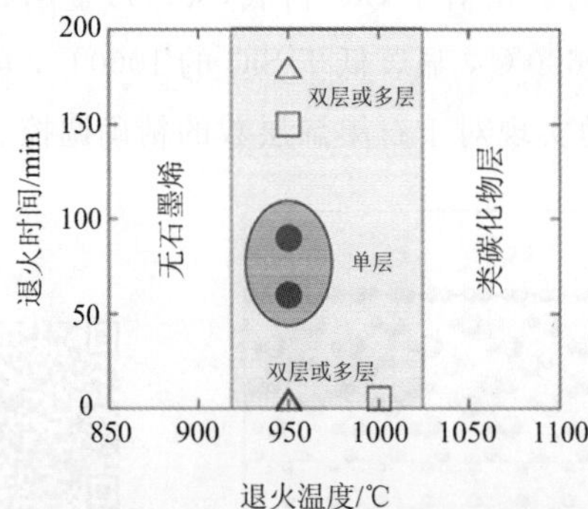

(a) 金刚石上Cu催化获得石墨烯的退火条件，实心圆、空心三角形和空心正方形分别表示获得单层、双层和多层石墨烯的条件

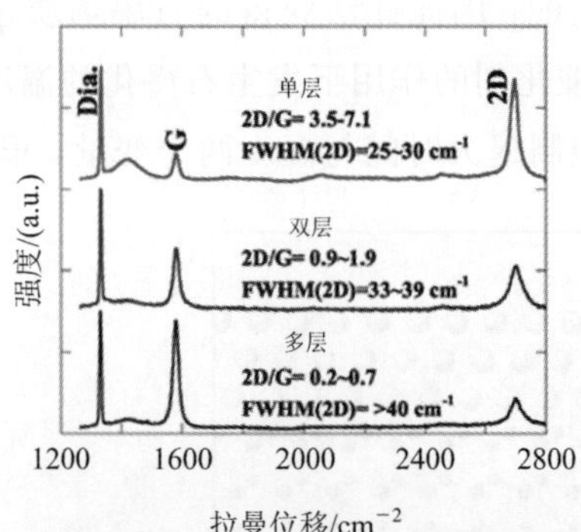

(b) 金刚石上单层、双层和多层石墨烯的典型拉曼光谱

图 7-17　金刚石上 Cu 催化获得石墨烯的研究结果[50]

生成；当退火温度高于 1050℃，将生成类似金属碳化物的物质。对于获得的单层石墨烯，霍尔测试显示为 p 型导电，室温下载流子密度与迁移率分别为 $1.2\times10^{13}\ \text{cm}^{-2}$ 和 $410\ \text{cm}^2/(\text{V}\cdot\text{s})$。同时发现(100)金刚石与(111)金刚石在该退火工艺下均可以获得质量较好的单层石墨烯。

金刚石表面催化形成石墨烯的一个制约因素在于这种方法主要依托(111)或(001)表面的单晶金刚石来制备石墨烯，而单晶金刚石的尺寸大多是 10 mm×10 mm 或更小，因此石墨烯尺寸有限。基于大面积多晶或者纳米晶金刚石实现石墨烯制备将更有应用前景，特别是基于纳米晶金刚石催化形成石墨烯的方法已成为获得高质量石墨烯的重要方法。D. Berman 等人[51]在超纳米金刚石表面用 Ni 作为催化剂，高温退火获得了大尺寸金刚石/石墨烯复合结构，并且通过设计微米尺度孔洞，实现了石墨烯的外延横向生长，如图 7-18 所示。他们获得了当时电阻率最低的多层、双层与掺杂单层石墨烯，并进一步利用计算模拟的方法解释了镍催化超纳米金刚石表面的石墨烯生长机理，如图 7-19 所示。镍原子会渗入到超纳米金刚石的晶界，造成晶界处无序，进一步导致超纳米金刚石的快速非晶化。与此同时，来自非晶碳区域的碳原子溶解于镍薄膜中直到饱和。一旦超出该温度的溶解度极限，镍表面的碳原子就会析出，形成类似石墨烯的六元环结构。伴随六元环形核点形成，碳原子沿镍表面扩散，并快速横向生长。

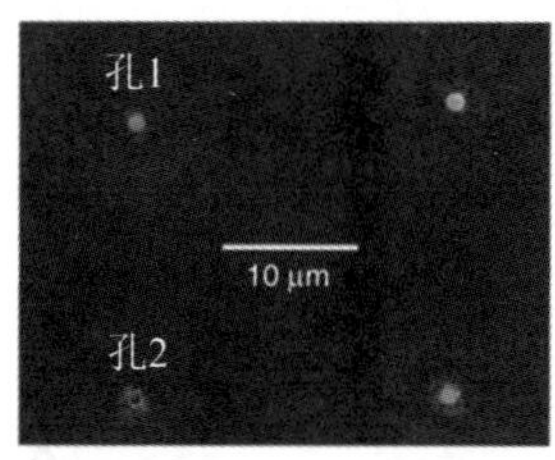

(a) 石墨烯生长于4个孔的电镜照片

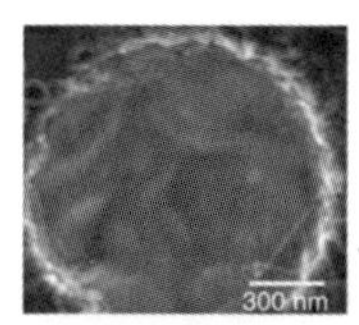

(b) 孔1表面完全覆盖石墨烯的TEM照片

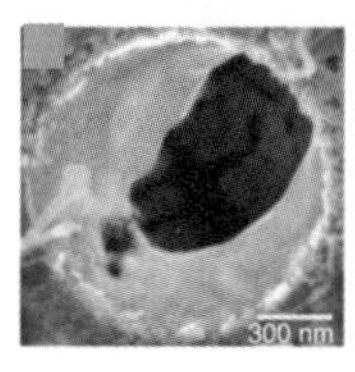

(c) 孔2表面部分覆盖石墨烯的TEM照片

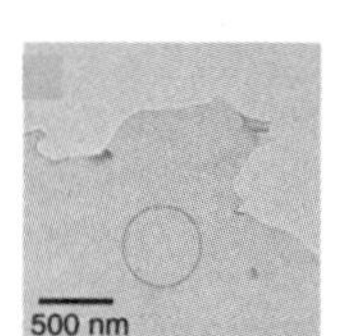

(d) 石墨烯TEM照片

(e) 单畴石墨烯的选区电子衍射花样

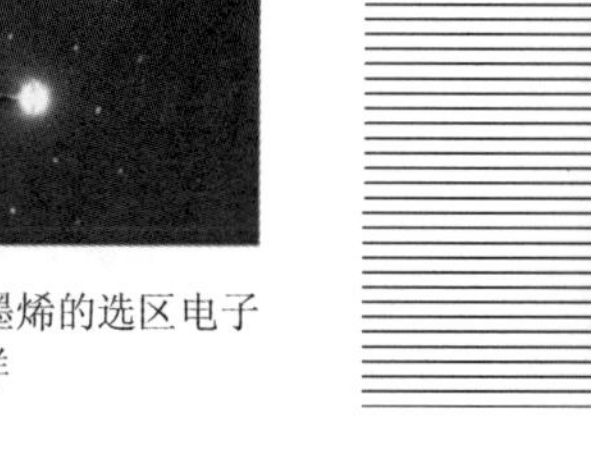

图 7-18　使用 Ni 作为催化剂，高温退火获得的大尺寸金刚石/石墨烯复合结构[51]

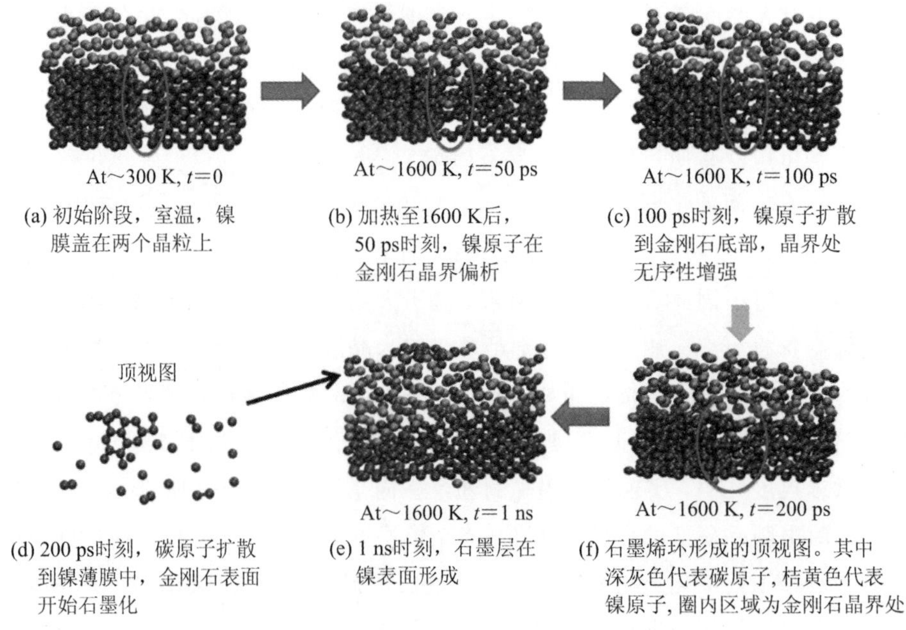

图 7-19　采用分子动力学模拟石墨烯在金刚石上的横向生长以及碳原子通过金刚石晶界的扩散机制[51]

S. Tulić等人[52]通过像差校正的 TEM 研究了镍催化纳米晶金刚石/石墨界面的原子结构，直接观察到了垂直方向上与纳米晶金刚石共价结合的石墨平面，如图 7-20 所示。他们提出的催化机制为：当镍与金刚石接触后，在纳米晶晶界处催化刻蚀，碳原子在镍下方扩散，并沿着镍/金刚石界面延伸形成石墨烯(图 7-21)。随着时间进一步推移，该界面继续向晶界深度方向移动，并形成第二层石墨烯。当镍粒子沿着金刚石晶界向下移动时，再形成一个通道，使

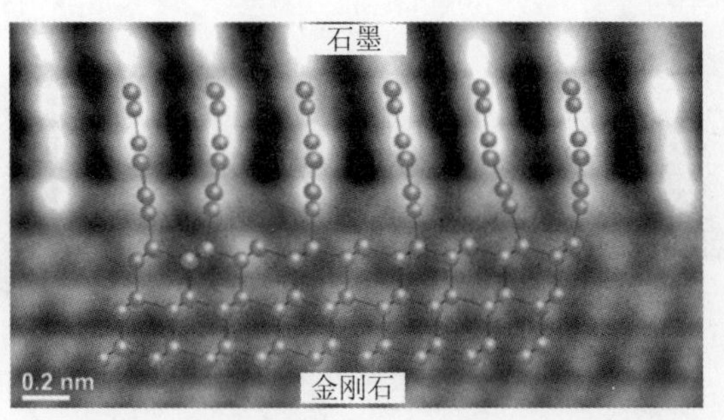

图 7-20　镍催化纳米晶金刚石/石墨界面的高分辨 TEM 图像

得不饱和悬挂键留在金刚石表面。自由碳原子与金刚石悬挂键形成共价键，石墨不断地向该通道生长。此时由于石墨形成给金刚石晶界带来了显著的体积膨胀和单轴应力，晶界将石墨向通道外推动释放应力，同时石墨将镍粒子压平，因此形成了半球形的镍粒子。

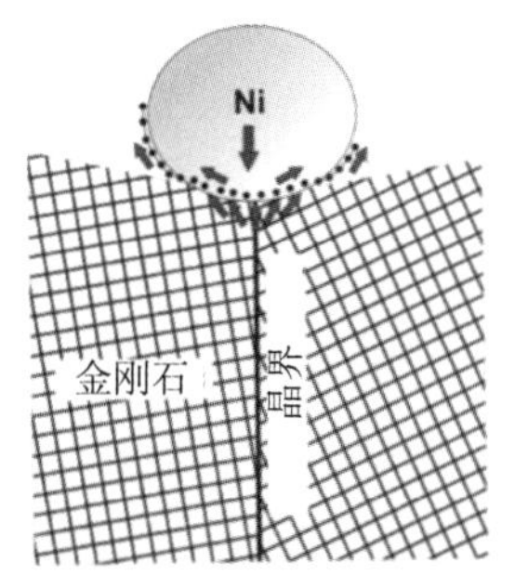

(a) 镍与金刚石接触初期，碳原子从晶界位置沿着镍的下表面扩散析出，形成石墨烯

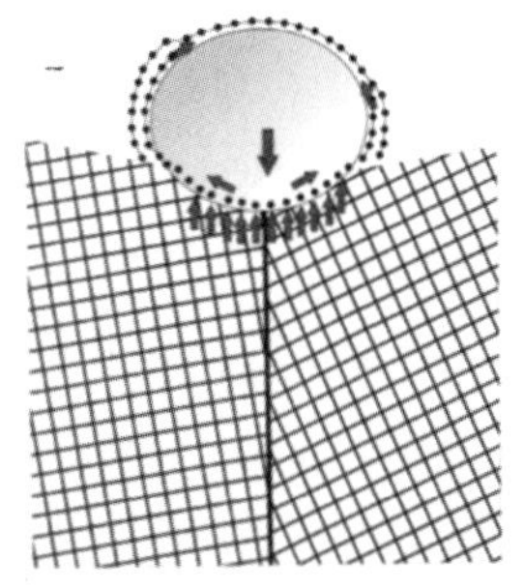

(b) 镍粒子沿晶界向下迁移，碳原子向镍表面迁移，形成不饱和悬挂键

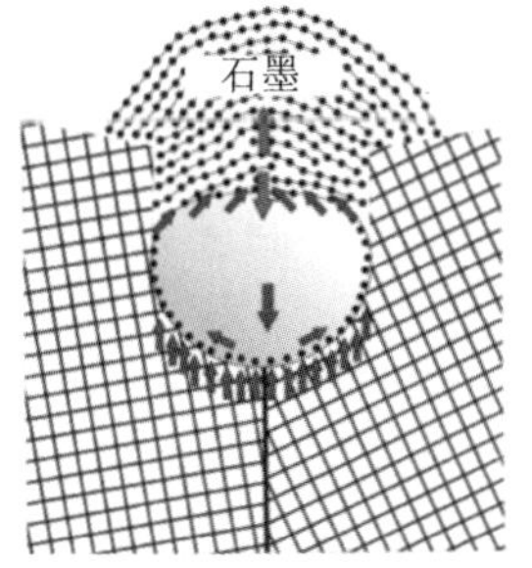

(c) 自由碳原子与悬挂键逐渐形成共价键，成为多层石墨烯，并随着镍粒子的向下迁移，以石墨形式向下移动

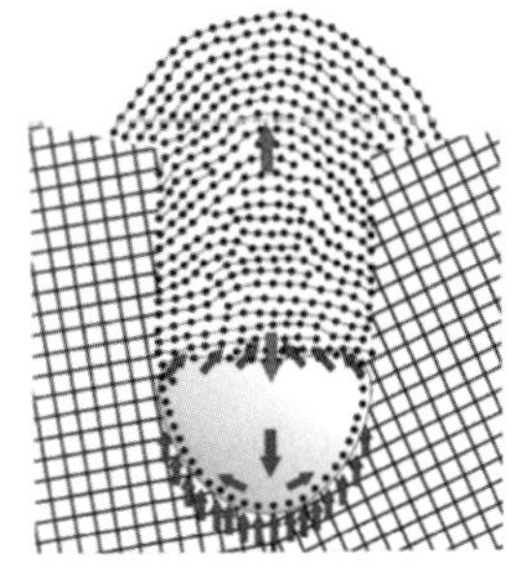

(d) 由于石墨的形成导致晶界体积膨胀，产生单轴应力，造成石墨向外扩展，同时镍粒子一侧被挤压成平面状

图 7-21 镍催化后沿金刚石晶界形成石墨的示意图[52]

总而言之，采用其他方法制备石墨烯需转移至所需衬底，会带来石墨烯的表面污染与界面散射，而基于石墨烯与金刚石的复合结构则可以解决该问题，且能获得基于高导热金刚石衬底的高质量石墨烯外延层，为进一步开发高性能石墨烯电子器件奠定基础。

7.3 石墨烯/金刚石复合器件

石墨烯具有优异的载流子输运特性，这使石墨烯成为高频器件的最佳选择之一。而实际中，石墨烯高频器件的主要指标 f_T 和 f_{max} 受到了器件电流不饱和或漏极电导高的问题的制约。首先，电流不饱和现象主要是由于石墨烯污染和衬底陷阱释放载流子带来了沟道多余载流子，而传统的二维材料转移方法均会不可避免地引入污染以及石墨烯缺陷，因此制约了石墨烯自身的性能，进而影响了器件的频率特性。其次，自热效应将进一步通过本征激发令石墨烯中出现额外的载流子，造成漏极电导增加，令器件的频率特性退化，而衬底增强散热则可以将石墨烯器件的结温降低，避免自热效应。最后，若衬底材料的光学声子散射作用较强，石墨烯的载流子输运将同样受到抑制，因此，当衬底材料拥有高的光学声子能量时，则衬底对石墨烯的光学声子散射作用较弱，有利于提高石墨烯沟道的载流子速度以及频率特性。基于以上原因，在高热导率、高绝缘、高光学声子能量的金刚石衬底上原位合成石墨烯并制备器件，是获得高性能石墨烯器件的一个重要技术策略。

7.3.1 石墨烯/金刚石表面导电性

金刚石与石墨烯是同素异形体，特别是石墨烯晶体结构与金刚石(111)面结构相近，晶格错配度仅为约 2%。而且金刚石的热膨胀系数较低，在高温退火过程中不会因为热失配使石墨烯膜产生裂纹和褶皱。金刚石还会为石墨烯的形成提供碳源，避免了在其他衬底上制备石墨烯时出现的较大的界面转移阻力和低的形核驱动力。因此，在金刚石上原位生长石墨烯为制备附着力强、界面电阻小的均质石墨烯薄膜提供了良好的途径[53]。

更重要的是，石墨烯覆盖在金刚石表面，还会造成石墨烯带隙的打开，形成 p 型或 n 型电导。理论研究表明，石墨烯可获得的带隙与石墨烯/金刚石复合体系结构中原子的堆垛形式有关，通常在数百 meV[54]。如图 7－22 所示，石墨烯与金刚石界面原子堆垛形式通常分为 H 型、T 型和 B 型。H 型的原子排列方式为 4 个石墨烯碳原子位于金刚石表面双层原子的空心位置；T 型的原子

排列方式为 4 个石墨烯碳原子直接堆垛于第二层金刚石碳原子的上方；B 型的原子排列方式为 4 个石墨烯碳原子位于金刚石表面双层原子的桥接处。从图 7－23石墨烯/金刚石复合体系的电子能态结构可以看出各种构型对于石墨烯带隙打开的贡献。由于打开的带隙显著高于室温下 $k_B T$（k_B是玻尔兹曼常数，T 是热力学温度，室温对应 300 K），因此可预测金刚石上的石墨烯和自支撑石墨烯相比，可获得更高的器件开关比。这个现象的物理本质可由石墨烯 π 电子紧束缚模型解释。金刚石表面会造成石墨烯碳原子能量的变化，使得原本简并的 π 和 π^* 能带被打乱，表现出半导体特征。

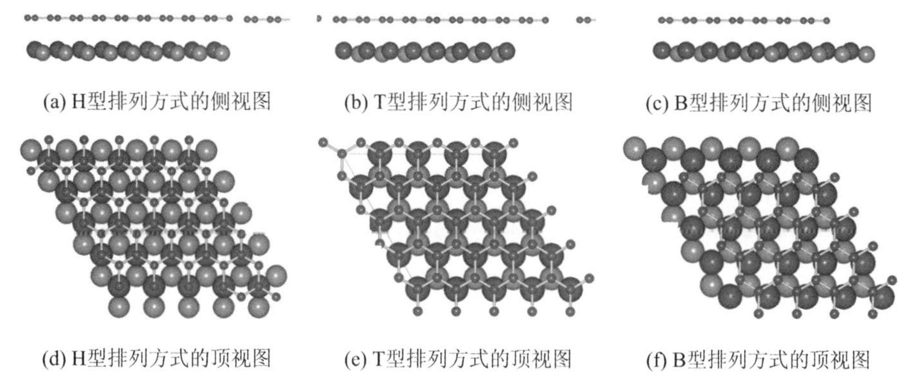

(a) H型排列方式的侧视图　(b) T型排列方式的侧视图　(c) B型排列方式的侧视图

(d) H型排列方式的顶视图　(e) T型排列方式的顶视图　(f) B型排列方式的顶视图

图 7－22　石墨烯/金刚石复合体系的原子结构[54]

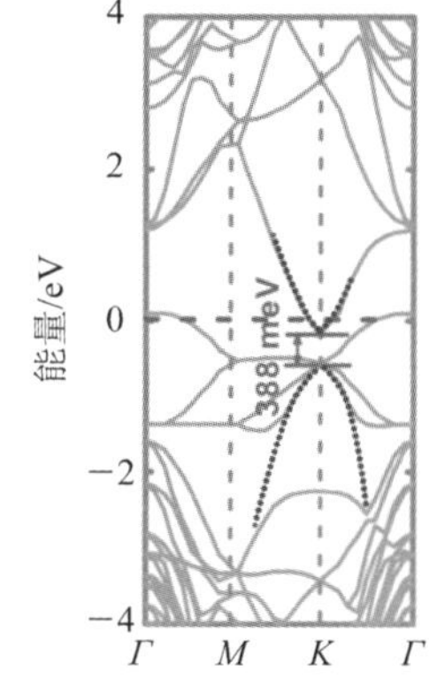

(a) T型排列方式的上自旋态

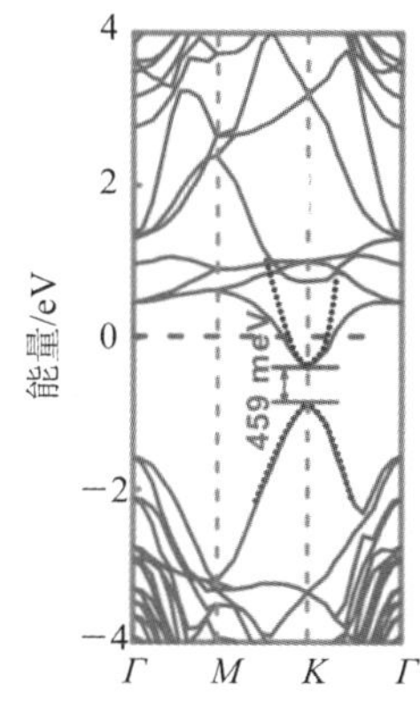

(b) T型排列方式的下自旋态

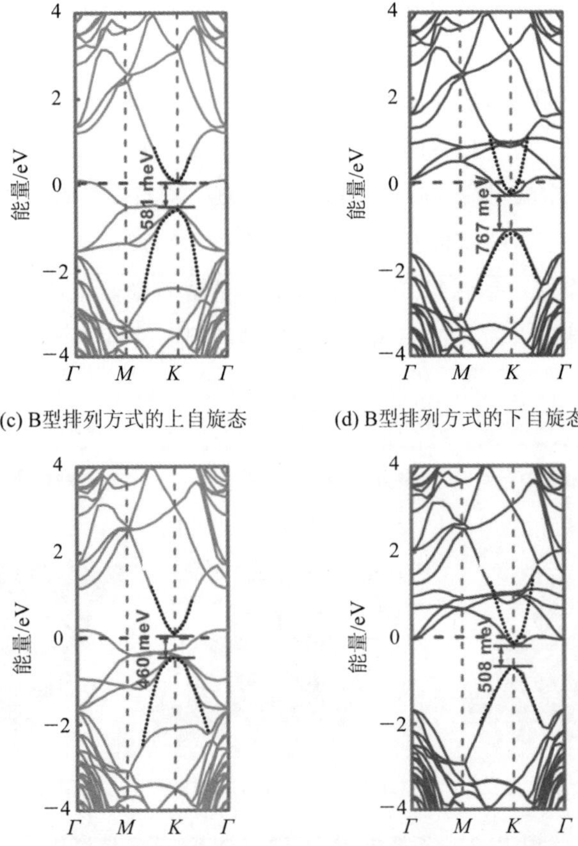

(c) B型排列方式的上自旋态　(d) B型排列方式的下自旋态

(e) H型排列方式的上自旋态　(f) H型排列方式的下自旋态

图 7-23　石墨烯/金刚石复合体系的电子能态结构[54]

实验研究表明，石墨烯层数等对复合结构中石墨烯的导电类型会产生明显的作用。石墨烯层数较少时为 p 型导电，厚度增加后开始向 n 型导电转变[55]。金刚石上石墨烯的导电性不仅与制备方法有关，也与衬底表面状态、石墨烯层数与质量、界面堆垛方式等密切相关。郭沛等人采用真空快速退火工艺获得了少层石墨烯/金刚石复合结构，采用霍尔测试测得其迁移率达到 420 $cm^2/(V \cdot s)$，界面薄层电阻低于 15 Ω/sq，达到了单层掺杂石墨烯薄膜水平[56]。此外，在超纳米金刚石(Ultra-Nano-Crystalline Diamond，UNCD)上，同样可以采用金属催化的方式原位形成石墨烯，通过栅压的调控可以实现多数载流子从电子向空穴的转变，经计算，电子迁移率可达 2000 $cm^2/(V \cdot s)$，电子密度

为 3.5×10^{12} cm^{-2}[57]。

7.3.2　衬底的光学声子能量对石墨烯器件性能的影响

二维材料的载流子输运会受到衬底的强烈影响，具体而言是受衬底的光学声子散射的影响，与衬底的光学声子能量有关。事实上，金刚石衬底石墨烯中影响载流子输运的散射机制除去电子与电子间的散射外，还有源自声子的散射，具体包括声学声子、源自石墨面内 E_{2g2} 振动的光学声子以及面内区域边界声子三方面。与碳纳米管中的形式类似，通常声学声子散射率小于后两者，相对而言可忽略。而对于光学声子或者区域边界声子而言，通常当电子能量很高时会实现声子发射。当电子的能量达到声子发射阈值时，将造成电子的背散射，相当于声子散射[58]。

表 7-1 所示为石墨烯和常用的衬底的光学声子能量[59-66]。SiO_2 是石墨烯常用的衬底材料，其光学声子能量仅为 59 meV，由此导致石墨烯载流子速度较低。石墨烯的载流子饱和速度可以用式(7-1)表示：

$$v_{sat}(n,\ T)=\frac{2}{\pi}\frac{\hbar\omega_{OP}}{\sqrt{\pi n}}\sqrt{1-\frac{\omega_{OP}^2}{4\pi n v_F^2}}\frac{1}{N_{OP}+1} \tag{7-1}$$

式中，n 为载流子密度，v_F 为费米速度，$\hbar\omega_{OP}$ 为光学声子能量，N_{OP} 为声子占据数。在低的载流子密度与温度下，载流子散射以库伦散射为主，光学声子散射几乎不变，饱和速度是定值，约为 6.3×10^7 cm/s。而在高的载流子密度与温度下，载流子散射转变为以声子散射为主，此时饱和速度依赖于光学声子能量与载流子密度。实际测出的饱和速度受到石墨烯本身的光学声子散射与衬底的光学声子散射的共同影响，而且衬底的声子散射作用更强。

和 SiO_2 衬底相比，以 sp^3 键为主组成的碳材料衬底表现出更高的光学声子能量。如表 7-1 所示，类金刚石碳(Diamond Like Carbon，DLC)、UNCD 以及(单晶与多晶)金刚石光学声子能量均为 165 meV。DLC 是一种由一定比例 sp^3 键组成的非晶碳，根据含氢量和 sp^3 键比例可分为四面体非晶碳与氢化非晶碳。Y. Wu 等人将铜箔上外延生长的高质量石墨烯通过二维材料转移工艺转移至 DLC 表面，采用标准的自上向下的器件制作工艺制作了栅长 40 nm 的石墨烯 FET 器件阵列[63]。图 7-24 为该器件的结构示意图与微观形貌。器件表现出良好的射频性能，f_T 达到 155 GHz，如图 7-25 所示。整个 DLC 衬底上石墨烯器件表现出良好的一致性，且器件的 f_T 与

栅长成反比，表明器件特性为强场下的短沟道特性，而不是 f_T 与栅长的平方成反比的长沟道特性。

表 7-1　石墨烯和常用的衬底的光学声子能量

序号	材料	光学声子能量/meV
1	SiO_2	54[59]，59[60]，77[61]
2	Al_2O_3	87[62]
3	DLC	165[63]
4	UNCD	165[64]
5	金刚石	165[65]
6	石墨烯	160[66]

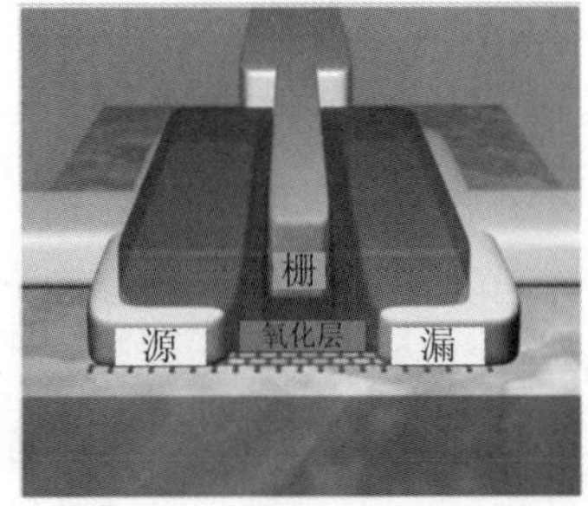

(a) DLC衬底上石墨烯射频FET结构示意图

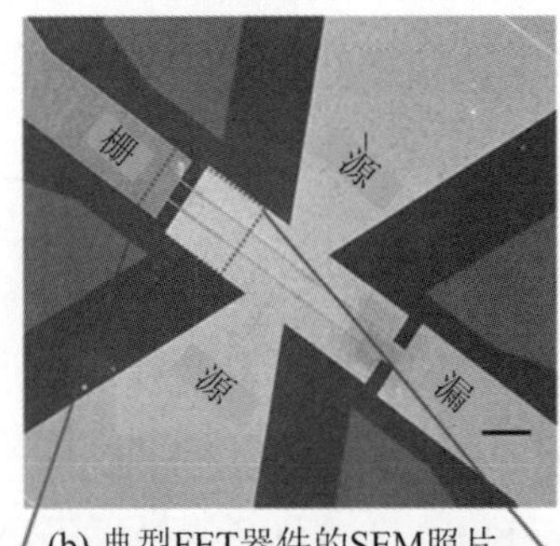

(b) 典型FET器件的SEM照片

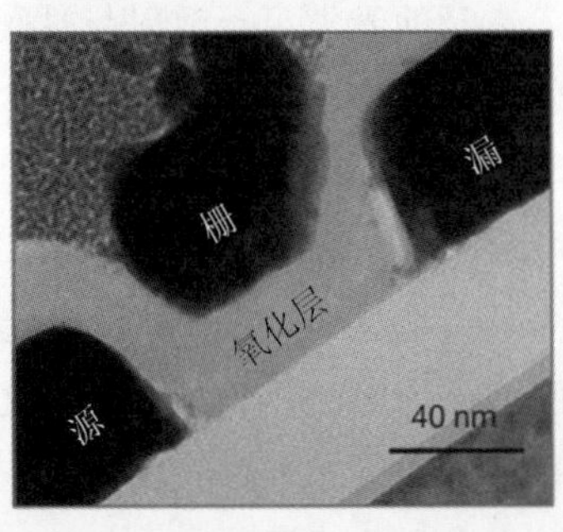

(c) 栅长40nm石墨烯FET器件截面的TEM照片

(d) 栅长40 nm石墨烯FET器件的SEM照片

图 7-24　DLC 衬底上顶栅石墨烯器件结构示意图与微观形貌[63]

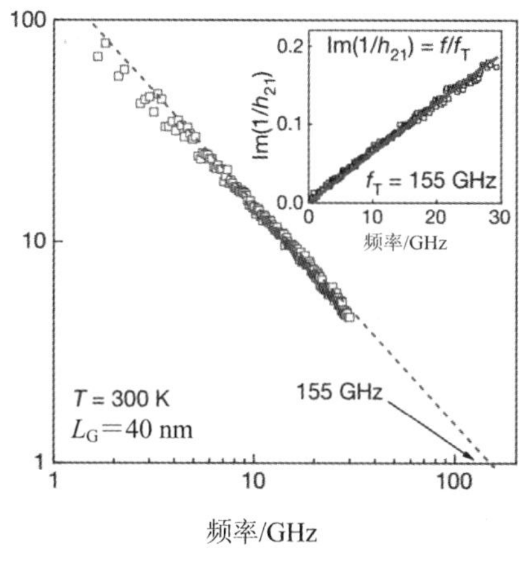

图 7-25　DLC 衬底上顶栅石墨烯器件的频率特性[63]

UNCD 也是一种具有高光学声子能量的碳材料，晶粒尺寸为 2～10 nm，sp^3键含量可达 95%～98%。得益于沉积尺寸大、表面粗糙度较低，UNCD 膜也成为石墨烯的衬底。UNCD 膜表面可以利用自身的碳原子提供碳源，实现原位石墨烯转变，因此避免了由转移过程带来的表面污染，且能够与石墨烯形成共价键，显著降低界面处的电子-声子散射，提高沟道载流子迁移率与饱和速度[57]。

UNCD 通常可以用 MPCVD 法生长在硅晶片上。使用低氢或者无氢环境下生长的 UNCD 金刚石质量更佳。可以通过调控氢气在氩气气氛中的比例实现金刚石晶粒尺寸的控制[67]。为了严格控制金刚石与石墨烯界面质量，减小散射损失，金刚石衬底表面需要采用精密抛光，如化学机械抛光，将表面粗糙度控制至 1 nm 以下。

J. Yu 等人采用机械剥离法在 UNCD 上制备石墨烯，并且制作了顶栅 FET 电子器件，其器件结构示意图以及照片如图 7-26 所示[64]。通过计算拟合可得到器件的电子迁移率为 1520 $cm^2/(V\cdot s)$，空穴迁移率为 2590 $cm^2/(V\cdot s)$。进一步测试 UNCD 上石墨烯器件的击穿性能，得到 UNCD 上的石墨烯最大击穿电流密度为 5×10^8 A/cm^2，是 SiO_2 衬底上石墨烯的 5 倍。以击穿电流密度和石墨烯电阻率与长度的乘积为坐标作图可以拟合出相应的系数因子，结果如图 7-27 所示。器件最大击穿电流密度的提高与良好的沟道导通电阻以及衬底散热性质的改善有关。

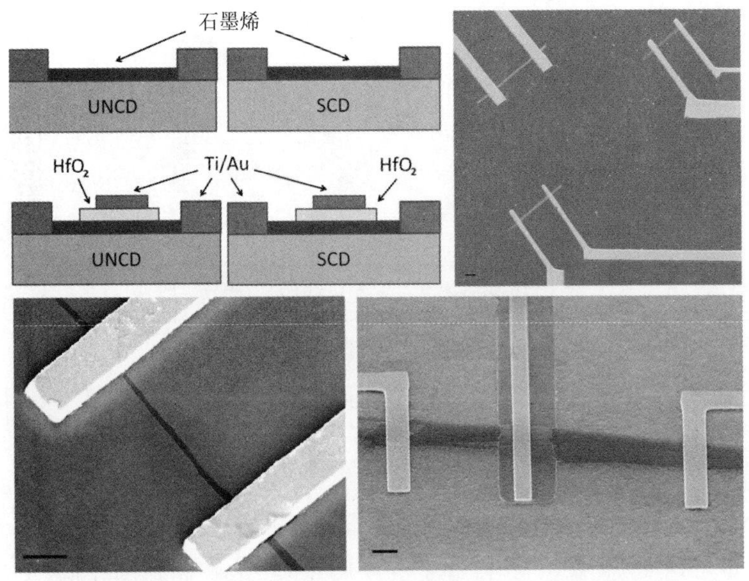

图 7-26　石墨烯/金刚石 FET 器件结构示意图及照片[64]

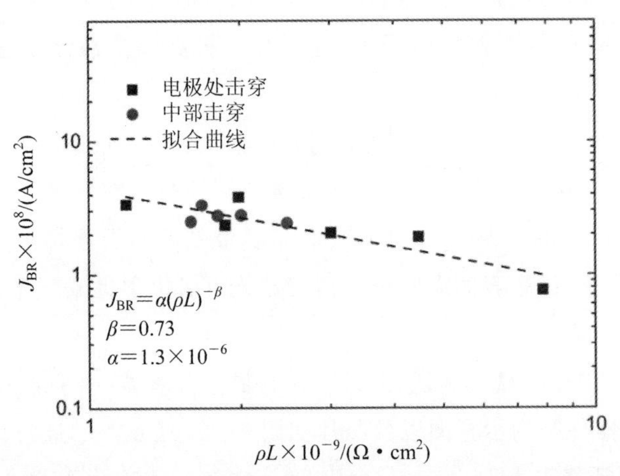

图 7-27　石墨烯/UNCD FET 器件的击穿电流密度和石墨烯电阻率与长度乘积的关系[64]

7.3.3　衬底的热导率对石墨烯器件性能的影响

衬底的热导率是另一个影响石墨烯器件性能的重要因素。较强的自热效应不仅会造成石墨烯沟道载流子和漏极电导增加，令器件的频率特性退化，还将

带来石墨烯以及连接电极等的击穿问题，影响器件寿命。由于器件中散热和发热的空间分布不均匀性（图 7－28），器件工作过程中会产生明显的“热点”问题。

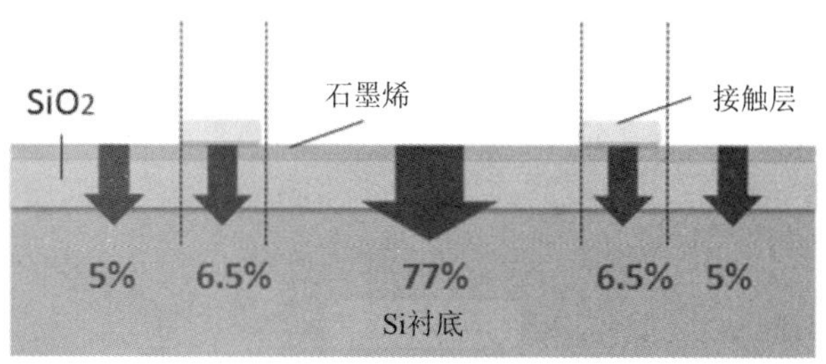

图 7－28　SiO_2/Si 衬底表面石墨烯器件的散热分布图

使用高热导率衬底是解决上述问题的直接方法。表 7－2 所示为石墨烯常用衬底的热导率。与 SiO_2 衬底相比，DLC 和 UNCD 衬底虽然可以降低光学声子散射，改善沟道载流子迁移率，但是由于热导率与 SiO_2 相比并不具有优势，因此对器件性能的改善作用相对有限。

表 7－2　石墨烯常用衬底的热导率

序号	衬底材料	热导率/[W/(m·K)]
1	Si	145
2	SiO2	1～13
3	DLC	0.1～10
5	UNCD	12
6	金刚石	1000～2200

通常微米晶金刚石热导率处于 1000～2000 W/(m·K)范围，最高可达 2200 W/(m·K)。根据目前的研究报道，单晶金刚石的热导率室温下最高能够达到 2400 W/(m·K)。采用微米晶金刚石或单晶金刚石作为石墨烯衬底，不仅能够像 DLC、UNCD 等碳材料那样提高光学声子能量，而且显著提升了衬底的热导率，能够减小甚至消除石墨烯器件的自热效应，全面提升石墨烯器件的频率性能和耐击穿能力。

M. Asad 等人[68]采用具有超高热导率的单晶金刚石作为衬底，将 CVD 法制备的高质量石墨烯转移至单晶金刚石，并制作栅长分别为 0.5 μm、0.75 μm、1 μm 和 2 μm 的 FET，其结果如图 7－29 所示。

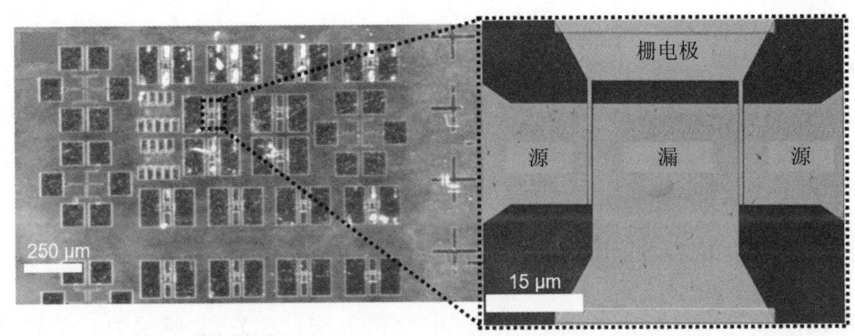

(a) 表面形貌　　(b) 栅长为0.5 μm的FET器件的SEM照片

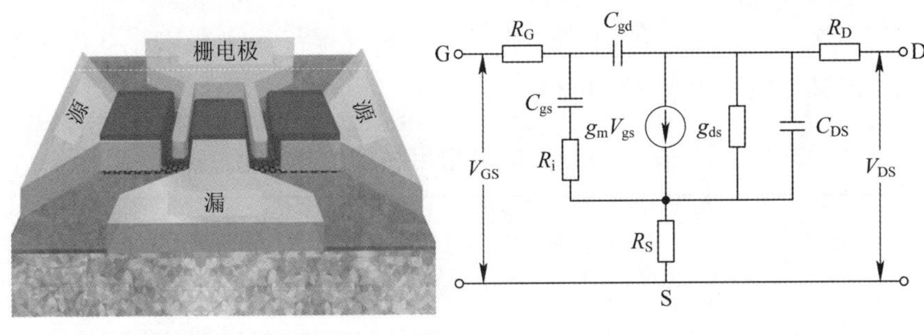

(c) 器件结构示意图　　(d) 小信号测试等效电路

图 7－29　单晶金刚石上的石墨烯 FET 器件[68]

单晶金刚石衬底石墨烯 FET 器件的频率特性如图 7－30 所示，器件的非本征 f_T为 44 GHz，f_{max}为 54 GHz[68]。按照漏极电流密度与沟道载流子密度和漂移速度乘积成正比、本征 f_T与载流子速度成正比的观点来看，本征 f_T与漏极电流近似为线性关系，表明载流子密度几乎不随漏极偏压发生变化。换言之，得益于金刚石的高热导率，器件工作时由自热效应带来载流子浓度增加的现象并未出现。

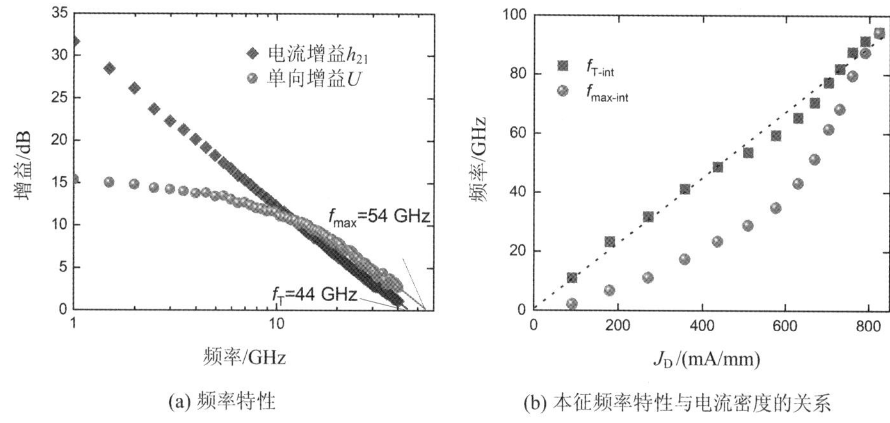

(a) 频率特性　　(b) 本征频率特性与电流密度的关系

图 7-30　单晶金刚石衬底石墨烯 FET 器件的频率特性[68]

经计算，单晶金刚石衬底石墨烯 FET 器件的电荷载流子饱和速度达到 3.2×10^7 cm/s(图 7-31)，该数值与当前报道的用 h-BN 钝化的石墨烯的电荷载流子饱和速度 5×10^7 cm/s[69]接近，表明单晶金刚石上石墨烯沟道载流子散射得到了明显的抑制。

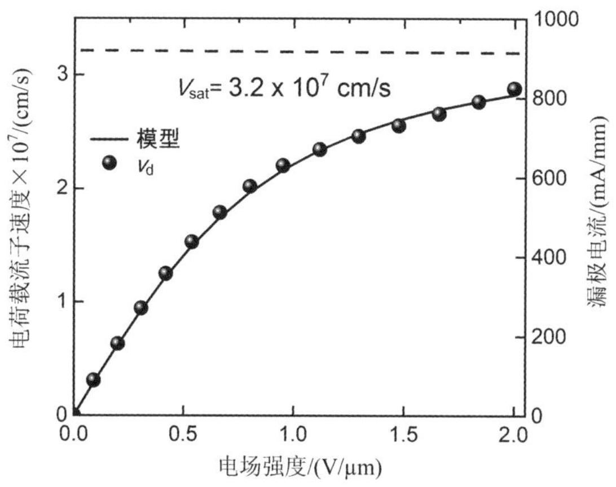

图 7-31　单晶金刚石衬底石墨烯 FET 器件的漏极电流和电荷载流子速度随电场强度的变化关系[68]

和 UNCD 衬底石墨烯相比，单晶金刚石衬底石墨烯器件表现出更高的击穿电压和电流密度(图 7-32)[64]。单晶金刚石衬底石墨烯器件的最大衬底击穿电流密度为 1.8×10^9 A/cm^2，超过了碳纳米管器件[70-72]；而且该电流密度是

SiO_2衬底石墨烯器件击穿电流密度的 18 倍，是 UNCD 衬底石墨烯器件的 3 倍以上。

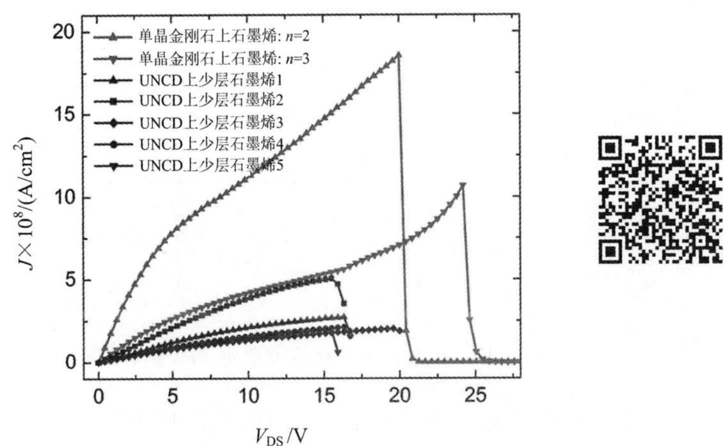

图 7-32　UNCD 衬底石墨烯器件与单晶金刚石衬底石墨烯器件的击穿电压和电流密度[64]

以上单晶金刚石衬底石墨烯器件的良好性能表现均来自衬底的高光学声子能量与高热导率。通常 SiO_2 衬底表面石墨烯的界面热阻为 $5.6\times10^{-9}\sim1.2\times10^{-8}\ m^2K/W$[73]。尽管目前并无关于金刚石衬底石墨烯或 UNCD 衬底石墨烯的界面热阻的报道，但是通过理论模拟可知，在假设界面热阻接近的情况下，单晶金刚石衬底石墨烯器件的击穿电流密度理论值可达到 SiO_2 衬底上石墨烯器件的 19 倍，与实际结果十分接近。

从石墨烯材料本身被发现到器件研究已开展过系统深入的工作，但是正如二维材料的器件应用离不开衬底的选择一样，石墨烯器件要发挥出极致性能，衬底设计与工艺兼容等至关重要。基于传统的机械剥离方法尺寸受限，化学转移方法污染不可避免，只有原位生成大尺寸石墨烯才能够满足电子器件的应用需求。基于金刚石衬底的表面原位诱导形成化学键连接的石墨烯不仅能够极大地减小界面杂质与缺陷，而且金刚石和石墨烯都是碳族材料，在满足高光学声子能量与热导率的前提下，声子振动更加匹配，有利于减小界面载流子散射，实现高性能石墨烯器件。

当前有关金刚石原位诱导石墨烯形成的研究已经有所突破，更深层次的基础科学问题如界面载流子在电热过程中与声子相互作用，以及关键技术如大尺

寸金刚石表面实现原子级光滑度的加工技术等，仍需进一步研究和攻关。

参考文献

[1] NOVOSELOV K S, GEIM A K, MOROZOV S V, et al. Electric field effect in atomically thin carbon films [J]. Science, 2004, 306(5696): 666 - 669.

[2] GEIM A K, NOVOSELOV K S. The rise of grapheme [J]. Nature Materials, 2007, 6(3): 183 - 191.

[3] ZHANG Y, SMALL J P, PONTIUS W V, et al. Fabrication and electric-field-dependent transport measurements of mesoscopic graphite devices [J]. Applied Physics Letters, 2005, 86(7): 073104.

[4] NOVOSELOV K S, MCCANN E, MOROZOV S V, et al. Unconventional quan-tum hall effect and Berry's phase of 2π in bilayer grapheme [J]. Nature Physics, 2006, 2(3): 177 - 180.

[5] PERES N M R, GUINEA F, NETO A H. Electronic properties of disordered two-dimensional carbon [J]. Physical Review B, 2006, 73(12): 125411.

[6] BERGER C, SONG Z M, LI T B, et al. Ultrathin epitaxial graphite: 2D electron gas properties and a route toward graphene-based nanoelectronics [J]. Journal of Physical Chemistry B, 2004, 108(52): 19912 - 19916.

[7] GEIM A K, GRAPHENE M. Exploring carbon flatland [J]. Physics Today, 2007, 60(8): 35 - 41.

[8] MAK K F, JU L, WANG F, et al. Optical spectroscopy of graphene: from the far infrared to the ultraviolet [J]. Solid State Communications, 2012, 152: 1341 - 1349.

[9] 韩同伟，贺鹏飞，骆英，等. 石墨烯力学性能的最新研究进展[J]. 力学进展，2011，41(3): 279 - 293.

[10] LEE C, WEI X, KYSAR J W, et al. Measurement of the elastic properties and intrinsic strength of monolayer grapheme [J]. Science, 2008, 321(5887): 385 - 388.

[11] 邢玉雷，徐克，刘艳辉，等. 石墨烯高导热机理及其强化传热研究进展[J]. 化学工程师，2015，(5): 54 - 71.

[12] BALANDIN A A. Thermal properties of graphene and nanostructured carbon materials [J]. Nature Materials, 2011, 10(8): 569 - 581.

[13] SEOL J H, JO I, MOORE A L, et al. Two-dimensional phonon transport in supported grapheme [J]. Science, 2010, 328(5975): 213 - 216.

[14] BALANDIN A A, GHOSH S, BAO W, et al. Superior thermal conductivity of single-layer grapheme [J]. Nano Letters, 2008, 8(3): 902 - 907.

[15] GHOSH S, BAO W, NIKA D L, et al. Dimensional crossover of thermal transport in few-layer graphene [J]. Nature Materials, 2010, 9(7): 555 - 558.

[16] 姜小强，刘智波，田建国. 石墨烯光学性质及其应用研究进展[J]. 2017, 37(1): 22 - 36.

[17] MOROZOV S V, NOVOSELOV K S, SCHEDIN F, et al. Two-dimensional electron and hole gases at the surface of graphite [J]. Physical Review B, 2005, 72(20): 201401.

[18] BERGER C, SONG Z, LI X, et al. Electronic confinement and coherence in patterned epitaxial graphene [J]. Science, 2006, 312(5777): 1191 - 1196.

[19] BOLOTIN K I, SIKES K J, JIANG Z, et al. Ultrahigh electron mobility in suspended graphene [J]. Solid State Communications, 2008, 146(9 - 10): 351 - 355.

[20] 朱宏伟. 石墨烯：单原子层二维碳晶体[J]. 自然杂志，2010, 32(6): 326 - 330.

[21] 张芸秋，梁勇明，周建新. 石墨烯掺杂的研究进展[J]. 化学学报，2014, 72: 367 - 377.

[22] CI L, SONG L, JIN C, et al. Atomic layers of hybridized boron nitride and graphene domains [J]. Nature Materials, 2010, 9(5): 430 - 435.

[23] LEENAERTS O, PARTOENS B, PEETERS F M. Hydrogenation of bilayer graphene and the formation of bilayer graphane from first principles [J]. Physical Review B, 2009, 80(24): 245422.

[24] KALBAC M, REINA-CECCO A, FARHAT H, et al. The influence of strong electron and hole doping on the Raman intensity of chemical vapor-deposition graphene [J]. Acs Nano, 2010, 4(10): 6055 - 6063.

[25] 胡宽莲. 石墨烯纳米带电子结构的第一性原理研究[D]. 西安：西安电子科技大学，2012.

[26] SZAFRANEK B N, SCHALL D, OTTO M, et al. Electrical observation of a tunable band gap in bilayer graphene nanoribbons at room temperature[J]. Applied Physics Letters, 2010, 96: 112103.

[27] ZHANG Y, TANG T T, GIRIT C, et al. Direct observation of a widely tunable bandgap in bilayer graphene [J]. Nature, 2009, 459(7248): 820 - 823.

[28] 徐小志，余佳晨，张智宏，等. 石墨烯打开带隙研究进展[J]. 科学通报，2017, 62(20):

2220 - 2232.

[29] LEE S H, CHUNG H J, HEO J, et al. Band gap opening by two-dimensional manifestation of peierls instability in graphene. ACS Nano, 2011, 5: 2964 - 2969.

[30] KE F, CHEN Y, YIN K, et al. Large bandgap of pressurized trilayer graphene, PNAS, 2019, 116(9): 9186 - 9190.

[31] 孙帅. 石墨烯缺陷的特点与应用研究[D]. 天津：天津大学，2015.

[32] MEYER J C, KISIELOWSKI C, ERNI R, et al. Direct imaging of lattice atoms and topological defects in graphene membranes [J]. Nano Letters, 2008, 8(11): 3582 - 3586.

[33] BANHART F, KOTAKOSKI J, KRASHENINNIKOV A V. Structural defects in graphene [J]. ACS Nano, 2011, 5(1): 26 - 41.

[34] CORAUX J, N'DIAYE A T, BUSSE C, et al. Structural coherency of graphene on Ir (111) [J]. Nano Letters, 2008, 8(2): 565 - 570.

[35] MALOLA S, HÄKKINEN H, KOSKINEN P. Structural, chemical, and dynamical trends in graphene grain boundaries [J]. Physical Review B, 2010, 81(16): 165447.

[36] WANG Y, SHAO Y, MATSON D W, et al. Nitrogen-doped graphene and its application in electrochemical biosensing [J]. ACS Nano, 2010, 4(4): 1790 - 1798.

[37] CORTIJO A, VOZMEDIANO M A H. Effects of topological defects and local curvature on the electronic properties of planar graphene [J]. Nuclear Physics B, 2007, 763(3): 293 - 308.

[38] DERETZIS I, FIORI G, IANNACCONE G, et al. Effects due to backscattering and pseudogap features in graphene nanoribbons with single vacancies [J]. Physical Review B, 2010, 81(8): 085427.

[39] GORJIZADEH N, FARAJIAN A A, KAWAZOE Y. The effects of defects on the conductance of graphene nanoribbons [J]. Nanotechnology, 2008, 20(1): 015201.

[40] ZHAO J, PEI S, REN W, et al. Efficient preparation of large-area graphene oxide sheets for transparent conductive films [J]. ACS Nano, 2010, 4(9): 5245 - 5252.

[41] BECERRIL H A, MAO J, LIU Z, et al. Evaluation of solution-processed reduced graphene oxide films as transparent conductors [J]. ACS Nano, 2008, 2(3): 463 - 470.

[42] XU Z, XUE K. Engineering graphene by oxidation: a first-principles study [J]. Nanotechnology, 2009, 21(4): 045704.

[43] BIEL B, BLASE X, TRIOZON F, et al. Anomalous doping effects on charge transport in graphene nanoribbons [J]. Physical Review Letters, 2009, 102(9): 096803.

[44] 郝昕. SiC 热裂解外延石墨烯的可控制备及性能研究[D]. 成都：电子科技大学，2009.

[45] POP E，VARSHNEY V，ROY A K. Thermal properties of graphene：Fundamentals and applications [J]. MRS Bulletin，2012，37(12)：1273 - 1281.

[46] TOKUDA N，FUKUI M，MAKINO T，et al. Formation of graphene-on-diamond structure by graphitization of atomically flat diamond (111) surface [J]. Japanese Journal of Applied Physics，2013，52(11R)：110121.

[47] OGAWA S，YAMADA T，ISHIZDUKA S，et al. Vacuum annealing formation of graphene on diamond C(111) surfaces studied by real-time photoelectron spectroscopy [J]. Japanese Journal of Applied Physics，2012，51(11S)：11PF02.

[48] COOIL S P，SONG F，WILLIAMS G T，et al. Iron-mediated growth of epitaxial graphene on SiC and diamond [J]. Carbon，2012，50(14)：5099 - 5105.

[49] GARCIA J M，HE R，JIANG M P，et al. Multilayer graphene grown by precipitation upon cooling of nickel on diamond [J]. Carbon，2011，49(3)：1006 - 1012.

[50] UEDA K，AICHI S，ASANO H. Direct formation of graphene layers on diamond by high-temperature annealing with a Cu catalyst [J]. Diamond and Related Materials，2016，63：148 - 152.

[51] BERMAN D，DESHMUKH S A，NARAYANAN B，et al. Metal-induced rapid transformation of diamond into single and multilayer graphene on wafer scale [J]. Nature Communications，2016，7(1)：1 - 8.

[52] TULIĆ S，WAITZ T，ČAPLOVICOVÁ M，et al. Covalent diamond-graphite bonding：mechanism of catalytic transformation [J]. ACS Nano，2019，13(4)：4621 - 4630.

[53] 余威，栗正新. 金刚石表面石墨烯的制备及应用研究进展[J]. 金刚石与磨料磨具工程 2021，41(6)：1 - 6.

[54] MA Y，DAI Y，GUO M，et al. Graphene-diamond interface：gap opening and electronic spin injection [J]. Physical Review B，2012，85(23)：235448.

[55] YUAN X，LIU J，LI C，et al. Electrocal properties of graphene on diamond prepared by in-situ annealing.（未发表）

[56] 郭沛. 石墨烯/金刚石异质结构及其电化学分析[D]. 沈阳：辽宁大学，2019.

[57] YU J，LIU G，SUMANT A V，et al. Fabrication and characterization of high performance graphene-on-diamond devices [C]. 2011 11th IEEE International Conference on Nanotechnology，August 2011，Portland，USA.

[58] YAO Z, KANE C L, DEKKER C. High-field electrical transport in single-wall carbon nanotubes [J]. Physical Review Letters, 2000, 84(13): 2941.

[59] VENUGOPAL A, COLOMBO L, VOGEL E M. Contact resistance in few and multilayer graphene devices [J]. Applied Physics Letters, 2010, 96(1): 013512.

[60] DORGAN V E, BAE M H, POP E. Mobility and saturation velocity in graphene on SiO_2[J]. Applied Physics Letters, 2010, 97(8): 082112.

[61] MUELLER T, XIA F, FREITAG M, et al. Role of contacts in graphene transistors: a scanning photocurrent study [J]. Physical Review B, 2009, 79(24): 245430.

[62] ASAD M, JEPPSON K O, VOROBIEV A, et al. Enhanced high-frequency performance of top-gated graphene FETs due to substrate-induced improvements in charge carrier saturation velocity [J]. IEEE Transactions on Electron Devices, 2021, 68(2): 899 - 902.

[63] WU Y, LIN Y, BOL A A, et al. High-frequency, scaled graphene transistors on diamond-like carbon [J]. Nature, 2011, 472(7341): 74 - 78.

[64] YU J, LIU G, SUMANT A V, et al. Graphene-on-diamond devices with increased current-carrying capacity: carbon sp^2-on-sp^3 technology [J]. Nano Letters, 2012, 12 (3): 1603 - 1608.

[65] YU J. Carbon sp^2-on-sp^3 technology: graphene-on-diamond devices and interconnects [D]. California: UC Riverside, 2012.

[66] BORYSENKO K M, MULLEN J T, BARRY E A, et al. First-principles analysis of electron-phonon interactions in graphene [J]. Physical Review B, 2010, 81(12): 121412.

[67] SUMANT A V, AUCIELLO O, YUAN H C, et al. Large-area low-temperature ultrananocrystalline diamond (UNCD) films and integration with CMOS devices for monolithically integrated diamond MEMS/NEMS-CMOS systems [C]. Micro-and Nanotechnology Sensors, Systems, and Applications. International Society for Optics and Photonics, 2009, 7318: 731817.

[68] ASAD M, MAJDI S, VOROBIEV A, et al. Graphene FET on diamond for high-frequency electronics [J]. arXiv preprint arXiv:2106.09412, 2021.

[69] YAMOAH M A, YANG W, POP E, et al. High-velocity saturation in graphene encapsulated by hexagonal boron nitride [J]. ACS Nano, 2017, 11(10): 9914 - 9919.

[70] COLLINS P G, HERSAM M, ARNOLD M, et al. Current saturation and electrical breakdown in multiwalled carbon nanotubes [J]. Physical Review Letters, 2001, 86 (14): 3128.

[71] TSUTSUI M, TANINOUCHI Y, KUROKAWA S, et al. Electrical breakdown of short multiwalled carbon nanotubes [J]. Journal of Applied Physics, 2006, 100(9): 094302.

[72] HUANG J Y, CHEN S, JO S H, et al. Atomic-scale imaging of wall-by-wall breakdown and concurrent transport measurements in multiwall carbon nanotubes [J]. Physical Review Letters, 2005, 94(23): 236802.

[73] CHEN Z, JANG W, BAO W, et al. Thermal contact resistance between graphene and silicon dioxide [J]. Applied Physics Letters, 2009, 95(16): 161910.

第 8 章

金刚石半导体器件的展望

本书主要介绍了氢终端金刚石 FET 和高压二极管器件的器件原理、制备工艺和性能分析。金刚石电子器件现有的性能表现显然还远没有充分发挥出材料优势，必须进一步提高器件性能和扩大应用领域。

然而，对于金刚石和 AlN、BN 等天然形成高阻态、杂质几乎都是深能级的超宽禁带半导体，电导调控的成败是决定其未来能否真正推广应用的关键问题。半导体的各种品质因数如 Baliga 优值和 Johnson 优值等等，其实默认了半导体中的载流子密度完全可控，并没有考虑到超宽禁带半导体中掺杂难以电离的问题。这也造成了超宽禁带半导体的很多品质因数看起来比传统半导体要高得多，但实际上其应用难以迅速推广的客观事实。因此，下一步的金刚石器件研究需要我们在现有的技术基础上继续推进，这个过程中必须把电导调控作为首要问题来解决。

下面，我们从表面电导器件和体电导器件两方面展望未来金刚石电子器件的发展。

8.1 金刚石表面电导 FET

氢终端金刚石 FET 利用表面电导作为沟道，成功展现了金刚石微波功率器件和高压开关器件的正常性能，然而微波功率特性和发展更快、性能更好的氮化物 HEMT 器件相比还是大为逊色，高压开关器件的导通电阻也还是不够低。

从器件的物理角度来分析现有的金刚石微波功率 FET 特性，可以看出，制约输出功率密度大小的关键问题，是沟道电流不够大、跨导较低，从而影响了功率增益。由于这个问题，在微波功率放大时，金刚石微波功率 FET 的输入端要求输入功率足够大，或者栅极能够承受的电压摆幅足够大，进而要求栅介质足够厚，这反过来也制约了栅对沟道的控制能力，也就是跨导；在输出端要输出较大的功率密度，在有限的输出电流摆幅之下，只能尽量提高漏极偏置点和漏极电压摆幅，同时提高负载电阻。氢终端金刚石 FET 的输出功率密度从 2005 年的 2 W/mm[1] 上升到 2018 年的 3.8 W/mm[2]，器件结构和静态偏置点都发生了显著的变化，栅结构从 MES 栅（即栅介质厚度为 0 nm）变为采用 100 nm 厚的 Al_2O_3 栅介质，漏极电压偏置点从 −20 V 变为 −50 V，这些变化都和金刚石微波功率 FET 的上述特点密切相关。

现在金刚石 FET 研究有两种通过提高输出电流/跨导来提高功率密度的发展趋势。一种是增加沟道载流子浓度来提高电流，例如佐贺大学的表面吸附 NO_2 的高压大电流金刚石 FET 研究，在源漏关态击穿电压提高到 2608 V 的情况下 $|I_{Dmax}|$ 仍有约 50mA/mm，由此预测了最大直流功率密度 21 W/mm[3]。不过该直流功率密度的预测结果需要的漏极电压偏置点(绝对电压值)高达 1000 V 以上，实际的微波功率器件难以设置这么高的直流电压偏置点。另一种是从更基础的层面提高氢终端金刚石 2DHG 的迁移率，从而提高电流，例如 NIMS 报道了利用 BN 栅介质将氢终端金刚石带栅霍尔条的室温霍尔迁移率提升到 680 $cm^2/(V \cdot s)$ 以上[4]，同时方阻达到 1.4 kΩ/sq，对应载流子面密度约 6.6×10^{12} cm^{-2}。这些研究成果将为金刚石微波功率 FET 下一步的性能提升奠定基础。

金刚石高压 FET 主要是平面型器件。早稻田大学在加大栅漏间距的基础上采用了氢氧混合终端[5]、氮离子注入埋层[6]、200～400 nm 厚栅介质兼钝化层[7]等结构，提高了击穿电压(2 kV 以上)和同一批次器件特性的均匀性。佐贺大学的表面吸附 NO_2 的高压金刚石场效应管则不仅取得了 2608 V 的源漏关态击穿电压，还获得了 345 MW/cm^2 的 Baliga 优值[3]。最近早稻田大学报道了另一种通过栅压调控的可导电金刚石表面终端结构，即硅终端[8]。硅终端场效应管为增强型器件，其沟道电导特性与氢终端相当，并且在 400℃ 的开关比仍可达到 10^6[9]，表现出很好的高温稳定性。2021 年召开的纳米碳材料和新型金刚石国际会议(NDNC2021)以首场大会报告的形式邀请早稻田大学 Kawarada 教授介绍了硅终端金刚石材料和器件的研究工作，可见学术界对这种新型终端结构的重视程度。虽然硅终端结构在工艺上更复杂，但是它作为一种新型的可控的金刚石表面导电终端结构，将为高可靠性高性能金刚石 FET 的研究注入新的活力。

8.2　金刚石体掺杂结型器件

实现高效、高性能的半导体掺杂是一种半导体材料实现体掺杂结型电子器件应用的必要条件。但是，单晶金刚石的体掺杂目前仍是金刚石器件研制中的巨大障碍，掺杂困难的原因主要有三个。第一，金刚石的晶格常数小、键能大，掺杂原子会使金刚石出现较大的晶格畸变，因此，绝大多数外来原子很难嵌入金刚石晶格，即使并入晶格也不一定是理想的替位杂质，而有可能是很难激活的间隙杂质。第二，掺杂原子在禁带中的能级较深，p 型的硼掺杂的激活能在室温下为 0.3～0.37 eV[10]，n 型的氮掺杂的激活能高达 1.7 eV[11]，磷掺杂的激活能为 0.5～0.6 eV[12]，室温下不易电离。第三，CVD 生长金刚石同时做原位掺杂时，引入材料的氢原子和空位等对掺杂具有钝化或补偿作用，会进一步降低杂质电离率[13]。因此，金刚石的体掺杂在室温下激活率很低且电学特性的稳定性差，目前仍然没有突破这些局限性的掺杂技术，需要进一步研究和创新。

在这种情况下，金刚石器件中主要用硼掺杂作为改善电极欧姆接触特性的手段，高压二极管则以 SBD 的研究为主。然而，金刚石 pn 结器件仍有其研究价值。东京工业大学等机构基于横向 pn 结开展了 p 沟道结型场效应管研究。结果显示，源漏击穿电压从室温下的 566 V 上升到 200℃下的 608 V，室温下击穿场强可达 6.2 MV/cm[14]；400℃下器件的导通电阻(1.8 mΩ·cm^2)降低到室温下的 3.4%，电流密度(约 1300 A/cm^2)达到室温下的 52 倍，并且 450℃下电流开关比仍高于 10^6[15]。因此，金刚石的 pn 结器件其实很适合高温电路应用。

半导体中，杂质的激活能随禁带宽度增大而升高是一个客观趋势。为了生成足够的载流子浓度而尽量重掺杂，会严重影响半导体的晶体质量和能带结构，而且电导调控的效果还很可能只是差强人意；如果在不影响晶体质量的掺杂浓度范围内掺杂，同时升高温度令杂质充分电离，则可以获得很好的器件性能。也就是说，如果换一个角度看问题，把半导体器件的工作温度也当作是一个类似功率、频率或者电压、电流等的物理量，则超宽禁带半导体结型器件的应用推广就不是受到掺杂的制约，而是受到工作温度的制约，或者说工作温度有一个明显高于室温的下限。

8.3 金刚石器件发展面临的其他问题

金刚石半导体材料和器件发展到今天，虽然微波功率器件、高压开关器件等已有一些研究成果，但金刚石材料的电子应用潜力仍有巨大的空间可以发掘。综合来看，除了电导调控以外，金刚石器件的发展还面临着以下一些问题。

1) 高质量单晶金刚石晶圆制备

如何实现商业化高质量 2 英寸(注：1 英寸＝2.54 cm)或更大尺寸金刚石

单晶产品是发展金刚石 FET 的重要问题之一。目前，MPCVD 法生长单晶金刚石的生长速率相对较慢，且金刚石样品边界容易产生多晶，尺寸扩展困难；马赛克拼接法生长单晶，接缝位置晶体质量差。此外，MPCVD 法生长单晶金刚石的位错密度一般在 $10^4 \sim 10^6$ cm^{-2} 的范围内，而位错可能产生深能级，引起关态泄漏电流，或者成为载流子的复合中心，影响器件的电学特性。

2）器件物理模型建立和结构优化

在材料和器件的基础理论和机理方面，金刚石超宽禁带半导体材料和器件的载流子高场输运、声子散射、陷阱行为等特性缺少较为成熟的器件物理模型，急需建立这些器件的物理模型来指导金刚石材料器件的结构优化。

3）器件工艺

金刚石材料具有超宽禁带、超高硬度、高耐磨等特性，在金半接触、钝化、减薄、通孔、注入等关键工艺方面与其他半导体材料存在显著的差异，缺少相关工艺经验，需要通过研究获得适用于金刚石材料的半导体器件制备工艺。

总而言之，金刚石半导体材料和器件越来越受到学术界和产业界的重视，相关研究也在促进半导体研究人员对超宽禁带半导体的理解。作者希望越来越多的政府部门、企业、研究机构以及专家学者参与并推动金刚石半导体技术的发展。

参 考 文 献

[1] KASU M, UEDA K, YE H, et al. 2 W/mm output power density at 1 GHz for diamond FETs[J]. Electronics Letters, 2005,41(22): 1249 - 1250.

[2] IMANISHI S, HORIKAWA K, OI N , et al. 3.8 W/mm RF power density for ALD Al_2O_3-based two-dimensional hole gas diamond MOSFET operating at saturation velocity[J]. IEEE Electron Device Letters, 2019,40(2):279 - 282.

[3] SAHA N C , KIM S W, OISHI T , et al. 345-MW/cm^2 2608-V NO_2 p-type doped diamond MOSFETs with an Al_2O_3 passivation overlayer on heteroepitaxial diamond[J]. IEEE Electron Device Letters, 903 - 906, 2021,42(6): 903 - 906.

[4] SASAMA Y, KAGEURA T, IMURA M , et al . High-mobility p-channel wide bandgap transistors based on h-BN/diamond heterostructures [J]. arXiv: 2102.

05982v1, 2021.

[5] KITABAYASHI Y, KUDO T, TSUBOI H, et al. Normally-off C-H diamond MOSFETs with partial C-O channel achieving 2-kV breakdown voltage[J]. IEEE Electron Device Letters, 2017,38(3):363-366.

[6] OI N, KUDO T, INABA M, et al. Normally-off two-dimensional hole gas diamond MOSFETs through nitrogen-ion implantation[J]. IEEE Electron Device Letters, 2019,40(6):933-936.

[7] KAWARADA H, YAMADA T, XU D, et al. Durability-enhanced two-dimensional hole gas of C-H diamond surface for complementary power inverter applications[J]. Scientific Reports, 2017,7: 42368, 2017.

[8] FEI W, BI T, IWATAKI M, et al. Oxidized Si terminated diamond and its MOSFET operation with SiO_2 gate insulator[J]. 2020,116(21): 212103.

[9] Bi T, CHANG Y, FEI W et al. C-Si bonded two-dimensional hole gas diamond MOSFET with normally-off operation and wide temperature range stability[J]. Carbon,2021,175:525-533.

[10] SEKI Y, HOSHINO Y, NAKATA J. Remarkable p-type activation of heavily doped diamond accomplished by boron ion implantation at room temperature and subsequent annealing at relatively low temperatures of 1150 and 1300℃[J]. Applied Physics Letters, 2019,115(7): 072103.

[11] KALISH R. The search for donors in diamond[J]. Diamond and Related Materials, 2001,15(9-10): 1749-1755.

[12] GROTJOHN T A, TRAN D T, YARAN M K, et al. Heavy phosphorus doping by epitaxial growth on the (111) diamond surface[J]. Diamond and Related Materials, 2014,44:129-133.

[13] KATO H, MAKINO T, YAMASAKI S, et al. N-type diamond growth by phosphorus doping on (0 0 1)-oriented surface[J]. Journal of Physics D: Applied Physics, 2007,44 (20): 6189-6200.

[14] IWASAKI T, YAITA J ,KATO H, et al. 600 V diamond junction field-effect transistors operated at 200℃[J]. IEEE Electron Device Letters,2014,35(2):241-243.

[15] IWASAKI T, Y HOSHINO Y, TSUZUKI K, et al. High-temperature operation of diamond junction field-effect transistors with lateral p-n Junctions[J]. IEEE Electron Device Letters,2013,34(9):1175-1177.

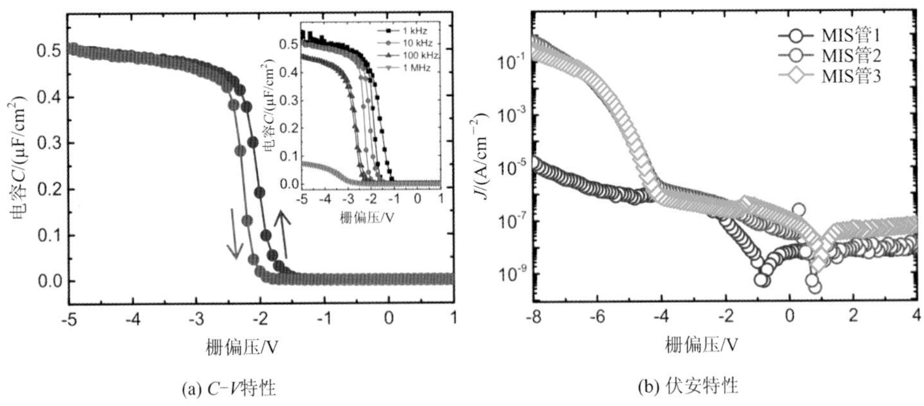

图 3-13　$Al/AlN/Al_2O_3$/氢终端金刚石 MISFET 栅源二极管的电特性

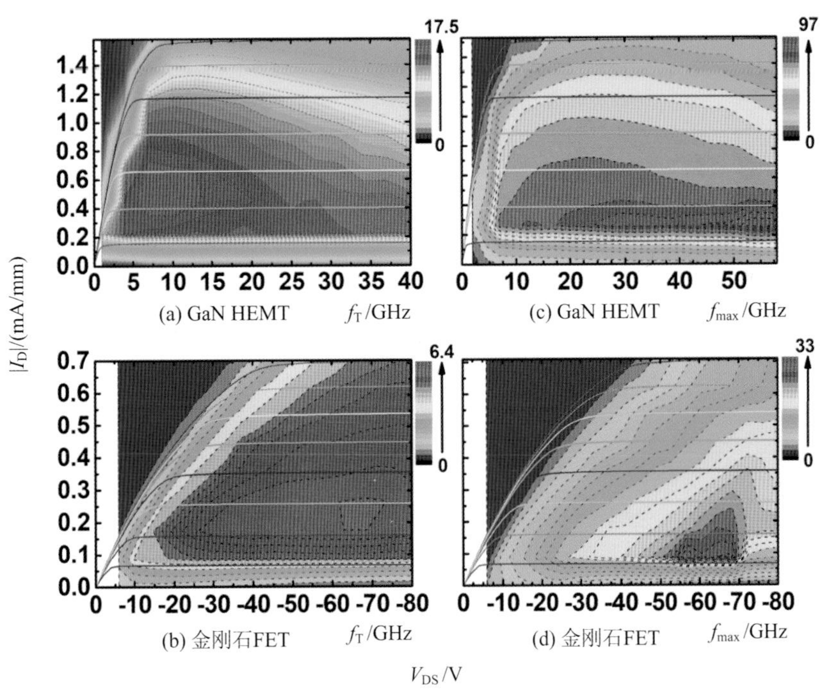

图 3-20　器件的 f_T 和 f_{max} 在不同栅压和漏压偏置下的等高线图

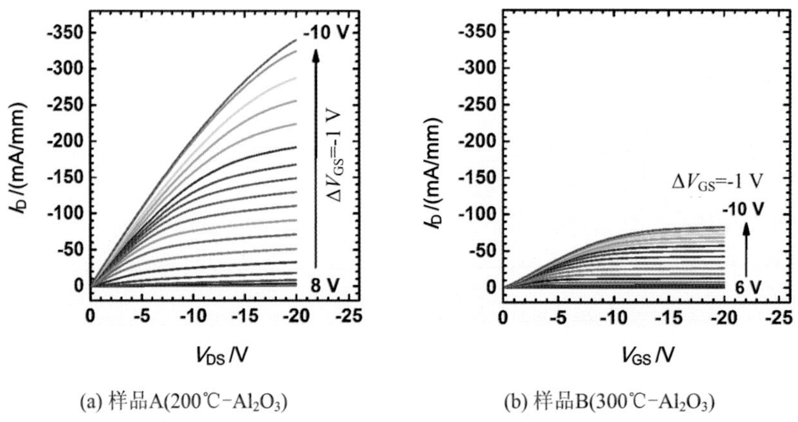

(a) 样品A(200℃-Al_2O_3)　　(b) 样品B(300℃-Al_2O_3)

图 5-20　基于不同温度 ALD-Al_2O_3 介质的金刚石 MOSFET 输出特性

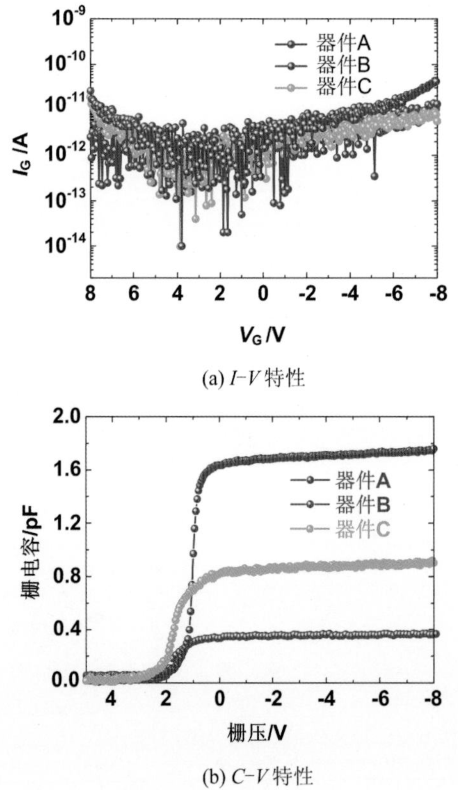

(a) I-V 特性

(b) C-V 特性

图 5-41　300℃ ALD-HfO_2/氢终端金刚石 MOSFET 器件栅源二极管的特性

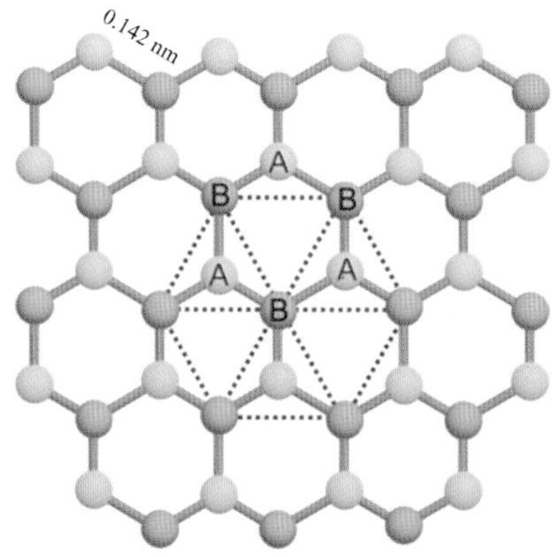

图 7－1　石墨烯晶格结构图

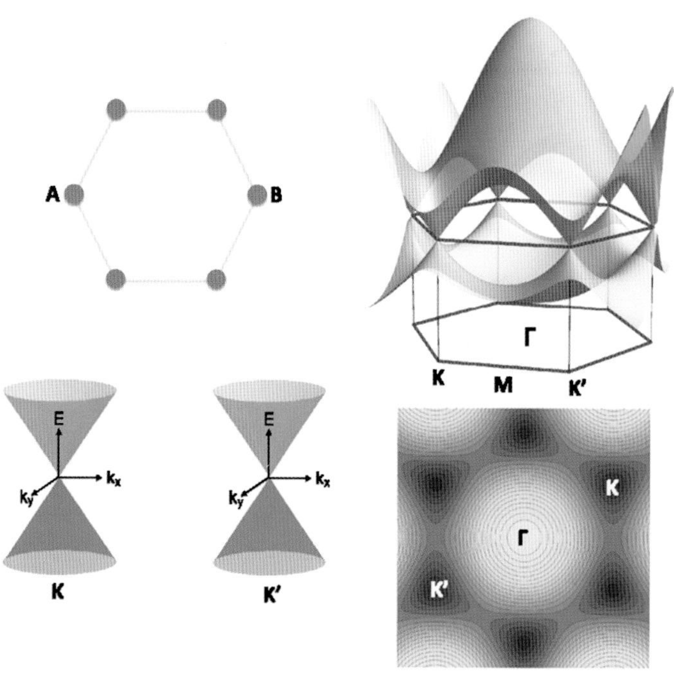

图 7－2　石墨烯电子能带结构图

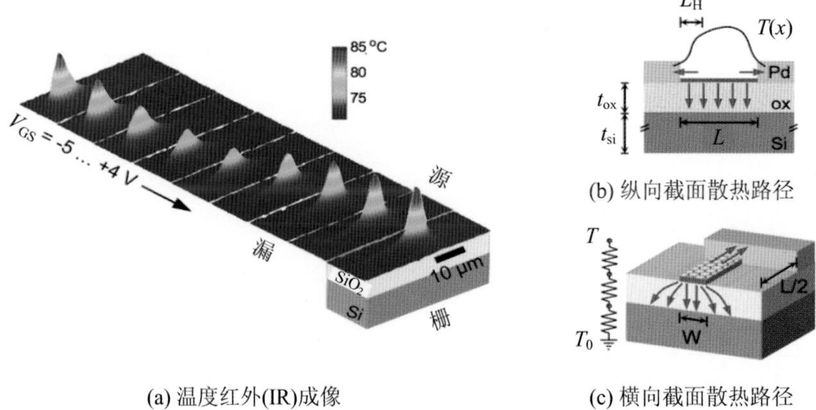

(a) 温度红外(IR)成像

(b) 纵向截面散热路径

(c) 横向截面散热路径

图 7-12　SiO_2/Si 作为衬底的石墨烯 FET 器件工作时的温度分布与散热路径示意图

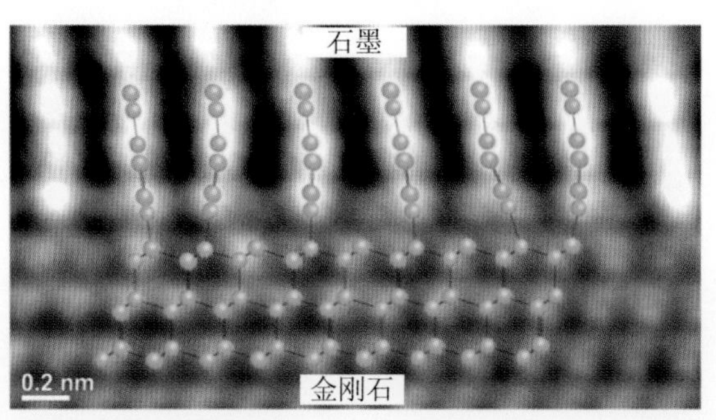

图 7-20　镍催化纳米晶金刚石/石墨界面的高分辨 TEM 图像